应用型本科计算机类专业系列教材
应用型高校计算机学科建设专家委员会组织编写

TCP/IP网络协议
分析及应用

主　编　马常霞　　张占强

副主编　崔　平　　史培中　李大伟

　　　　毛云贵　　陈　磊

主　审　兰少华

 南京大学出版社

内容提要

本书较为全面地介绍了有关 TCP/IP 协议分析及其应用所涉及的各类知识。本书共分为 10 章,内容包括:计算机网络基础知识,IPv4 及 IPv6 协议首部结构,IPv4 及 IPv6 地址结构,IP 层相关协议(ARP、ICMP、IGMP、ICMPv6 等),运输层协议,应用层协议,路由技术,IPv4 环境下路由协议,IPv6 环境下路由协议,IPv6 过渡技术,IP 安全机制,移动 IP 技术。本书在介绍 TCP/IP 相关理论知识的同时,提供了大量的实例。使读者能够学以致用,为进一步的工程实践打下坚实的基础。

本书内容概念准确,层次分明,图文并茂,内容新颖。适合作为高等学校网络工程专业、信息安全专业、物联网工程专业、网络空间安全专业、通信工程专业的本科生、研究生的教学用书。也适合从事网络管理、网络维护人员阅读。也适合对 IPv6 网络进行研究或应用的 IT 人员使用。

图书在版编目(CIP)数据

TCP/IP 网络协议分析及应用/马常霞,张占强主编
. —南京:南京大学出版社,2020.8
应用型本科计算机类专业系列教材
ISBN 978 - 7 - 305 - 23531 - 3

Ⅰ. ①T… Ⅱ. ①马… ②张… Ⅲ. ①计算机网络—通信协议—高等学校—教材 Ⅳ. ①TN915.04

中国版本图书馆 CIP 数据核字(2020)第 114456 号

出版发行 南京大学出版社
社　　址 南京市汉口路 22 号　　　　邮　编　210093
出 版 人 金鑫荣

书　　名 **TCP/IP 网络协议分析及应用**
主　　编 马常霞　张占强
责任编辑 王南雁　　　　　　　编辑热线　025 - 83592655
助理编辑 王秉华

照　　排 南京开卷文化传媒有限公司
印　　刷 南京人文印务有限公司
开　　本 787×1092　1/16　印张 15.75　字数 384 千
版　　次 2020 年 8 月第 1 版　　2020 年 8 月第 1 次印刷
ISBN　978 - 7 - 305 - 23531 - 3
定　　价 43.80 元

网　　址:http://www.njupco.com
官方微博:http://weibo.com/njupco
官方服务号:NJUyuexue
销售咨询热线:(025)83594756

前　言

自 2012 年至 2017 年教育部新增审批了一批网络相关本科专业,如网络工程、信息安全、物联网工程、网络空间安全等。这些专业培养的学生都需要深入掌握计算机网络的原理、掌握计算机网络各个协议的报文格式及分析方法,并具备较高的计算机网络应用能力。以上内容都需要开设《TCP/IP 网络协议分析及应用》课程,作为一门专业必修课,它是专业基础课《计算机网络》的延伸和专业知识的进一步深化。而目前由于计算机网络相关专业设立时间不长,对应的《TCP/IP 网络协议分析及应用》课程尚没有一本完全适用的教材,教师上课只能依靠查找相关资料和自己的经验积累,给教学工作造成极大的不便。因此,迫切需要编写一本适合网络工程、信息安全、物联网工程、网络空间安全等专业本科生的关于《TCP/IP 网络协议分析及应用》课程的教材。

通过学习本教材,可以在前驱课程《计算机网络》的基础上巩固 IPv4 环境下 TCP/IP 协议,并进一步掌握下一代网络协议 IPv6 及其环境下的路由器配置和维护等环节。本教材在深入介绍 IPv4 环境下的各个协议及其应用的基础上,进一步介绍了 IPv6 协议及相关技术,以适应计算机网络的发展,紧跟时代步伐。为增强学生解决实际问题的能力,教材设置了网络互联应用内容。

面向学科发展的前沿,以当前对网络人员的基本技能需求作为培养目标。本书内容以基本理论为基础,反映基本理论和原理的综合应用,强化实践和应用环节;反映教学需求,促进教学发展,书中所提内容尽量适应多样化的教学需求,正确把握教学内容和课程体系的改革方向,在选择教材内容和编写体系时注意体现素质教育、创新能力与实践能力的培养;突出重点,保证质量。书中所选案例原型,根据不同应用,模拟实际工作中的相应情况,组织相应的实验内容。所叙述的内容是工程经验和实践体会的总结,既适合作为本科生教材,也可以作为工程技术人员参考资料。

本书共分为 10 章。

第 1 章介绍计算机网络的概念,包括计算机网络体系结构及局域网技术。

第 2 章介绍 IP 协议,包括其地位及作用、IPv4 数据报的格式及选项、IPv6 数据报的格式及常用扩展首部。

第 3 章介绍 IPv4 地址、IPv6 地址的格式及类型。

第 4 章介绍网络层其他协议:ARP 协议、ICMP 协议、IGMP 协议、ICMPv6 协议的工作原理及报文格式。

第 5 章介绍运输层协议 TCP 及 UDP 的概念及报文格式。

第 6 章介绍常用的应用层协议的工作原理。

第 7 章介绍路由器的工作原理及配置方法,包括静态路由、RIP 路由协议、OSPF 协议、RIPng 路由协议、OSPF 路由协议的配置方法及报文格式。

第 8 章介绍 IPv6 过渡技术的工作原理及配置方法,包括:双栈技术、隧道技术、翻译技术。

第 9 章介绍信息安全协议,包括网络层的安全协议、运输层安全协议及应用层安全机制。

第 10 章介绍移动 IP 技术,包括其工作原理、移动 IPv4 及移动 IPv6。

本教材的主要特色与创新如下:

1. 以基于 IPv4 的 TCP/IP 系列协议分析为入手点,增加基于 IPv6 的系列协议分析的相关内容,适应计算机网络发展的需要。

2. 以增强学生的解决实际问题和动手能力为目的,设置 IPv4 路由配置、IPv6 路由配置、IPv6 过渡配置等相关技术的内容,从而突出计算机网络的应用环节。

本书由马常霞和张占强(江苏海洋大学)担任主编,李大伟(南京工程学院)编写第 1 章,毛云贵(南京工程学院)编写第 4 章,崔平(徐州工程学院)编写第 5、6 章,张占强编写第 8 章,史培中(江苏理工学院)编写第 9、10 章,其余章节由马常霞编写。本书书稿由张占强负责统稿。本书在编写过程中得到徐州工程学院陈磊老师的大力帮助。编者在此向所有帮助过我们的同事、专家、朋友表达诚挚的感谢。

为了保证教材内容的正确性,本书在编写过程中参阅了很多资料,在此谨向所参阅资料的作者表示衷心的感谢。

由于编者水平有限,加之时间比较仓促,书中难免有错误和不足之处,敬请读者批评指正,在此表示感谢。

编 者

2020 年 6 月

目　录

第1章

绪　论

21世纪的重要特征是数字化（Digitalize）、网络化（Network）和信息化（Informationalization），在这个以网络为核心的信息时代，信息技术已经成为社会的命脉和经济发展的重要基础。要实现信息化就必须依靠能迅速有效传递信息的完善网络。本章从计算机网络的基本概念出发，分析计算机网络体系结构，讨论计算机网络中常见的局域网技术。

本章的主要内容：

(1) 计算机网络概述，包括计算机网络的定义、发展历史、拓扑结构等。

(2) 计算机网络协议、体系结构。

(3) TCP/IP、OSI/rm体系结构。

(4) 局域网标准及以太网帧格式。

1.1　计算机网络概述

信息网络按照服务分工可分为电信网络、有线电视网络和计算机网络。其中，计算机网络专指计算机之间传送数据文件的网络。随着技术的发展，电信网络和有线电视网络都逐渐融入了现代计算机网络的技术，扩大了原有的服务范围。

因特网（Internet）是目前最著名的计算机网络。2015年3月5日，李克强总理在政府工作报告中提出"互联网＋"行动计划。"互联网＋"的意思就是"互联网＋各个传统行业"，利用信息通信技术和互联网平台来创造新的发展生态。因此"互联网＋"代表一种新的经济形态，其特点就是把互联网的创新成果深度融合于经济社会各领域之中，这就大大地提升了实体经济的创新力和生产力。

1.1.1　计算机网络的定义

计算机网络是一些相互连接、以共享资源为目的、自治的计算机的集合。计算机网络是将分布在不同地理位置上的具有独立工作能力的计算机、终端及其附属设备用通信设备和通信线路连接起来，并配置网络软件，以实现计算机资源共享的系统。计算机网络就是由通信线路互相连接的许多自主工作的计算机构成的集合体。

计算机网络定义中的三要素是：具有独立功能的计算机、通信线路和通信设备、网络软件。在计算机网络中，计算设备使用结点之间的连接（数据链路）彼此交换数据。这些数据链路可以建立在有线媒体上（例如电线或光缆）或无线媒体上（如 WiFi）。计算机网络是把计算机通过网络互连起来的资源共享系统，它的两个基本特点是连通性和共享性。计算机网络的主要功能包括：数据交换和通信、资源共享、提高系统可靠性、分布式处理和负载均衡。

在计算机网络中，发起、路由和终止数据的网络计算机设备称为网络结点。结点有网络地址标识，可以包括主机，例如个人计算机、电话、服务器以及网络硬件。当一个设备能够与另一个设备交换信息时，无论它们是否彼此具有直接连接，这两个设备可以说是互联的。在大多数情况下，特定于应用程序的通信协议是分层的。这种强大的信息技术的收集需要熟练的网络管理，以保证其全部可靠运行。

计算机网络支持大量的应用和服务，例如访问万维网、数字视频、数字音频、共享应用和存储服务器、打印机和传真机以及使用电子邮件、即时消息和许多其他应用。计算机网络功能主要包括实现资源共享，实现数据信息的快速传递，提高可靠性，提供负载均衡与分布式处理能力，集中管理以及综合信息服务。

1.1.2 计算机网络的发展

计算机网络于 20 世纪 60 年代起源于美国，最初用于军事领域，后逐渐进入民用，经过几十年不断地发展和完善，现已广泛应用于各个领域，计算机通信网络以及因特网已成为我们社会结构的一个基本组成部分。网络被应用于工商业的各个方面，包括电子银行、电子商务、现代化的企业管理、信息服务业等都以计算机网络系统为基础。

计算机网络的发展历史大致可划分为 4 个阶段。

第一阶段：诞生阶段

20 世纪 60 年代中期之前的第一代计算机网络是以单个计算机为中心的远程联机系统。主机是网络的中心和控制者，终端（键盘和显示器）分布在各地并与主机相连，用户通过本地的终端使用远程的主机。并且只提供终端和主机之间的通信，子网之间无法通信。

典型应用是由一台计算机和全美范围内 2 000 多个终端组成的飞机订票系统。终端是一台计算机的外部设备（包括显示器和键盘），无 CPU 和内存。随着远程终端的增多，在主机前增加了前端机（FEP）。当时，人们把计算机网络定义为"以传输信息为目的而连接起来，实现远程信息处理或进一步达到资源共享的系统"，但这样的通信系统已具备了网络的雏形。这个时期的计算机网络又可分为两种类型。

（1）具有远程通信功能的单机系统，其结构如图 1-1 所示。

该系统的优点是解决了多个用户共享主机资源的问题。其缺点是：主机负担重，通信费用高。

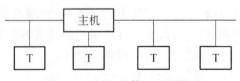

图 1-1 终端-计算机网络模型

（2）具有远程通信功能的多机系统，其结构如图1-2所示。

该系统的优点是解决了主机负担重、通信费用昂贵的问题。其缺点是多个用户只能共享一台主机的资源。

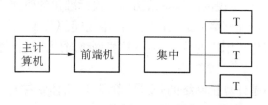

图1-2　具有远程通信功能的多机系统模型

第二阶段：形成阶段

20世纪60年代中期至70年代的第二代计算机网络是以多个主机通过通信线路互联起来，为用户提供服务，特征是计算机与计算机互联。典型代表是美国国防部高级研究计划局协助开发的ARPANET。主机之间不是直接用线路相连，而是由接口报文处理机（IMP）转接后互联的。IMP和它们之间互联的通信线路一起负责主机间的通信任务，构成了通信子网。通信子网互联的主机负责运行程序，提供资源共享，组成了资源子网。这个时期，网络概念为"以能够相互共享资源为目的互联起来的具有独立功能的计算机之集合体"，形成了计算机网络的基本概念，ARPA网络的结构如图1-3所示。

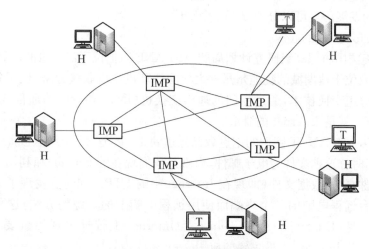

图1-3　ARPA网络结构图

第二阶段网络的优点是采用分组交换技术实现计算机—计算机之间的通信，使计算机网络的结构概念都发生了变化，形成了通信子网和资源子网的网络结构。其缺点是网络对用户不透明。

第三阶段：互联互通阶段

20世纪70年代末至90年代的第三代计算机网络是具有统一的网络体系结构并遵循国际标准的开放式和标准化的网络。ARPANET兴起后，计算机网络发展迅猛，各大计算机公司相继推出自己的网络体系结构及实现这些结构的软硬件产品。由于没有统一的标准，不同厂商的产品之间互联很困难，人们迫切需要一种开放性的标准化实用网络环境，这样应运而生了两种国际通用的最重要的体系结构,即 TCP/IP 体系结构和国际标准化组织的 OSI 体系结构。

在计算机网络互联互通阶段,特征是网络体系结构的形成和网络协议的标准化。在计算机通信系统的基础之上,重视网络体系结构和协议标准化的研究,建立全网统一的通信规则。用通信协议软件来实现网络内部及网络与网络之间的通信,通过网络操作系统,对网络资源进行管理。极大简化了用户的使用,使计算机网络对用户提供透明服务,局域网技术实现突破性进展。

第三代计算机网络是计算机网络的"成熟"阶段,网络体系结构的形成和网络协议的标准化,使计算机网络对用户提供透明服务成为可能。

第四阶段:高速网络技术阶段

20 世纪 90 年代末至今的第四代计算机网络,由于局域网技术发展成熟,相继出现了快速以太网、光纤分布式数字接口(FDDI)、快速分组交换技术(包括帧中继、ATM)、千兆以太网、B-ISDN 等一系列新型网络技术,这就是高速与综合化计算机网络阶段。包含多媒体网络、智能网络在内,整个网络就像一个对用户透明的大的计算机系统。

第四代计算机网络属于计算机网络的"继续发展"阶段。Internet 就是这一代网络的典型代表,其已经成为人类最重要的、最大的信息宝库。Internet,中文正式译名为因特网,又叫作国际互联网,是人类历史发展中的一个伟大的里程碑。目前已经成为世界上覆盖面最广、规模最大、信息资源最丰富的计算机信息网络。

Internet 的发展历史可以分为以下 4 个阶段:

第一阶段:Internet 的起源

1969 年,美国国防部高级研究计划局的 ARPANET,把位于洛杉矶的加利福尼亚大学、斯坦福大学以及位于盐湖城的犹他州州立大学的计算机主机联接起来,位于各个结点的大型计算机采用分组交换技术,通过专门的通信交换机(IMP)和专门的通信线路相互连接。这个 ARPANET 就是 Internet 的雏形。

到 1972 年,ARPANET 网上的结点数已经达到 40 个,这 40 个结点彼此之间可以发送小文本文件(当时称这种文件为电子邮件,也就是我们现在的 E-mail)和利用文件传输协议发送大文本文件,包括数据文件(即现在 Internet 中的 FTP),同时也发现了通过把一台电脑模拟成另一台远程电脑的一个终端而使用远程电脑上的资源的方法,这种方法被称为Telnet。由此可见,E-mail、FTP 和 Telnet 是 Internet 上较早出现的重要工具,特别是E-mail 仍然是目前 Internet 上最主要的应用之一。

第二阶段:TCP/IP 协议的产生

ARPANET 最初只是一个单个的分组交换网(并不是一个互连的网络)。所有要连接的在 ARPANET 上的主机都直接与就近的结点交换机相连。为了打破这个限制,ARPA开始研究多种网络(如分组无线电网络)互连的技术,这就导致后来互联网的出现,成为现在因特网的雏形。

从 1972 年到 1974 年,IP(网际协议)和 TCP(传输控制协议)问世,合称 TCP/IP 协议。这两个协议定义了一种在电脑间通过网络传送报文(文件或命令)的方法。随后,美国国防部决定向全世界无条件地免费提供 TCP/IP,即向全世界公布解决计算机网络之间通信的核心技术,TCP/IP 协议核心技术的公开最终导致了 Internet 的大发展。

1983 年 TCP/IP 协议成为 ARPANET 上的标准协议,使得所有使用 TCP/IP 协议的计算机都能利用互联网进行通信。此时,世界上既有使用 TCP/IP 协议的美国军方的 ARPA 网,也有很多使用其他通信协议的各种网络。为了将这些网络连接起来,人们提出一个想法:在每个网络内部各自使用自己的通信协议,在和其他网络通信时使用 TCP/IP 协议。这个设想最终导致了 Internet 的诞生,并确立了 TCP/IP 协议在网络互联方面不可动摇的地位。

第三阶段:NSFNET 的出现

Internet 的第一次快速发展源于美国国家科学基金会(National Science Foundation,NSF)的介入,即建立 NSFNET,NSFNET 的结构如图 1-4 所示。20 世纪 80 年代后期,NSFNET 正式营运,以实现与其他已有或新建网络的连接开始真正成为 Internet 的基础。在这一阶段建成了三级结构的因特网,它是一个三级计算机网络,分为主干网、地区网和校园网(或企业网)。但之后美国政府机构认识到,因特网必将扩大其使用范围,不应局限于大学和研究机构,之后随着世界上的许多公司纷纷接入到因特网,使网络上的通信量急剧增大。于是美国政府决定将因特网的主干网转交给私人公司来经营。

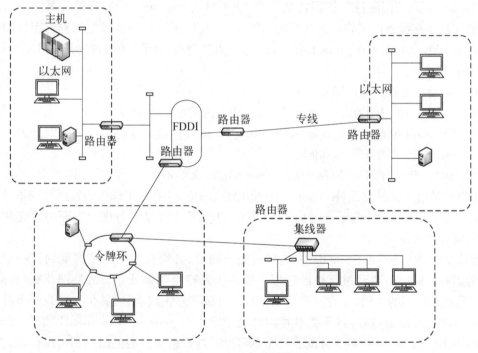

图 1-4 NSFNET 结构图

第四阶段:Internet 进入高速发展时期

进入 20 世纪 90 年代初期,Internet 事实上已成为一个"网际网":各个子网分别负责自己的架设和运作费用,而这些子网又通过 NSFNET 互联起来。NSFNET 连接全美上千万台计算机,拥有几千万用户,是 Internet 最主要的成员网。随着计算机网络在全球的拓展和扩散,美洲以外的网络也逐渐接入 NSFNET 主干或其子网。在这个阶段逐渐形成了多层次 ISP 结构的因特网。从 1993 年开始,由美国政府资助的 NSFNET 逐渐被若干个商用的因特网主干网替代。这也引发了一个新名词的出现:因特网服务提供者,简称 ISP(Internet Service Provider)。它是一个进行商业活动的公司,因此,ISP 又可译为因特网服务提供商。

ISP 可以从因特网管理机构申请得到多个 IP 地址,同时拥有通信线路及路由器等联网设备。用户只需要向 ISP 交纳规定费用,就可以从 ISP 得到所需的 IP 地址,并通过该 ISP 接入到因特网。

1.1.3 因特网的标准化工作

在计算机网络中,通信是在不同的实体之间进行的。为了在两个实体之间正确地进行通信,通信双方必须遵守一些规则和约定,如交换数据的格式、编码方式、同步方式等,这些规则的集合称为协议。网络协议即网络中(包括互联网)传递、管理信息的一些规范和规则。如同人与人之间相互交流是需要遵循一定的规矩一样,计算机之间的相互通信需要共同遵守一定的规则,这些规则就称为网络协议。

标准是一致认可的协议。因特网的标准化工作对因特网的发展起到了重要的作用,缺乏国际标准将会使网络技术的发展处于混乱的状态,往往会导致多种技术体系并存且互不兼容的状态,不仅会给用户带来较大的不便,还会给开发人员带来不便。

1992 年成立的国际性组织因特网协会 ISOC(Internet Society),目的是对因特网进行全面管理以及在世界范围内促进其发展和使用。ISOC 下设一个技术组织称为因特网体系结构协会 IAB(Internet Architecture Board),负责管理因特网有关协议的开发,IAB 下面又设有两个工程部。

(1) 因特网工程部 IETF(Internet Engineering Task Force)

IETF 是由许多工作组(Working Group)组成的论坛(Forum),具体工作由因特网工程指导小组 IESG(Internet Engineering Steering Group)管理。这些工作组被划分为若干个领域,主要应对协议的开发和标准化。

(2) 因特网研究部 IRTF(Internet Research Task Force)

IRTF 是由一些研究组(Research Group)组成的论坛,具体工作由因特网研究指导小组 IRSG(Internet Research Steering Group)管理。IRTF 主要是进行理论方面的研究和开发一些需要长期考虑的问题。

因特网标准(Internet Standard)是经过充分测试、必须被遵守的正式规约。一个规约要成为因特网标准需要经过严格的过程。规约从因特网草案开始。因特网草案(Internet Draft)是正在加工的文档(正在进行的工作),没有被官方正式承认,其生存期为 6 个月。一旦被因特网管理机构推荐,该草案就可以作为 RFC(Request for Comment)发布。每一个 RFC 都是经过编辑整理的,并分配有一个 RFC 编号,任何感兴趣的组织都可以获取。这些 RFC 的生命期要经历几个成熟度,并且根据它们的需求级别进行归类,如图 1-5 所示。

在其生命期内,一个 RFC 总是属于以下 6 种成熟度(Maturity Level)之一:建议标准、草案标准、因特网标准、历史的、实验的和提供信息的。它们具体是:

(1) 建议标准

建议标准是稳定的、被广泛了解的,并且是因特网界对其有足够兴趣的规约。在这个成熟程度上的规约通常都已经被几个不同的组测试和实现过。

(2) 草案标准

建议标准要上升到草案标准至少要经过两个成功的、独立的和可互操作的实现。通过克服一些不足,在正常的情况下,经过修订的草案标准会成为因特网标准。

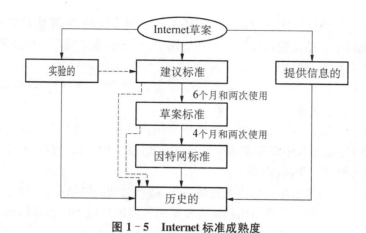

图 1-5 Internet 标准成熟度

（3）因特网标准

草案标准在经过成功实现的证明后就可以成为因特网标准。

（4）历史的

这种 RFC 或者被后来的规约所取代，或者是因为没有通过必要的成熟程度而从未成为过因特网标准。

（5）实验的

被列入实验的 RFC 就表示它的工作属于正在实验的情况，但并不影响因特网的运行。这种 RFC 不能够在任何实用的因特网服务中实现。

（6）提供信息的

被划为提供信息的 RFC 包括与因特网有关的一般性、历史性或指导性的信息。这种 RFC 通常是由非因特网的组织中的某个人（例如，设备供应商）撰写。

1.1.4　计算机网络拓扑结构

计算机网络拓扑结构是指网络中各个站点相互连接的形式，在局域网中就是文件服务器、工作站和电缆等的连接形式。现在最主要的拓扑结构有总线型拓扑、星形拓扑、环形拓扑、树形拓扑以及它们的混合型，如图 1-6 所示。

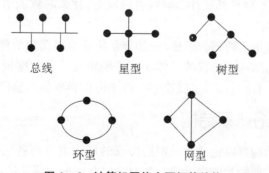

图 1-6　计算机网络主要拓扑结构

（1）总线型拓扑。总线型拓扑是一种基于多点连接的拓扑结构，是将网络中的所有的设备通过相应的硬件接口直接连接在共同的传输介质上。

（2）环形拓扑。环形拓扑结构是一个像环一样的闭合链路，它是由许多中继器和通过中继器连接到链路上的结点连接而成。在环形网中，所有的通信共享一条物理通道，即连接了网中所有结点的点到点链路。

（3）树形拓扑。树形拓扑从总线拓扑演变而来，形状像一棵倒置的树，顶端是树根，树根以下带分支，每个分支还可再带子分支。

（4）星形拓扑。星形拓扑结构是一种以中央结点为中心，把若干外围结点连接起来的辐射式互联结构，各结点与中央结点通过点与点方式连接，中央结点执行集中式通信控制策略，因此中央结点相当复杂，负担也重。

（5）网状拓扑。网状拓扑又称作无规则结构，结点之间的联结是任意的，没有规律。

（6）混合型拓扑结构。混合型拓扑结构就是两种或两种以上的拓扑结构同时使用。

（7）蜂窝拓扑结构。蜂窝拓扑结构是无线网络中常用的结构。

1.2　计算机网络体系结构

1.2.1　计算机网络协议

两台主机要通信就必须遵守共同的规则，就好比两个人要沟通就必须使用共同的语言一样。由于一个只懂英语的人和一个只懂中文的人没有共同的语言（规则），就没办法沟通。两台电脑之间进行通信所共同遵守的规则，就是网络协议。

计算机网络协议在组网计算机之间起到沟通、协作和相互规范的作用。网络协议是网络上所有设备（网络服务器、计算机及交换机、路由器、防火墙等）之间通信规则的集合，它规定了通信时信息必须采用的格式和这些格式的意义。

协议有语法、语义和时序三个要素。

语法（Syntax）：用来规定信息格式、数据及控制信息的格式、编码及信号电平等。

语义（Semantics）：主要描述在通信过程中每一个信息的具体含义。计算机通信主要采用二进制的比特流进行传输，具体传输过程中每一个比特所代表的含义是什么，这就是语义所规定的内容。

时序（Timing）：表示数据到底什么时候可以发送，什么时候表示数据可以正确接收，接收之后所要处理的事情。

网络中传输的数据报由两部分组成：一部分是协议所要用到的首部，另一部分是上一层传过来的数据。首部的结构由协议的具体规范详细定义。在数据报的首部，明确标明了协议应该如何读取数据。看到首部，也就能够了解该协议必要的信息以及所要处理的数据。

1.2.2　计算机网络体系结构

计算机网络体系结构可以定义为是网络协议的层次划分与各层协议的集合，同一层中的协议根据该层所要实现的功能来确定。各对等层之间的协议功能由相应的底层提供服务完成。每一层协议都建立在它的下一层之上，向它的上一层协议提供一定的服务，而把如何实现这一服务的细节对上一层加以屏蔽。一台设备上的第 n 层与另一台设备上的第 n 层进行通信的规则就是第 n 层协议。在网络的各层中存在着许多协议，接收方和发送方同层的协议必须一致,否则一方将无法识别另一方发出的信息。网络协议使网络上各种设备能够相互交换信息。

层次化的网络体系的优点在于每层实现相对独立的功能,层与层之间通过接口来提供服务,每一层都对上层屏蔽如何实现协议的具体细节,使网络体系结构做到与具体物理实现无关。层次结构允许连接到网络的主机和终端型号、性能可以不一样,但只要遵守相同的协议即可实现通信。高层用户可以从具有相同功能的协议层开始进行互联,使网络成为开放式系统。这里"开放"指按照相同协议任意两系统之间可以进行通信。因此层次结构便于系统的实现和维护。

对于不同系统实体间互连互操作这样一个复杂的工程设计问题,如果不采用分层次分解处理,则会出现因某个环节出现错误或性能修改而影响整体设计的弊端。

相邻协议层之间的接口包括两相邻协议层之间所有调用和服务的集合,服务是第i层向相邻高层提供服务,调用是相邻高层通过原语或过程调用相邻低层的服务。

对等层之间进行通信时,数据的传送并不是由发送方的第i层直接发送到接收方的第i层。而是每一层都把数据和控制信息组成的报文分组传输到它的相邻低层,直到物理传输介质。接收时,则是每一层从它的相邻低层接收相应的分组数据,在去掉与本层有关的控制信息后,将有效数据传送给其相邻上层。

在计算机网络发展过程中,还出现过其他的层次模型。在1977年之前不同的公司设备都有属于自己的网络体系结构。在这种情况下公司对于自己的设备进行了垄断,不同公司设备之间无法进行网络通信。因此制订一个通用的网络体系结构迫在眉睫。1977年ISO开始制订著名的七层网络协议体系结构(OSI)。但是后来最广泛使用的还是TCP/IP体系结构。为了采取一种折中的办法出现了五层协议体系结构。五层体系结构包括:应用层、运输层、网络层、数据链路层和物理层。其实五层协议只是OSI和TCP/IP的综合,实际应用还是TCP/IP的四层结构。为了方便可以把下两层称为网络接口层。

国际标准化组织ISO(International Standards Organization)在20世纪80年代提出的开放系统互联参考模型OSI(Open System Interconnection),这个模型将计算机网络通信协议分为七层。这个模型是一个定义异构计算机连接标准的框架结构,其具有如下特点:

① 网络中异构的每个结点均有相同的层次,相同层次具有相同的功能。
② 同一结点内相邻层次之间通过接口通信。
③ 相邻层间接口定义原语操作,由低层向高层提供服务。
④ 不同结点的相同层之间的通信由该层次的协议管理。
⑤ 每层完成对该层所定义的功能,修改本层功能不影响其他层。
⑥ 仅在最低层进行直接数据传送。
⑦ 定义的是抽象结构,并非具体实现的描述。

OSI七层协议模型自上到下依次为:应用层(Application)、表示层(Presentation)、会话层(Session)、运输层(Transport)、网络层(Network)、数据链路层(Data Link)、物理层(Physical)。

在OSI网络体系结构中,除了物理层之外,网络中数据的实际传输方向是垂直的。数据由用户进程发送给应用层,向下经表示层、会话层等到达物理层,再经传输媒体传到接收端,由接收端物理层接收,向上经数据链路层等到达应用层,再由用户进程获取。数据在由用户进程交给应用层时,由应用层加上该层有关控制和识别信息,再向下传送,这一过程一直重复到物理层。在接收端信息向上传递时,各层的有关控制和识别信息被逐层剥去,最后数据送到接收进程。

　　每个分层中,都会对所发送的数据附加一个首部,在这个首部中包含了该层必要的信息,如发送的目标地址以及协议相关信息,添加首部的过程被称为封装。数据封装是指将协议数据封装在一组协议首部和尾部中的过程,得到该协议的协议数据单元(PDU)。在 OSI 七层参考模型中,每层主要负责与其他机器上的对等层进行通信。该过程是在 PDU 中实现的,其中每层的 PDU 一般由本层的协议首部、协议尾部和数据封装构成。解封装是封装的反向操作,把封装的数据报还原成数据。通常,为协议提供的信息为数据报首部,所要发送的内容为数据。从下一层的角度看,从上一层收到的数据报全部都被认为是本层的数据,如图 1-7 所示。

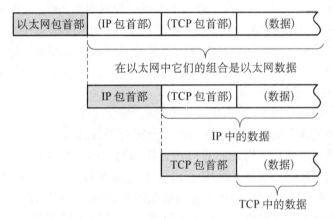

图 1-7　计算机网络数据封装示意图

　　现在一般在制订网络协议和标准时,都把 ISO/OSI 参考模型作为参照基准,并说明与该参照基准的对应关系。例如,在 IEEE 802 局域网 LAN 标准中,只定义了物理层和数据链路层,并且增强了数据链路层的功能。在广域网 WAN 协议中,CCITT 的 X.25 建议包含了物理层、数据链路层和网络层三层协议。一般来说,网络的低层协议决定了一个网络系统的传输特性,例如所采用的传输介质、拓扑结构及介质访问控制方法等,这些通常由硬件来实现;网络的高层协议则提供了与网络硬件结构无关的,更加完善的网络服务和应用环境,这些通常是由网络操作系统来实现的。

　　除 OSI/ISO 七层协议模型外,另一个常见的计算机网络层次模型是 TCP/IP 模型。TCP/IP 是因特网事实上的标准,在互联网中得到了广泛的运用。TCP/IP 是一个四层的体系结构,主要包括:应用层、运输层、网络层和物理链路层。二者之间的对应关系如图 1-8 所示。

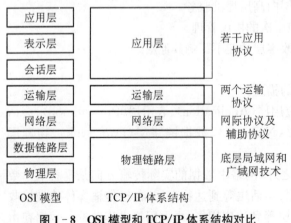

图 1-8　OSI 模型和 TCP/IP 体系结构对比

TCP/IP 协议,也称 TCP/IP 协议族或 TCP/IP 协议栈,是目前世界上应用最为广泛的协议。TCP/IP 协议是以 TCP 和 IP 为基础的不同层次上多个协议的集合,在因特网上的两台主机要实现通信,都必须遵守 TCP/IP 协议。

1. 物理层(Physical Layer)

物理层建立在物理通信介质的基础上,作为系统和通信介质的接口,用来实现数据链路实体间透明的比特(bit)流传输。只有该层为真实物理通信,其他各层为虚拟通信。物理层实际上是设备之间的物理接口,物理层传输协议主要用于控制传输媒体。

2. 数据链路层(Data Link Layer)

数据链路层为网络层相邻实体间提供传送数据的功能和过程,提供数据流链路控制,检测和校正物理链路的差错。物理层不考虑位流传输的结构,而数据链路层主要职责是控制相邻系统之间的物理链路,传送数据以帧为单位,规定字符编码、信息格式,约定接收和发送过程,在一帧数据开头和结尾附加特殊二进制编码作为帧界识别符,在发送端处理接收端送回的确认帧,保证数据帧传输和接收的正确性,以及发送和接收速度的匹配,流量控制等。

3. 网络层(Network Layer)

广域网络一般都划分为通信子网和资源子网,物理层、数据链路层和网络层组成通信子网,网络层是通信子网的最高层,完成对通信子网的运行控制。网络层和运输层的界面,既是层间的接口,又是通信子网和用户主机组成的资源子网的界限,网络层利用本层和数据链路层、物理层两层的功能向运输层提供服务。

数据链路层的任务是在相邻两个结点间实现透明的无差错的帧级信息的传送,而网络层则要在通信子网内把报文分组从源结点传送到目标结点。在网络层的支持下,两个终端系统的传输实体之间要进行通信,只需把要交换的数据交给它们的网络层便可实现。至于网络层如何利用数据链路层的资源来提供网络连接,对运输层是透明的。

网络层控制分组传送操作,即路由选择、拥塞控制、网络互连等功能,根据运输层的要求来选择服务质量,向运输层报告未恢复的差错。网络层传输的信息以报文分组为单位,它将来自信源的报文转换成分组,并经路径选择算法确定路径送往目的地。网络层协议用于实现这种传送中涉及的中继结点路由选择、子网内的信息流量控制以及差错处理等。

4. 运输层(Transport Layer)

从运输层向上的会话层、表示层、应用层都属于端到端的主机协议层。运输层是网络体系结构中最核心的一层,运输层将实际使用的通信子网与高层应用分开。从本层开始,各层通信全部是在源与目标主机上的进程之间进行的,通信双方可能经过多个中间结点。运输层为源主机和目标主机之间提供性能可靠、价格合理的数据传输。具体实现上是在网络层的基础上再增添一层软件,使之能屏蔽掉各类通信子网的差异,向用户提供一个通用接口,使用户进程通过该接口,方便地使用网络资源并进行通信。

5. 会话层(Session Layer)

会话是指两个用户进程之间的一次完整通信。会话层提供不同系统间两个进程建立、维护和结束会话连接的功能;提供交叉会话的管理功能,有一路交叉、两路交叉和两路同时会话的 3 种数据流方向控制模式。会话层是用户连接到网络的接口。

6. 表示层(Presentation Layer)

表示层的目的是处理信息传送中数据表示的问题。由于不同厂家的计算机产品常常使用不同的信息表示标准,例如在字符编码、数值表示等方面存在着差异。如果不解决信息表示上的差异,通信的用户之间就不能互相识别。因此,表示层要完成信息表示格式转换,转换可以在发送前,也可以在接收后,也可以要求双方都转换为相同标准的数据表示格式。所以表示层的主要功能是完成被传输数据表示的解释工作,包括数据转换、数据加密和数据压缩等。表示层协议主要功能有:为用户提供执行会话层服务原语的手段;提供描述负载数据结构的方法;管理当前所需的数据结构集和完成数据的内部与外部格式之间的转换。例如,确定所使用的字符集、数据编码以及数据在屏幕和打印机上显示的方法等。表示层提供了标准应用接口所需要的表示形式。

7. 应用层(Application Layer)

应用层作为用户访问网络的接口层,给应用进程提供了访问 OSI 环境的手段。

应用进程借助于应用实体(AE)、实用协议和表示服务来交换信息,应用层的作用是在实现应用进程相互通信的同时,完成一系列业务处理所需的服务功能。当然这些服务功能与所处理的业务有关。

具体地,OSI/ISO 模型每层功能见表 1-1 所示。

表 1-1 OSI/ISO 模型每层功能

	功能	常见	协议
物理层 (比特 bit)	设备间接收或发送比特流;说明电压、线速和线缆等。	中继器、网线、集线器、HUB 等	RJ45、CLOCK、IEEE 802.3 等
数据链路层 (帧 Frame)	将比特组合成字节,进而组合成帧; 用 MAC 地址访问介质; 错误可以被发现但不能被纠正。	网卡、网桥、二层交换机等	PPP、 FR、 HDLC、 VLAN、MAC 等
网络层 (数据报 Packet)	负责数据报从源到宿的传递和网际互连。	路由器、多层交换机、防火墙等	IP、ICMP、ARP、PARP、OSPF、IPX、RIP、IGRP 等
运输层	可靠或不可靠数据传输; 数据重传前的错误纠正。	进程、端口(socket)	TCP、UDP、SPX
会话层	保证不同应用程序的数据独立; 建立、管理和终止会话。	服务器验证用户登录、断点续传	NFS、SQL、NetBIOS、RPC
表示层	数据表示;加密与解密、数据的压缩与解压缩、图像编码与解码等特殊处理过程。	URL 加密、口令加密、图片编解码等	JPEG、MPEG、ASCII
应用层	用户接口。	—	FTP、 DNS、 Telnet、 SNMP、SMTP、HTTP、WWW、NFS

1.2.3 计算机网络中的寻址

计算机网络中有物理地址、虚拟地址、端口地址和应用程序四种地址,如图 1-9 所示。在运行 TCP/IP 协议的计算机网络中,链路层的 MAC 地址、网络层的 IP 地址、运输层的端口地址和应用层的域名等地址分别是上述四种地址的典型代表。

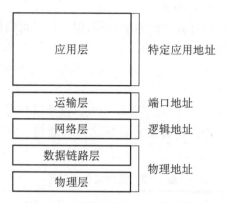

图 1-9 计算机网络中的地址类型

1. MAC 地址

MAC 地址(Media Access Control Address)直译为媒体访问控制地址,也称为局域网地址(LAN Address)、以太网地址(Ethernet Address)或物理地址(Physical Address),它是一个用来确认网上设备位置的地址。在 OSI 模型中,第三层网络层使用 IP 地址,第二层数据链接层则使用 MAC 地址。MAC 地址用于在网络中唯一标识一个网卡,一台设备若有多个网卡,则每个网卡都需要并拥有一个唯一的 MAC 地址。

MAC 地址的作用其实就是标识局域网内一个帧从该结点的某个接口传送到直接物理相连的其他结点的某接口。当适配器收到一个帧时,会先检查这个帧的 MAC 地址与自己的接口 MAC 地址是否一致,如果不匹配就丢弃该帧,如果匹配则接收。这种适配是使用硬件实现的。拥有多个网络接口的主机或路由器将具有与之相关联的多个链路层地址,就像他们也具有多个 IP 地址一样。

而 MAC 地址空间由 IEEE 统一管理。当一个公司要生产适配器的时候,该公司会象征性的支付一些费用给 IEEE,申请一个 2^{24} 的地址空间。IEEE 固定前 24 位,后 24 位由各个公司自己生成唯一标识,这样就保证了 MAC 地址的全球唯一性。

2. IP 地址

整个因特网就是一个单一的、抽象的网络。IP 地址就是给因特网上的每一个主机(或路由器)的每一个接口分配一个在全世界范围内唯一的 32 位的标识符。IP 地址的结构使得在因特网上进行寻址很方便。

由于 IPv4 最大的问题在于网络地址资源有限,严重制约了互联网的应用和发展。IPv6 是互联网工程任务组(IETF)设计的用于替代 IPv4 的下一代 IP 协议,IPv6 的地址长度为 128 位,是 IPv4 地址长度的 4 倍,采用十六进制表示。

3. 端口地址

在一台计算机上可以同时运行着很多应用程序。比如浏览万维网服务的 Web 浏览器,远程登录的 SSH 客户端等程序都可以运行。运输层协议正是利用端口来区分本机中正在进行通信的进程,并准确将数据传输给相应的进程,端口用一个 16 位的二进制数进行标识,该数字就是该端口对应的端口号。

而在实际通信中,要事先确定端口号,确定端口号有两种方法:

(1) 标准既定的端口号(静态分配)

这种方法适用于应用进程有其指定的端口号,但不是说可以随意使用这些端口号,每个端口号有其对应的使用目的。这类端口号称为知名端口号。

例如,HTTP、FTP 等广为人知的应用协议中其服务端所使用的端口号就是固定的。它们使用的端口号就是知名端口号。

知名端口号一般由 0 到 1023 的数字分配而成。这些端口号一般分配给服务器进程,应用程序避免使用知名端口号进行违背既定目标之外的通信。常用的知名端口号如表 1-2 所示。

表 1-2　常用知名端口号

应用进程	FTP data	FTP control	TELNET	SMTP	DNS	TFTP	HTTP	SNMP	SNMP trap
知名端口号	20	21	23	25	53	69	80	161	162

除了知名端口号之外,还有一些端口号被正式注册,他们分配在 1024 到 449151 之间,这些端口可以用于任何通信用途。

(2) 时序分配法

这种方法适用于服务器必须监听端口号,但是客户端没有必要确定端口号。

在这种情况下,客户端应用程序完全不用自己设置端口号,而把这个任务交给操作系统进行分配。操作系统为每个应用进程分配互不冲突的端口号,当需要一个新端口号时,就会在之前分配的端口号上加 1。这样操作系统就可以动态的管理端口号了。

端口号由其使用的运输层协议决定。数据到达网络层后,会根据 IP 首部的协议号传给相应协议的模块,如果是 TCP 则传给 TCP 模块,如果是 UDP 则传给 UDP 模块。运输层再根据其首部的端口号进一步进行端口号处理,例如 53 端口对应应用层的 DNS 服务,80 端口对应 HTTP 通信协议。

4. 域名地址

为了便于记忆和使用域名地址,将域名地址和 IP 地址之间通过 DNS 实现映射,在使用域名地址时,还需将其转换为 IP 地址。

1.3　局域网技术

局域网的覆盖范围一般是方圆几千米之内,其具备的安装便捷、成本节约、扩展方便等特点,在各类企事业单位内广泛应用。局域网可以实现文件管理、应用软件共享、打印机共享等功能。在使用过程中,通过维护局域网网络安全,能够有效地保护资料安全,保证局域网能够正常稳定的运行。

1.3.1　局域网的标准

IEEE 802 委员会成立于 1980 年 2 月,它的任务是制定局域网和城域网标准。IEEE 802 标准中定义的服务和协议限定在 OSI 模型的最低两层(即物理层和数据链路层)。

IEEE 802 系列标准是 IEEE 802 LAN/MAN 标准委员会制定的局域网、城域网技术标准。其中最广泛使用的有以太网、令牌环、无线局域网等。

IEEE 802 现有标准：

- IEEE 802.1。局域网体系结构、寻址、网络互联和网络。
- IEEE 802.1A。概述和系统结构。
- IEEE 802.1B。网络管理和网络互连。
- IEEE 802.2。逻辑链路控制子层(LLC)的定义。
- IEEE 802.3。以太网介质访问控制协议(CSMA/CD)及物理层技术规范。
- IEEE 802.4。令牌总线网(Token-Bus)的介质访问控制协议及物理层技术规范。
- IEEE 802.5。令牌环网(Token-Ring)的介质访问控制协议及物理层技术规范。
- IEEE 802.6。城域网介质访问控制协议 DQDB(Distributed Queue Dual Bus 分布式队列双总线)及物理层技术规范。
- IEEE 802.7。宽带技术咨询组,提供有关宽带联网的技术咨询。
- IEEE 802.8。光纤技术咨询组,提供有关光纤联网的技术咨询。
- IEEE 802.9。综合声音数据的局域网(IVD LAN)介质访问控制协议及物理层技术规范。
- IEEE 802.10。网络安全技术咨询组,定义了网络互操作的认证和加密方法。
- IEEE 802.11。无线局域网(WLAN)的介质访问控制协议及物理层技术规范。
- IEEE 802.12。需求优先的介质访问控制协议(100VG AnyLAN)。
- IEEE 802.13。(未使用)。
- IEEE 802.14。采用线缆调制解调器(Cable Modem)的交互式电视介质访问控制协议及网络层技术规范。
- IEEE 802.15。采用蓝牙技术的无线个人网(Wireless Personal Area Networks, WPAN)技术规范。
- IEEE 802.15.1。无线个人网络。
- IEEE 802.15.4。低速无线个人网络。
- IEEE 802.16。宽带无线连接工作组,开发 2～66GHz 的无线接入系统空中接口。
- IEEE 802.17。弹性分组环 (Resilient Packet Ring, RPR) 工作组,制定了单性分组环网访问控制协议及有关标准。
- IEEE 802.18。宽带无线局域网技术咨询组(Radio Regulatory)。
- IEEE 802.19。多重虚拟局域网共存(Coexistence)技术咨询组。
- IEEE 802.20。移动宽带无线接入(Mobile Broadband Wireless Access, MBWA)工作组,制定宽带无线接入网的接口规范。
- IEEE 802.21。媒介独立换手(Media Independent Handover)。
- IEEE 802.22。无线区域网(Wireless Regional Area Network)。

其中,局域网中最重要的标准是 IEEE 802.3。IEEE 802.3 工作组定义了有线以太网的物理层和数据链路层的介质访问控制 (MAC)。这通常是具有一些广域网 (WAN) 应用的局域网(LAN)技术。通过各种类型的铜缆或光缆在结点和/或基础设施设备(比如集线器、交换机、路由器)之间建立物理连接。

早期的 IEEE 802.3 描述的物理媒体类型包括:10Base2、10Base5、10BaseF、10BascT 和 10Broad36 等;快速以太网的物理媒体类型包括:100BaseT、100BaseT4 和 100BaseX 等。

为了使数据链路层能更好地适应多种局域网标准,802 委员会就将局域网的数据链路层拆成两个子层:

- 逻辑链路控制 LLC (Logical Link Control)子层。
- 媒体接入控制 MAC (Media Access Control)子层。

与接入到传输媒体有关的内容都放在 MAC 子层,而 LLC 子层则与传输媒体无关,不管采用何种协议的局域网对 LLC 子层来说都是透明的。

由于 TCP/IP 体系经常使用的局域网是 DIX Ethernet V2 而不是 802.3 标准中的几种局域网,因此现在 802 委员会制定的逻辑链路控制子层 LLC(即 802.2 标准)的作用已经不大了。

很多厂商生产的网卡上就仅装有 MAC 协议而没有 LLC 协议。

MAC 子层的数据封装包括的主要内容为发送数据封装与接收数据解封装两部分,包括成帧、编制和差错检测等功能。当 LLC 子层请求发送数据帧时,发送数据封装部分开始按 MAC 子层的帧格式组帧,数据封装的过程如下:

① 将一个前导码 P 和一个帧起始定界符 SFD 附加到帧头部分。

② 填上目的地址、源地址、计算出 LLC 数据帧的字节数并填入长度字段 LEN。

③ 必要时将填充字符 PAD 附加到 LLC 数据帧后。

④ 求出 CRC 校验码附加到帧校验码序列 FCS 中。

⑤ 将完成封装后的 MAC 帧递交 MAC 子层的发送介质访问管理部分以供发送。

接收数据解封部分主要用于校验帧的目的地址字段,以确定本站是否应该接受该帧,如地址符合,则将其送到 LLC 子层,并进行差错校验。

1.3.2　局域网的帧格式

在以太网链路上的数据报称作以太帧。来自物理线路的二进制数据报称作一个帧。在物理线路上发送一个帧,除了帧自身所带有的信息外,还包括前导码和帧开始符。任何物理硬件都需要这些信息。

以太网帧起始部分由前导码和帧开始符组成。后面紧跟着一个以太网首部,以 MAC 地址说明目的地址和源地址。帧的中部是该帧负载,包含上层协议首部的数据报(例如 IP 协议)。以太帧由一个 32 位冗余校验码结尾,它用于检验数据传输是否出现损坏。

1. Ethernet 帧格式的发展

- 1980 DEC,Intel,Xerox 制订了 Ethernet I 的标准。
- 1982 DEC,Intel,Xerox 制订了 Ehternet II 的标准。
- 1982 IEEE 开始研究局域网的国际标准 802.3。
- 1983 Novell 基于 IEEE 的 802.3 的原始版开发了专用的 Ethernet 帧格式。
- 1985 IEEE 推出 IEEE 802.3 规范。

后来为解决 EthernetII 与 802.3 帧格式的兼容问题推出折中的 Ethernet SNAP 格式。

早期的 Ethernet I 已经完全被其他帧格式取代了,所以现在 Ethernet 只能见到后面几种格式。现在大部分的网络设备都支持这几种 Ethernet 的帧格式,如:CISCO 路由器在设定 Ethernet 接口时可以指定不同的以太网的帧格式：arpa，sap，snap，novell-ether。

2. 以太网的帧格式

（1）Ethernet II

Ethernet II 由 DIX 以太网联盟推出，Ethernet II 帧格式如图 1-10 所示。

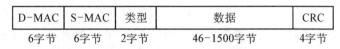

D-MAC	S-MAC	类型	数据	CRC
6字节	6字节	2字节	46-1500字节	4字节

图 1-10 Ethernet II 帧格式

以太网帧的长度为 64～1518 字节，包括 5 个字段，其各字段含义如下：

① D-MAC 字段。长度为 6 个字节，表示该帧的信宿结点的 MAC 地址。

② S-MAC 字段。长度为 6 个字节，表示发送该帧的信源的 MAC 地址。

③ 类型字段。长度为 2 个字节，表示该帧封装的数据类型，常用的类型值如下：

● 0x0800，表示封装的为 IP 协议的数据。

● 0x86DD，表示封装的为 IPv6 协议的数据。

● 0x8137，表示封装的为 Novell IPX 协议的数据。

● 0x0806，表示封装的为 ARP 协议的数据。

④ 数据字段。长度为 46～1500 字节，表示上层协议的数据。

⑤ CRC 字段。长度为 4 字节，用来实现对该帧的校验。

例 1.1 图 1-11 为使用 Wireshark 捕获的以太网帧，请分析其首部的各字段值及含义。

```
0000   5c dd 70 3c 0d 00 c0 3f   d5 ac f7 8f 08 00 45 00
0010   00 28 6e e7 40 00 80 06   00 00 3a c0 04 04 75 12
0020   ed 1d c2 8b 00 50 d2 d0   de 63 17 92 67 39 50 10
0030   40 18 a1 0e 00 00
```

图 1-11 例 1.1 图

解：由于该帧为以太网帧，其首部为 3 个字段，其值及含义如下：

① 目的 MAC 地址：值为 5c:dd:70:3c:0d:00，表示该帧发往的信宿的 MAC 地址。

② 源 MAC 地址：值为 c0:3f:d5:ac:f7:8f，表示发出该帧的信源的 MAC 地址。

③ 协议：值为 0x0800，表示该帧封装的为 IPv4 协议的数据。

习 题

1-1 计算机网络中的三要素是什么？请列举出你在生活中接触到的有关三要素的实例。

1-2 请在 Internet 上搜索并下载 IP 协议的标准文档。

1-3 分析你所在学校的计算机网络拓扑，并指出其中涉及的组网方式。

1-4 试描述 OSI 七层协议和 TCP/IP 协议的对应关系。

1-5 请写出计算机网络中涉及的地址类型及其所在体系结构中的层次，并举例说明。

1-6　CDMA/CD 的原理什么？并给出该协议的执行过程。

1-7　请写出以太网帧的格式，以及每个字段的含义。

1-8　请分析传统以太网帧最小值和最大值。

1-9　请通过 Internet 学习无线局域网相关知识。

1-10　下载 BSD TCP/IP 协议栈，并对 TCP/IP 分层结构进行分析。

1-11　名词解释

　　　(1)分组交换　(2)存储转发　(3)封装　(4)解封装　(5)PDU

【微信扫码】
相关资源

第2章

IP 协议

IP 协议在因特网中具有重要的作用。本章首先介绍 IP 协议的基本概念及其在 TCP/IP 协议族中的重要地位和作用,并介绍 IPv6 产生的原因。然后深入学习 IPv4 协议的主要内容:首部格式及选项,通过这些内容的学习,能够掌握因特网是如何工作的。最后介绍 IPv6 协议的固定首部及扩展首部格式。

本章的主要内容:

(1) IP 协议的地位及作用。

(2) IPv6 协议产生的原因。

(3) IPv4 协议固定首部格式。

(4) IPv4 协议选项类型。

(5) IPv6 协议固定首部格式。

(6) IPv6 协议扩展首部格式。

2.1 IP 协议概述

在 TCP/IP 协议族中,有两个最重要的协议,一个是 IP 协议,另一个是 TCP 协议。IP 协议用来实现网络互联并提供数据传输服务。

IP 协议处于 TCP/IP 协议栈的网络层,由于 IP 协议能够实现各种异构网络之间的互联及通信,在 TCP/IP 网络中具有重要的地位,所以常常也把 TCP/IP 协议栈的网络层称为 IP 层。

IP 协议是无连接的数据报协议,是一种不可靠的协议,网络的可靠需要由高层的运输层或应用层协议来提供,它对数据报的传输提供的是一种尽力而为的服务。正是由于 IP 协议的无连接、尽最大努力交付的特点,使得 IP 协议的实现较为简单,并且效率很高。

IP 层向下面对的是各种各样不同的物理网络,不同的网络具有不同的物理地址及不同的帧格式。IP 层对高层协议提供一种统一的数据报服务。IP 协议使用 IP 地址实现了异构网络物理地址的统一,使用 IP 数据报实现了不同物理帧的统一。通过 IP 协议的这两个统一,IP 层实现了对高层协议屏蔽底层物理网络差异的目的。通过 IP 层,使得各种异构的物理网络可以互相联通,进而实现整个因特网的互联互通。

2.2.1　IPv4 协议概述

TCP/IP 协议的第 4 版在 1983 年 1 月正式成为 ARPNET 的协议,也标志着 Internet 的正式诞生。其中 IPv4 协议由于具有简单、易用的特点,取得了巨大的成功,也极大地促进了 Internet 的发展。

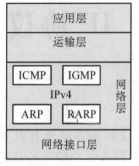

图 2-1　IPv4 网络层协议

在网络层还有 4 个协议辅助 IP 协议工作,该层的结构如图 2-1所示。这 4 个协议分别为:

● ARP 协议。地址解析协议,实现 IP 地址与硬件地址的解析。

● RARP 协议。反向地址解析协议,实现硬件地址与 IP 地址的解析。

● ICMP 协议。网际控制报文协议,实现 IP 协议的差错报告、拥塞控制、重定向、请求与应答等功能。

● IGMP 协议。网际组管理协议,实现多播的管理。

随着 Internet 的迅猛发展,IPv4 协议在设计时的先天不足就凸显出来。IPv4 地址资源日益匮乏,正在阻碍着 Internet 的进一步深入发展。这些问题已引起了相关国际机构的重视,并采取了各种措施缓解 IPv4 地址的不足。这些措施主要包括:子网划分、VLSM(变长子网掩码)、NAT(网络地址转换)、DHCP(动态主机配置协议)、CIDR(无类域间路由)等。

除了 IPv4 地址匮乏外,IPv4 协议还存在以下的不足:

● 路由效率低。IP 地址的分配缺乏统一的管理,具有一定的随意性,其分配与网络的地理位置及拓扑结构无关。造成的后果就是骨干网上路由器中有大量的路由项,数量多达 20 多万项,查找路由表的效率很低,也带来了很大的硬件开销。

● 安全性差。在因特网中,人们对 TCP/IP 协议栈的低层安全性不够重视,认为安全性应由应用层来负责,所以只对应用层数据进行加密。但是在实际应用中,IPv4 分组常常会被攻击。另外,IPsec 协议虽然能够应用于 IPv4 协议,但它仅仅作为一个可选项,不能强制在 IPv4 协议中应用。

● 缺乏服务质量(QoS)保障。IPv4 协议是一种无连接的数据报服务,提供一种尽力而为的服务质量,不保证可靠,这在传送文本信息时问题不大。但是随着因特网的发展,现在有大量的多媒体信息(比如音频、视频)在因特网上传输,需要网络提供资源预留、低时延、低抖动等服务质量,但 IPv4 协议无法提供这些服务保障。

● 移动 IP 支持不足。在 IPv4 协议诞生时,因特网上的主机以固定和有线为主,所以 IPv4 协议没有考虑对移动 IP 的支持。到了 20 世纪 90 年代中期,各种无线、移动业务的需求,要求因特网对移动 IP 提供支持。由于 IPv4 协议的局限性,虽然提出了移动 IPv4 技术,但也带来了三角路由、安全、源路由过滤、转交地址分配等问题。

由于 IPv4 协议存在的种种问题,对其进行修修补补已不能解决,在这种情况下,下一代互联技术即 IPv6 协议就应运而生了。

2.1.2　IPv6 协议概述

在 20 世纪 90 年代初,IETF 开始制定下一代 Internet 协议 IPng 的工作,并提出不同的版本。经过多次修订、不断完善，IPng 的正式版本于 1995 年公布，并被命名为 IPv6。

　　IPv6 协议的特点如下：

　　● 采用 128 位地址空间。IPv6 地址由 IPv4 的 32 位增大到 128 位，地址空间为 IPv4 地址空间的 2^{96} 倍，在可预见的未来可以充分满足 IP 地址的需求。同时 IPv6 地址采用层次结构，比 IPv4 地址更科学、更合理。可实现路由汇聚，大大减少 Internet 中路由器的路由表项。

　　● 地址自动配置。提供了有状态和无状态两种自动配置 IPv6 地址的方法，实现 IPv6 地址的自动配置，做到了 IPv6 主机的"即插即用"。

　　● 简化了 IP 首部。IPv6 固定首部只有 8 个字段，比 IPv4 固定首部少了 4 个，减少了路由器对 IPv6 首部的处理时间，提高了路由器转发效率。

　　● 增加了扩展首部。IPv6 中除了固定首部外，增加了更为灵活的扩展首部，扩展首部除了实现 IPv4 固定首部某些字段及选项的功能外，还进行了功能扩展，大大提高了其功能及灵活性。

　　● 提供了认证和加密的安全机制。把 IPsec 集成到 IPv6 首部中，提供灵活的安全需要。

2.2　IPv4 协议首部结构

　　IPv4 数据报由 IPv4 首部和数据两部分组成。IPv4 首部实现 IPv4 协议的功能，其首部分为固定首部及选项两部分，其中固定首部为 20 个字节，选项长度为 0 至 40 字节，选项是根据需要在固定首部后添加的。IPv4 数据报格式如图 2-2 所示。

版本	首部长度	服务类型	总长度	
标识			标志	片偏移
生存时间		协议	首部校验和	
源IPv4地址				
目的IPv4地址				
IPv4选项(可选)				
数据				

图 2-2　IPv4 数据报格式

2.2.1　IPv4 协议固定首部

　　在 IPv4 首部的固定首部部分，共分为 12 个字段，各字段的长度及其功能介绍如下：

　　① 版本字段。长度为 4 位，表示 IP 协议的版本号，在该处其值为"4"。

　　② 首部长度字段。长度为 4 位，表示 IPv4 首部长度，该字段以 4 字节为单位。例如当该字段值为 5 时，5 乘以 4 等于 20，即首部有 20 个字节，表示该 IPv4 数据报的首部只有固定首部，而没有选项部分。当首部长度字段值为 6 时，6 乘以 4 等于 24，即首部共有 24 个字

节,表示该 IPv4 数据报的首部除了固定首部外,还有 4 字节的选项。首部长度的最大值为 15,即首部长度最多为 60 字节,去掉 20 个字节的固定首部,选项部分的长度最大为 40 字节。

③ 服务类型字段。长度为 8 位,规定对该 IPv4 数据报的服务质量。由于很多网络不支持 QoS,所以该字段很少使用。在 1998 年,IETF 把该字段修改为区分服务。

④ 总长度字段。长度为 16 位,其数值为首部长度和数据部分长度之和。通过该字段的值及首部长度,可以计算出数据部分的长度。这在进行了填充的数据报中很实用。

⑤ 标识字段。长度为 16 位,用来标识一个 IPv4 数据报。在信源处维持一个计数器,当产生一个新的 IPv4 数据报时,该计数器自动加 1,并把该值赋予该数据报的标识字段。

⑥ 标志字段。长度为 3 位,目前只使用了其中的两位,用于 IPv4 数据报的分片。

● MF:位于标志字段的最低位,当 MF 位为"1"时,表示后面"还有分片",MF 位为"0"时,表示后面没有其他分片,即该分片为最后一片。

● DF:位于标志字段的中间位,当 DF 位为"1"时,禁止该数据报分片,当 DF 位为"0"时,允许其分片。

⑦ 片偏移字段。长度为 13 位,用于数据报分片。表示该分片在原数据报中的相对位置,该字段以 8 字节为单位,所以 IPv4 数据报分片时,每片的长度必须为 8 字节的整数倍。

⑧ 生存时间(TTL)字段。该字段长度为 8 位,表示该数据报在网络传输过程中的生命周期。该周期不以时间为单位,而表示为该数据报能够经过的路由器的跳数。每经过一个路由器,TTL 值就减 1。当减到 0 时,数据报还没到达目标网络,路由器就把该数据报丢弃,并回传一个 ICMP 错误报文给信源。

⑨ 协议字段。长度为 8 位,指明该 IPv4 数据报封装的是哪种协议的数据。信宿主机的网络层根据此字段的值决定把 IPv4 数据报封装的数据交给哪个上层协议来处理。该字段常用的值及其对应的高层协议如表 2-1 所示。

表 2-1 IPv4 首部协议取值及其含义

协议字段值	ICMP	IGMP	TCP	UDP	IPv6	OSPF
协议	1	2	6	17	41	89

⑩ 首部检验和字段。长度为 16 位,用于校验 IPv4 首部的正确性。检验在经过的每一个路由器上执行。

⑪ 源地址字段。长度为 32 位,该字段表示发出该数据报的源主机的 IPv4 地址。

⑫ 目的地址字段。长度为 32 位,该字段表示接收该数据报的目的主机的 IPv4 地址。

【例 2.1】 IPv4 分组如图 2-3 所示,请分析其数据链路层首部及 IPv4 首部各字段的值及其含义。

```
ff ff ff ff ff ff 18 a9    05 38 f3 ae 08 00 45 00
00 4e 12 70 00 00 40 11    e9 a3 3a c0 04 0d 3a c0
04 ff 00 89 00 89 00 3a    fa 6e ee eb 01 10 00 01
00 00 00 00 00 00 20 45    44 46 45 46 43 43 4f 45
45 45 42 46 45 45 42 45    44 45 4d 45 45 43 4f 45
44 45 50 45 4e 41 41 00    00 20 00 01
```

图 2-3 例 2.1 图

解:该 IPv4 分组被封装以太网帧中,所以前 14 字节为以太网帧首部,如图 2-4 所示,其余部分为 IPv4 数据报部分。数据链路层各字段的值及其含义如下:

目的MAC 地址　　　源MAC 地址　　　协议字段

```
ff ff ff ff ff ff  18 a9 05 38 f3 ae  08 00  45 00
00 4e 12 70 00 00 40 11 e9 a3 3a c0 04 0d 3a c0
04 ff 00 89 00 89 00 3a fa 6e ee eb 01 10 00 01
00 00 00 00 00 00 20 45 44 46 45 46 43 43 4f 45
45 45 42 46 45 45 42 45 44 45 4d 45 45 43 4f 45
44 45 50 45 4e 41 41 00 00 20 00 01
```

图 2-4　例 2.1　数据链路层部分

字段 1 为目的 MAC 地址,长度为 6 字节,其值为 FF-FF-FF-FF-FF-FF。

字段 2 为源 MAC 地址,长度为 6 字节,其值为 18-A9-05-38-F3-AE。

字段 3 为协议字段,长度为 2 字节,其值为 0x0800,表示该帧封装的是 IPv4 协议的数据。

IPv4 首部各字段划分如图 2-5 所示,其各字段的值及其含义如下:

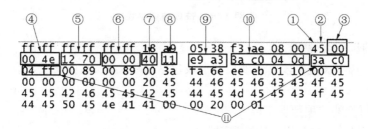

图 2-5　例 2.1　IPv4 首部字段划分

(1) 字段①为版本号字段,长度为 4 位,其值为 4,表示该数据报为 IPv4 数据报。

(2) 字段②为首部长度字段,长度为 4 位,其值为 5,表示该数据报的首部长度为 20 字节。

(3) 字段③为区分服务字段,长度为 2 字节,其值为 0x00,表示是一般服务。

(4) 字段④为总长度字段,长度为 2 字节,其值为 0x004E,表示该数据报的总长度为 78 字节。

(5) 字段⑤为标识字段,长度为 2 字节,其值为 0x1270。

(6) 部分⑥中在 IPv4 被划分为两个字段:

● 标志字段,长度为 3 位,其值为二进制 000。

● 片偏移字段,长度为 13 位,其值为 0。

这两个字段表示该分组未被分片。

(7) 字段⑦为生存周期字段,长度为 1 字节,其值为 0x40,表示该分组可以经过 64 个路由器。

(8) 字段⑧为协议字段,长度为 1 字节,其值为 0x11,其对应的十进制数为 17,表示该 IPv4 数据报封装的是 UDP 的数据。

(9) 字段⑨为首部校验和字段,长度为 2 字节,其值为 0xE9A3。

(10) 字段⑩为源 IP 地址字段,长度为 4 字节,其值为 0x3AC0040D,表示该分组的源 IP 地址为 58.192.4.14。

(11) 字段⑪为目的 IP 地址字段,长度为 4 字节,其值为 0x3AC004FF,表示该分组的源 IP 地址为 58.192.4.255。

2.2.2　IPv4 协议首部选项

IPv4 首部的选项部分是可选的,用来实现控制和测试。

1. 选项格式

IPv4 首部的选项格式如图 2-6 所示,其包括 3 个字段:

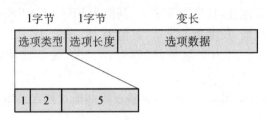

图 2-6　选项首部格式

(1) 8 位的选项类型字段。

(2) 8 位的选项长度字段。选项长度字段包括选项类型、选项长度、选项数据 3 部分的字节数。

(3) 长度可变的选项数据字段。

其中选项类型又可以分为 3 个子字段:

① 复制位。长度为 1 位,当数据报分片时,该位用来控制选项部分如何复制到各分片中。当该位为"1"时,会把原数据报的选项复制到每个分片中。当该位为"0"时,数据报的选项仅仅复制到第一个分片中。

② 选项类型。长度为 2 位,用于定义选项的类型,其功能见表 2-2 所示。

③ 选项号。长度为 5 位,用于进一步确定选项的具体类型,其功能见表 2-2 所示。

表 2-2　IPv4 选项中选项子类及选项号

选项类型	选项号	功能
00	00000	选项结束
	00001	无操作
	00011	非严格源路由
	01001	严格源路由
	00111	记录路由
10	00100	时间戳
01	保留	
11	保留	

2. 选项类型

如表 2-2 所示,目前已定义的 IPv4 协议首部的选项共有 6 种,其中两种是单字节选项,这类选项没有长度字段和数据字段。其余 4 种需要长度字段和数据字段。

(1)无操作选项

该选项是单字节选项,用于选项的填充。由于选项的不定长,而 IPv4 协议要求 IPv4 首部的长度为 4 字节的整数倍。当首部长度不满足长度要求时,就使用该选项进行填充。

(2)选项结束字段

该选项是单字节选项,也用于选项的填充。当进行选项填充时,先填充无操作选项,最后一个字节使用该选项。

(3)严格源路由选项

该选项是多字节选项,用于指定该数据报从信源到信宿必须经过的每一个路由器。这里的严格意味着选项中指定的路由器构成一个通路,数据报沿着这条通路发送,不能经过其他未指定的路由器,通过的顺序也要严格遵守选项中规定的顺序。如果当数据报在到达某路由器时,需要通过未指定路由器才能到达下一跳时,该路由器就会把数据报丢弃,并产生一个信宿不可达的 ICMP 报文发送给信源。严格源路由选项的格式如图 2-7 所示。

选项类型	选项长度	指针
第一个IPv4地址		
第二个IPv4地址		
……		
最后一个IPv4地址		

图 2-7　源路由选项格式

在严格源路由选项中,选项类型字段值为 137,其二进制值为 10001001,复制位为"1",表示该选项需要复制到数据报的所有分片上。选项类为"00",选项号为"01001",表示此选项为严格源路由选项。选项长度根据实际情况来确定。

指针字段指向 IPv4 地址列表,当该数据报由某路由器转发时,该指针自动加 4,指针始终指向当前路由器的下下跳路由器。

IPv4 地址字段为源路由路径上的所有路由器的 IPv4 地址。

严格源路由的工作过程如图 2-8 所示,源主机把源路由选项中的第一个 IPv4 地址作为该数据报的目的地址,并把其余的表项前移,数据报就可以到达第一个路由器。当第一个路由器转发该数据报时,把指针指向的 IPv4 地址作为数据报的目的地址,数据报就可以到达源路由所指定的第二个路由器。同时把数据报原来的目的地址写到指针指向的位置,并把指针值加 4。以此类推,最终数据报会沿着严格源路由选项中的 IPv4 地址序列,依次经过每一个路由器,最终到达目的主机,实现严格源路由的功能。从其工作过程可以得出,执行严格源路由选项的数据报首部中的目的 IP 地址字段的值在经过路由器时会一直变化。

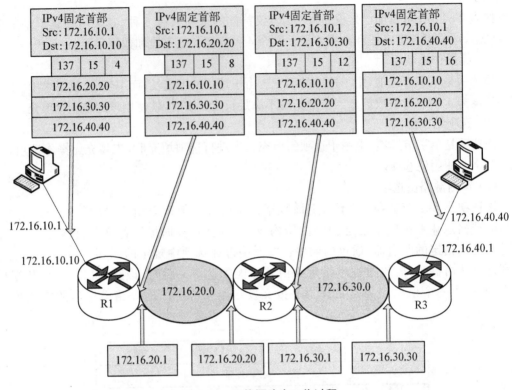

图 2-8 严格源路由工作过程

（4）非严格源路由选项

非严格源路由选项与严格源路由选项类似，所不同的是，非严格源路由除了必须经过选项中列出的路由器外，还可以经过其他的路由器，比严格源路由要求宽松一些。非严格源路选项格式如图 2-7 所示，但选项类型为 131，对应的二进制为 10000011。

（5）记录路由选项

记录路由选项用于记录 IPv4 数据报从源主机到目的主机所经过的路由器的 IPv4 地址，其记录的 IPv4 地址的数目最大为 9 个，由所经过的路由器填写。

记录路由选项的格式也与严格源路由选项类似。不同的是，在信源处 IPv4 地址列表是空的，每经过一个路由器，该路由器就把其出口地址写入到指针所指的空项处，并把指针值加 4。其选项类型值为 7（二进制表示为 00000111）。其工作过程如图 2-9 所示。

在图 2-9 所示的记录路由选项的例子中，在信源（主机 IP 地址为 172.16.10.1）处，记录路由选项的 IP 地址列表为空，指针为 4。当该数据报到达第一个路由器 R1 时，从地址为 172.16.20.1 的接口转发出去，这时就把该地址写到指针指向的 IP 地址列表空项处，即第一项的位置，并把指针的值加 4。当该数据报到达第二个路由器 R2 时，从地址为 172.16.30.1 的接口转发出去，这时就把 172.16.30.1 写到指针指向的第二项的位置，并把指针的值加 4。当数据报从路由器 R3 转发到信宿时，由于输出接口的 IP 地址为 172.16.40.1，所以地址列表第三项的值就被写为 172.16.40.1。至此，完成该例的记录路由选项的所有操作。

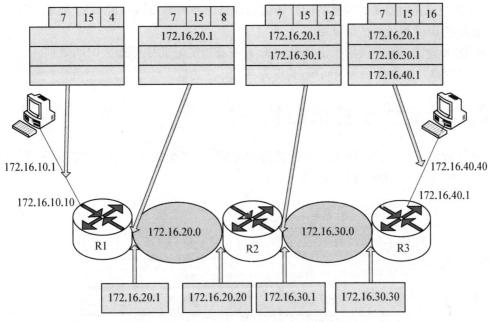

图 2‒9 记录路由选项工作过程

（6）时间戳选项

时间戳选项用于记录 IPv4 数据报到达路由器的时间，该时间为全球通用时间（Universal Time），时间单位为毫秒。通过该选项，能够大致估算出数据报在两个路由器之间的传输时延。

时间戳选项格式如图 2‒10 所示。各字段介绍如下：

选项类型	选项长度	指针	溢出	标志
第一个IPv4地址				
时间戳				
第二个IPv4地址				
时间戳				
……				
最后一个IPv4地址				
时间戳				

图 2‒10 时间戳选项格式

- 选项类型。其值为 68（二进制为 01000100），该选项在分片时，只保留在第一个分片，而不复制到其他分片。
- 选项长度。与前述选项的该字段定义一致。
- 指针。该字段指向要记录时间戳的位置。
- 溢出。该字段记录超出预留空间未能被记录的时间戳的个数。
- 标志。该字段用于设置时间戳的记录格式，"0"表示只记录所经过路由器的时间戳。

"1"表示在记录路由器的时间戳的同时还记录该路由器的输出接口的 IPv4 地址。"3"表示
只记录指定 IPv4 地址处的时间戳。

● IPv4 地址。该字段用于记录 IPv4 地址或者指定记录时间戳的 IPv4 地址。
● 时间戳。该字段记录时间戳,长度为 32 位。

2.3 IPv6 协议首部结构

IPv6 数据报分为固定首部和有效载荷两部分,有效载荷又分为扩展首部和数据两部
分,IPv6 数据报的格式如图 2-11 所示。

2.3.1 IPv6 协议固定首部

IPv6 协议的固定首部共有 40 个字节,分为 8 个字段,如图 2-11 所示。各字段的长度
及功能介绍如下:

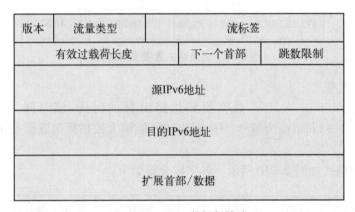

图 2-11 IPv6 数据报格式

(1) 版本字段。长度为 4 位,该字段规定数据报的版本号,此处为"6"。

(2) 流量类型字段。长度为 8 位,该字段用于设置 IPv6 数据报的类别或优先级。

(3) 流标签字段。长度为 20 位,该字段为实现特定的服务质量而给 IPv6 数据报分配
的标号。流是 IPv6 网络中的一个概念,指从特定源点到特定目标点的一系列数据报。这个
流所经过的路径上的路由器都要保证规定的服务质量,属于同一流的所有 IPv6 数据报都具
有同样的流标签。

(4) 有效载荷长度字段。长度为 16 位,该字段表示 IPv6 数据报除固定首部之外部分
的长度,包括扩展首部和数据部分,有效载荷长度最大为 64K 字节。

(5) 下一个首部字段。长度为 8 位,该字段表示固定首部后面是扩展首部还是某协议
的数据。该字段的可能取值及其含义如表 2-3 所示。

(6) 跳数限制字段。长度为 8 位,该字段规定该数据报能够经过的路由器的个数。当
路由器转发该数据报时,将该值减 1。如果该字段值减到 0 还未到达目标主机,该数据报将
被丢弃,并向信源发送一个 ICMPv6 的目标不可达的错误报文。

(7) 源地址字段。长度为 128 位,该字段表示发送该数据报的信源的 IPv6 地址。

(8) 目的地址字段。长度为 128 位,该字段表示接收该数据报的信宿的 IPv6 地址。

表2-3 下一首部取值及其含义

下一首部取值	含义	下一首部取值	含义
0	逐跳扩展首部	44	分段扩展首部
4	IPv4	50	加密安全有效载荷扩展首部
6	TCP	51	身份认证扩展首部
17	UDP	58	ICMPv6
41	IPv6	60	目的选项扩展首部
43	路由扩展首部		

【例2.2】 IPv6数据报如图2-12所示,分析其首部各字段的值及含义。

```
33 33 ff 00 00 01 c0 3f d5 ac f7 8f 86 dd 60 00
00 00 00 20 3a ff 20 01 ce 01 00 00 00 00 00 00
00 00 00 00 00 02 ff 02 00 00 00 00 00 00 00 00
00 01 ff 00 00 01 87 00 10 19 00 00 00 00 20 01
ce 01 00 00 00 00 00 00 00 00 00 00 00 01 01 01
c0 3f d5 ac f7 8f
```

图2-12 例2.2图

解:该IPv6分组封装在数据链路层中,与例2.1一样,其前14字节为数据链路层首部,其中协议字段0x86DD表示该帧封装的是IPv6数据报。数据链路层的其他字段含义与IPv4分组中一致,在此就不再赘述。

IPv6首部的字段划分如图2-13所示,其各字段值及其含义如下:

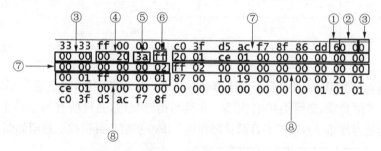

图2-13 例2.2 IPv6首部字段划分

(1) 字段①为版本号字段,长度为4位,其值为6,表示该IP分组为IPv6分组。

(2) 字段②为流量类型字段,长度为8位,其值为0x00,表示该IPv6分组的流量类型。

(3) 字段③为流标签字段,长度为20位,其值为0x00000,表示该IPv6分组的流所属的流。

(4) 字段④为有效载荷长度字段,长度为16位,其值为0x0020,表示该IPv6分组的载荷长度为32字节。

(5) 字段⑤为下一个首部字段,长度为8位,其值为0x3A(十进制数为58),表示该IPv6分组封装的是ICMPv6数据报。

(6) 字段⑥为跳数限制字段,长度为8位,其值为0xFF(十进制数为255),表示该IPv6分组最多可以经过255个路由器。

（7）字段⑦为源 IP 地址字段，长度为 128 位，表示该分组的源 IPv6 地址，其值为 2001：ce01:0000:0000:0000:0000:0000:0002。

（8）字段⑧为目的 IP 地址字段，长度为 128 位，表示该分组的目的 IPv6 地址，其值为 ff02:0000:0000:0000:0000:0000:0000:0001。

2.3.2　IPv6 协议的扩展首部

对比 IPv4 协议首部与 IPv6 协议首部可以看出，IPv6 协议的固定首部在 IPv4 协议的固定首部的基础上进行了简化。在 IPv6 协议中，把 IPv4 固定首部的某些功能及其选项的功能用扩展首部来实现。与 IPv4 协议选项有 40 字节长度的限制不同，IPv6 协议扩展首部的长度不受限制，能够扩展的功能大大增加，并且很容易在未来添加实现新功能的扩展首部。IPv6 数据报格式如图 2-14 所示，其中扩展首部的数量根据需要可以是 0 至多个。

固定首部	扩展首部 1	扩展首部 2	……	数据

图 2-14　IPv6 数据报格式图

IPv6 协议目前已实现了多种扩展首部，常用的扩展首部及其对应的首部值如表 2-4 所示。在 IPv6 数据报中扩展首部是可选的，根据需要选择合适的扩展首部插入到固定首部和数据之间，使用起来十分方便、灵活。

表 2-4　IPv6 协议常用扩展首部

扩展首部名称	下一首部值	扩展首部名称	下一首部值
逐跳	0	目的选项	60
路由	43	认证	51
分段	44	封装安全有效载荷	50

所有扩展首部与 IPv6 固定首部一样都有一个下一个首部字段，通过这个字段就能够知道是否有下一个扩展首部，是哪类扩展首部。并且与指针类似，通过所有的下一个首部字段，把 IPv6 数据报的固定首部与各个扩展首部首尾相连。IPv6 扩展首部链接示意图如图 2-15 所示。

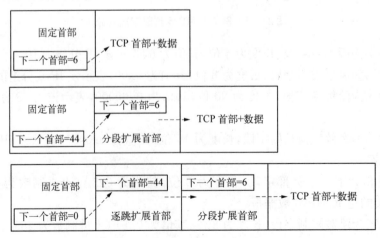

图 2-15　IPv6 协议扩展首部示意图

每个 IPv6 数据报中可以有 0 或多个扩展首部,每个扩展首部的长度必须是 8 字节的整数倍,当长度不满足上述条件时,必须进行填充。

当在一个 IPv6 数据报中有多个扩展首部时,其出现的顺序在一般情况下是固定的。在 RFC2460 中建议扩展首部的顺序如表 2－5 所示。

表 2－5　IPv6 数据报中扩展首部出现顺序表

顺序	扩展首部名称	顺序	扩展首部名称
1	逐跳	5	认证
2	目的选项(由指定结点依次处理)	6	封装安全有效载荷
3	路由	7	目的选项(只在信宿处理)
4	分段		

1. 逐跳扩展首部

逐跳扩展首部的功能是该首部中的选项所携带的信息被传送给该数据报所经过的所有路由器,被上述路由器所检查。逐跳扩展首部的格式如图 2－16 所示。

图 2－16　逐跳扩展首部的格式

逐跳扩展首部的各字段含义如下:

(1) 下一个首部字段。长度为 8 位,该字段表示逐跳扩展首部后面的扩展首部或高层协议的类型。

(2) 扩展首部长度字段。长度为 8 位,该字段表示逐跳扩展首部的长度,该长度以 8 字节为单位。

(3) 选项字段。长度不定,该字段包含 0 到多个选项,选项的值都是 TLV(Type-Length-Value)格式。

逐跳扩展首部到目前为止定义了四种选项:

① Pad1 选项

该选项长度为 8 位,选项的所有位被设置为 0,其格式如图 2－17(a)所示。因为扩展首部的长度要求是 8 字节的整数倍,当长度不满足时,就需要进行填充。利用 Pad1 选项可以填充一个字节。

② PadN 选项

该选项长度不定长,其格式如图 2－17(b)所示。该选项的功能与 Pad1 类似,也是用于填充。PadN 选项的类型值为 00000001,其数据部分全为 0。与 Pad1 选项不同的是,PadN 选项可以用来填充两个以上的字节。当需要填充 N 字节时,选项长度字段值为 N－2。

图 2-17　Pad1 与 PadN 格式

③ 超大有效载荷选项

在 IPv6 协议的固定首部,有效载荷字段规定 IPv6 数据报最大长度为 65535 字节。如果需要更长的有效载荷,以适应更大的网络 MTU,就需要使用逐跳扩展首部的超大有效载荷选项。该选项的格式如图 2-18 所示。其选项类型为"11000010",其数据长度字段值为"4",表示超大有效载荷的最大长度为 $2^{32}-1$,即 4294987295 字节。

下一个首部	扩展首部长度	1100 0010	0000 0100
超大有效载荷长度			

图 2-18　超大有效载荷选项格式

④ 路由器通告选项

路由器通告选项用于多播侦听发现(MLD)以及资源预留协议(RSVP),告知路由器该 IPv6 数据报中的数据需要进行特殊处理。该选项的选项类型为 5(二进制表示为 00000101),选项长度字段值为 2(二进制表示为 00000010),数据字段值为 16 位 0。路由器通告选项的格式如图 2-19 所示。

下一个首部	扩展首部长度	0000 0101	0000 0010
选项数据(16位0)			

图 2-19　路由器通告选项格式

2. 路由扩展首部

路由扩展首部指定 IPv6 数据报在从信源到信宿的传输过程中需要经过的一系列路由器,类似于 IPv4 协议中的源路由选项。在 IPv4 协议中,由于选项部分有 40 字节的限制,所以源路由选项中最多可以指定 10 个路由器。而在 IPv6 协议中,由于采用了路由扩展首部,最多可以指定 256 个路由器。路由扩展首部的格式如图 2-20 所示。

下一个首部	扩展首部长度	类型	剩余跳数
保留	严格/非严格标志		
第一个IPv6地址			
第二个IPv6地址			
……			
最后一个IPv6地址			

图 2-20　路由扩展首部格式

路由扩展首部共有 7 个字段,各字段及其含义如下:

（1）下一个首部字段。该字段长度及含义与逐跳扩展首部一致,后面介绍的所有扩展首部都包含该字段,长度及含义同上,不再一一赘述。

（2）扩展首部长度字段。长度为 8 位,表示该扩展首部的长度。

（3）类型字段。长度为 8 位,当类型值为 0 时,数据部分所列出的地址为该数据报所需要经过的路由器的 IPv6 地址。

（4）剩余跳数字段。长度为 8 位,该字段指出了从当前位置到信宿还需要经过的跳数。

（5）保留字段。长度为 8 位,留作以后扩充功能使用。

（6）严格/非严格标志字段。长度为 24 位,该字段用于指示该首部采用的是严格源路由还是非严格源路由。

（7）地址列表字段。每个地址长度为 128 位,最多可以有 256 个 IPv6 地址,表示数据报所需经过的路由器的 IPv6 地址。

在使用 IPv6 协议的路由扩展首部时,与 IPv4 协议的源路由选项的使用一样,都是数据报的目的地址根据 IP 地址的列表的顺序而变化。数据报就能够按照顺序到达每一个路由器,从而实现路由扩展首部的功能。

3. 分片扩展首部

分片扩展首部用来实现 IPv6 数据报的分片。与 IPv4 网络中数据报的分片一样,IPv6 网络中数据报也可以进行分片。不同的是,IPv6 网络中数据报的分片只发生在信源处,这样的设计能够简化中间结点对数据报的处理。

信源使用路径 MTU 探测机制来探测出从信源到信宿路径上的最小 MTU,并使用该 MTU 进行数据报的分片。如果信源不使用 MTU 探测机制,就要把数据报按照 MTU 为 1280 字节来进行分片,因为在 RFC2460 中规定 IPv6 网络最小的 MTU 为 1280 字节。

分片扩展首部的格式如图 2 - 21 所示。

图 2 - 21　分片扩展首部格式

分段扩展首部共有 6 个字段,其各字段介绍如下:

（1）下一个首部字段。

（2）保留字段,长度为 8 位,该字段目前未用,设为全 0。

（3）分片偏移量字段。长度为 13 位,与 IPv4 首部中的偏移量字段功能一样,表示该分片在原来数据报中的位置,以 8 字节为单位。

（4）保留字段。长度为 2 位,该字段目前未用,设为全 0。

（5）M 字段。长度为 1 位,该字段用来表示本分片后面是否还有其他分片,M＝1 时,表示后面还有其他分片。M＝0 时,表示该分片已是最后一个分片。

（6）分片标识。长度为 32 位,该字段用来区分不同数据报的分片,属于同一个数据报的分片具有相同的分片标识。

4. 认证扩展首部

认证扩展首部有两个作用:

● 确认数据报的发送方。该功能确保接收到的数据报来自真正的信源。

● 保证数据的完整性。该功能确保数据报在传输过程中没有被篡改。

认证扩展首部的格式如图 2-22 所示。

下一个首部	载荷长度	保留字
安全参数索引		
序列号		
认证数据		

图 2-22　认证扩展首部格式

认证扩展首部各字段介绍如下：

(1) 下一个首部。

(2) 载荷长度字段。长度为 8 位,该字段指明认证扩展首部的载荷长度,以 4 字节为单位,该长度从序列号统计到首部结束,其值为认证扩展首部长度减 2。

(3) 保留字字段。长度为 16 位,保留为以后扩展功能使用,目前该字段设为全"0"。

(4) 安全参数索引字段。长度为 32 位,该字段把目的地址和安全协议关联结合起来,指明该数据报的安全关联。1~255 的索引值由 INAN 保留,索引值"0"为本地使用。

(5) 序列号字段。长度为 32 位,该字段具有自动加 1 的功能,每发送一个数据报,该字段自动加 1。当通信双方建立一个安全架构(SA)时,该字段的第一个序号为 1,当同一 SA 的索引值递增到 2^{32} 时,计数器回 0,双方要重新协商 SA,否则所有接收到的数据报都将被丢弃。通过双方重新协商 SA 后,序列号再次从 1 开始递增。如果接收到了重复序列号的数据报,该数据报也将被丢弃,以防止重发攻击。

(6) 认证数据字段。长度可变,但要求是 4 字节的整数倍。该字段包含了对数据报的完整性检验值,实现对信源和数据报的完整性检查。

5. 封装安全有效载荷

认证扩展首部支持报文鉴别及完整性保护,但不支持加密功能。封装安全有效载荷(ESP)可以支持数据源的鉴别、完整性保证以及数据加密功能。ESP 的封装包括首部和尾部,其格式如图 2-23 所示。

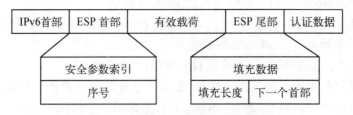

图 2-23　封装安全有效载荷扩展首部格式

封装安全有效载荷首部和尾部各字段介绍如下：

(1) 安全参数索引字段。与认证扩展首部中的安全参数索引字段长度及功能一致。

(2) 序号字段。与认证扩展首部中的序号字段长度及功能一致。

（3）填充数据字段。长度可变,长度为 1～255 字节。该字段用来保证加密功能的正确实现,其所有字节为 0。

（4）填充长度字段。长度为 8 位。该字段定义了填充字段的长度。

（5）下一个首部字段。长度为 8 位。功能同其他扩展首部的同名字段。

（6）认证数据字段。长度可变,但要求是 4 字节的整数倍。该字段是认证机制应用到数据报的结果。

习　题

2-1　说明 IP 协议在因特网中的地位及作用是什么?

2-2　当一个长度为 3900 字节的 IPv4 分组(只有固定首部)先后通过 MTU 为 1200 字节的网络 1 及 MTU 为 800 字节的网络 2,该数据报在网络 1 和网络 2 中将被分为多少片? 并给出在网络 1 和网络 2 中每片的数据长度、片偏移字段的值、MF 标志位的值。

2-3　如图 2-24 所示的 IPv4 分组,试分析该分组的以太网帧首部、IP 首部各字段的值及其含义。

```
5c dd 70 3c 0d 00 18 a9  05 38 f3 ae 08 00 45 00
00 28 2e 90 40 00 80 06  00 00 3a c0 04 0d b4 a3
fb 27 c4 f6 00 50 40 e4  07 20 6e e7 3e 42 50 10
41 3a ee b2 00 00
```

图 2-24　题 2-3图

2-4　说明严格源路由及非严格源路由的异同。

2-5　说明 IPv4 协议与 IPv6 协议固定首部的异同。

2-6　比较 IPv4 数据报的选项与 IPv6 数据报的扩展首部的异同。

2-7　IPv6 的扩展首部有哪些,其对应的下一个首部值各是什么?

2-8　说明 IPv6 扩展首部在 IPv6 数据报中出现的顺序。

2-9　逐跳扩展首部有哪些选项? 这些选项各自的功能是什么?

2-10　在 IPv4 和 IPv6 环境下数据报分片的方法有什么区别?

2-11　说明在 IPv6 数据报中认证首部的功能是什么?

2-12　说明在 IPv6 数据报中 ESP 首部的功能是什么?

第3章

IP 地址

在因特网中 IP 地址是一个很重要的概念，IP 地址用来标识因特网中的每一个设备，具有唯一性，因特网中的主机必须具有 IP 地址。IP 地址含有位置信息，能够表明拥有该地址的结点位于哪个网络中。IP 地址在因特网中作用就是用来进行寻址和路由。为了解决 IPv4 地址空间不足的问题，在 IPv6 协议中引入了 128 位的 IPv6 地址。

本章主要内容：

(1) IP 地址的作用。

(2) IPv4 地址的标识方法。

(3) IPv4 地址的分类。

(4) 子网划分。

(5) 特殊的 IPv4 地址及 CIDR。

(6) IPv6 地址格式、类型和配置方法。

3.1 IP 地址概述

在因特网中，IP 地址应用在网络层及以上的层次中，在数据链路层及物理层中使用物理地址。在不同的物理网络中，物理地址的编址方式不统一，也不具有唯一性。如果在因特网中直接使用物理地址进行通信，是极其不方便的。由于各种物理网络存在的历史较长，现在不可能再在物理地址层面实现地址的统一。为了解决这个问题，在网络层引入 IP 地址。通过 IP 地址就能够屏蔽底层网络的差异，在网络层实现了网络地址的统一。即两个结点处在不同类型的网络中，它们的物理地址类型也不一致，但到了网络层就具有因特网范围内的 IP 地址。IP 地址又被称为逻辑地址，因特网上的每一个结点都具有唯一的 IP 地址。

如图 3-1 所示，主机 A 和主机 B 处在不同的类型的物理网络中，其链路层地址不统一，其链路层的帧格式也不统一。到了网络层，地址统一成 IP 地址，数据报也统一成 IP 数据报。

在 IPv4 协议中使用的 IP 地址为 IPv4 地址，该地址共 32 位，其地址空间为 2^{32}，共有 4294967296 个 IPv4 地址。

随着因特网的发展，IPv4 地址短缺的问题日益严重。为了解决这个问题，提出了很多种解决方案，而最终解决方案是 1996 年提出的 IPv6 协议。

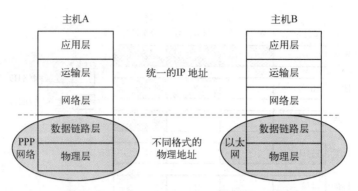

图 3-1　网络层统一 IP 地址及数据报示意图

IPv6 协议中使用的地址长度为 128 位,其地址空间为 2^{128},数量十分巨大。

3.2　IPv4 地址

3.2.1　IPv4 地址概述

最早的 IPv4 地址是分类 IP 地址,IP 地址分为网络 ID 及主机 ID 两部分,网络 ID 也称网络号,主机 ID 也称为主机号。IP 地址可以表示为:

IPv4-Address::={<Network-ID>,<Host-ID>}

IPv4 地址(为简便起见,IPv4 地址在本节也简称为 IP 地址)的结构如图 3-2 所示。

IP 地址采用这种两级结构的方式,是为了方便在因特网上进行寻址。在因特网上进行通信时,首先通过网络 ID 寻址到目标网络,到达目标网络后,再通过主机 ID 寻址到目标主机。当一个主机从一个网络中迁移到

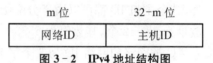

图 3-2　IPv4 地址结构图

另一个网络中时,该主机的 IP 地址必须改变,改变后的 IP 地址的网络 ID 与迁入网络的网络 ID 必须一致。

IP 地址采用点分法十进制进行标识,即把 32 位的 IP 地址均分为四个部分,每部分有 8 位二进制,然后把每一部分用一个十进制数来表示,再用小圆点将每个十进制数隔开。

例如,IP 地址为 11011011110110110101101001011000,将其按每 8 位分组共分为 4 组: 11011011　11011011　01011010　01011000,再将每组转换为十进制数并用小圆点将其分隔开即得到上述 IP 地址的标识为:219.219.90.88。

3.2.2　分类的 IPv4 地址

在 IPv4 协议诞生初期,IP 地址采用了分类地址的方式,如果两个网络中使用不同类型的 IP 地址,则两个网络中所拥有的 IPv4 地址数量也不一样。采用分类地址的方法,就可以把不同类型的 IPv4 地址分配给不同需求的网络用户。当时共定义了 A 类、B 类、C 类、D 类、E 类共 5 种类型的 IP 地址。其格式如图 3-3 所示。

其中 A 类、B 类、C 类 IPv4 地址用于分配给网络上的结点,D 类地址用于多播,E 类为保留地址。

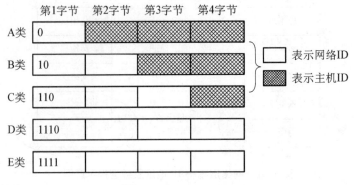

图 3-3 分类 IPv4 地址

在 A 类地址中,网络 ID 为 1 个字节,其余 3 个字节为主机 ID。其最高位"0"表示该 IP 地址为 A 类地址。所以 A 类 IP 地址的网络号为 0~127,在这 128 个 A 类网络 ID 中,网络 ID"0"一般不用,网络 ID"127"用于回环地址。所以可用的 A 类网络 ID 为 1~126。每个 A 类网络的主机 ID 共 3 个字节(24 位),除了全 0 的主机 ID 表示网络地址,全 1 的主机 ID 表示本网络的广播地址外,其余主机 ID 都可以用于分配给网络中的结点。所以每一个 A 类网络拥有的 IP 地址的数量为 $2^{24}-2$ 个,其数值为 16777214。

B 类网络的网络 ID 为 2 个字节,另外 2 个字节为主机 ID。其最高两位"10"表示该 IP 地址为 B 类地址。所以 B 类 IP 地址的网络 ID 为 128.1~191.255。此类网络的主机 ID 共 2 个字节(16 位),除了全 0 的主机 ID 表示网络地址,全 1 的主机 ID 表示本网络的广播地址外,其余主机 ID 都可以用于分配给网络中的结点。所以每一个 B 类网络拥有的 IP 地址的数量为 $2^{16}-2$ 个,其数值为 65534。

C 类网络的网络 ID 为 3 个字节,另外 1 个字节为主机 ID。其最高三位"110"表示该 IP 地址为 C 类地址。所以 C 类 IP 地址的网络 ID 为 192.0.1~223.255.255。此类网络的主机 ID 有 1 个字节(8 位),除了全 0 的主机 ID 表示网络地址,全 1 的主机 ID 表示本网络的广播地址外,其余主机 ID 都可以用于分配给网络中的结点。所以每一个 C 类网络拥有的 IP 地址的数量为 2^8-2 个,其数值为 254。

D 类地址最高 4 位为"1110",其地址范围为 224.0.0.0~239.255.255.255。该类地址用于多播通信。

E 类地址最高 4 位为"1111",其地址范围为 240.0.0.0~255.255.255.254。该类地址为保留地址,保留为未来扩展功能使用,也可用于实验。

A 类、B 类、C 类网络 IPv4 地址分布情况如表 3-1 所示。

表 3-1 各类网络中网络号分布情况表

网络类型	本类型网络数量	网络号	各网络 IPv4 地址数量
A 类	126	1.0.0.0~126.0.0.0	16777214
B 类	16383	128.1.0.0~191.255.0.0	65534
C 类	2097151	192.0.1.0~223.255.255.0	254

3.2.3　特殊的 IPv4 地址

在分类 IP 地址中有些地址是因为特殊用途而被保留。

1. 全 0 地址

全 0 地址是指 IP 地址的 32 位都为 0，即 0.0.0.0，用于表示本网络本主机，该地址只能用作源地址。当主机的"本地连接"被设置为"自动获得 IP 地址"时，当该主机刚启动时，这时该主机尚未获得 IP 地址。该主机需要向 DHCP 服务器发送 DHCP 请求报文来获取 IP 地址，这时就要用全 0 地址作为该数据报的源地址。

2. 全 1 地址

全 1 地址是指 IP 地址的 32 位都为 1，即 255.255.255.255，用于表示本网络的广播地址，该地址只能用作目的地址。当某主机要向本网络中的所有主机进行广播时，如果并不知道本网络的网络号，就可以用全 1 地址作为广播数据报的目的地址进行广播。但该广播仅仅局限于主机所在的网络范围内，路由器不转发目的地址为全 1 地址的数据报，所以全 1 地址也被称为受限广播地址。

3. 广播地址

广播地址就是主机 ID 全为 1 的 IP 地址，用于表示某网络中的所有主机。当要向该网络中的所有主机发送数据报时，就要把该网络的广播地址作为目的地址。区别于受限广播地址，该广播地址也被称为直接广播地址。比如对一个 B 类网络，网络号为 172.32.0.0，该网络的广播地址为 172.32.255.255。

4. 网络地址

网络地址就是主机 ID 全为 0 的地址，用于标识指定的网络。该地址不能分配给主机，也不能作为源地址或目的地址。

5. 回环地址

回环地址是指属于网络号 127.0.0.0 的 IP 地址，用于测试本主机上的网络软件，也用于检查 TCP/IP 协议栈是否正常安装。当使用回环地址作为目的地址时，数据报到达网卡就返回，而不会离开本主机，该地址只能做目的地址。需要注意的是，回环地址不仅仅指的是 127.0.0.1，属于 127.0.0.0 的所有地址都可以充当回环地址。

6. 内部 IP 地址

内部 IP 地址是由 RFC1918 定义的用于内部网络使用的 IP 地址，供不接入因特网的网络或者只申请到少量因特网 IPv4 地址的网络使用。因特网上的路由器对于目的地址是这类 IP 地址的数据报一律不转发。内部 IP 地址定义如下：

- 10.0.0.0～10.255.255.255
- 172.16.0.0～172.31.255.255
- 192.168.0.0～192.168.255.255

使用内部 IP 地址的网络称为本地网，如果本地网不接入因特网，就没有必要去申请因特网 IP 地址，可以根据网络的规模大小采用上述不同的内部网络 ID，能够大大节约宝贵的 IP 地址资源。

当某机构网络申请到少量因特网 IP 地址时,可以在网络内部使用本地 IP 地址,而在路由器采用网络地址转换(Network Address Translation,NAT)技术。通过 NAT 技术实现本地 IP 地址和因特网 IP 地址之间的映射,可以让大量内部网络的主机都能够访问因特网。

使用内部 IP 地址还可以隐藏内部网络的结构,以达到保护内部网络安全的目的。

常用特殊 IPv4 地址应用及含义如表 3-2 所示。

表 3-2　常用特殊 IPv4 地址应用及含义表

特殊 IP 地址	网络 ID	主机 ID	做源地址 (Y/N)	做目的地址 (Y/N)	含义
全 0	全 0	全 0	Y	N	本网络本主机
网内主机	全 0	HOST-ID	Y	N	本网络标识为 HOST-ID 的主机
全 1	全 1	全 1	N	Y	本网络的广播地址
广播地址	网络 ID	全 1	N	Y	网络号为网络 ID 的网络的广播地址
网络地址	网络 ID	全 0	N	N	网络号为网络 ID 的网络地址
回环地址	127	全 0、全 1 除外	N	Y	本主机回环地址

3.2.4　划分子网

为了节约 IP 地址资源,在分类 IP 地址的基础上,对网络可以进一步划分子网。当机构在多地有分支机构的情况下,在 IP 地址数量满足需要的前提下,该机构可以只申请一个网络号,然后对该网络进行合理的子网划分,得到多个子网,每个子机构使用一个子网,而不必申请多个网络号。

子网划分的方法是使用主机 ID 的某些位充当子网位,这些子网位需要通过子网掩码进行标识。

1. 子网掩码

子网掩码的长度为 32 位,与 IP 地址格式一样,也采用点分法十进制的记法。子网掩码与 IP 地址配合使用,其功能主要有以下两个:

● 确定 IP 地址的网络号和主机号。
● 划分子网。

各类网络的默认子网掩码如表 3-3 所示。

表 3-3　各类网络默认子网掩码表

网络类型	默认子网掩码
A 类	255.0.0.0
B 类	255.255.0.0
C 类	255.255.255.0

使用子网掩码确定 IP 地址的网络 ID 和主机 ID 的方法,就是把 IP 地址与其子网掩码进行"与"运算,结果中非零的部分就是该 IP 地址所在网络的网络 ID,IP 地址其余部分就是其主机 ID。

【例 3.1】 现有两个 IP 地址及其子网掩码:

(1) 158.96.57.6/255.255.0.0

(2) 208.41.76.62/255.255.255.0

分别求这两个 IP 地址的网络 ID 及主机 ID。

解:分别把(1)、(2)的 IP 地址与其子网掩码按位相与,计算过程与结果分别如图 3-4 (a)、(b)所示,为简单起见,图中计算使用了十进制。根据与运算的结果可以得出:

(1) 中网络 ID 为 158.96,IP 地址其余部分 57.6 就是其主机 ID,该 IP 地址所在网络的网络号为 158.96.0.0。

(2) 中网络 ID 为 208.41.76,IP 地址其余部分 62 就是其主机 ID,该 IP 地址所在网络的网络号为 208.41.76.0。

```
      158.96.57.6              208.41.76.62
And) 255.255.255.0        And) 255.255.255.0
      158.96 . 0 . 0            208.41.76 . 0
         (a)                        (b)
```

图 3-4 例 3.1 计算过程

2. 子网划分

子网划分的方法就是把主机 ID 的某些位充当子网 ID,子网 ID 也称为子网号,其他位仍然作为主机 ID,与子网 ID 对应的子网掩码位也相应地变为"1"。而网络 ID 不做任何改变,这种划分方法使得网络对外还是一个整体,只有到了网络内部才能感知到子网的存在。

划分了子网的 IP 地址由二级结构变成了三级结构。其结构如下:

IPv4-Address::={<Network-ID>,<Subnetwork-ID>,<Host-ID>}

下面通过具体的实例介绍子网划分的过程。

【例 3.2】 某公司申请到了一个 B 类网络,网络号为 132.46.0.0。现根据公司的网络结构与管理需求,需要划分成 6 个子网,试给出划分子网后合适的子网掩码,以及这 6 个子网的网络号以及每个子网中可以分配给主机的 IPv4 地址范围。

解:划分子网的步骤如下:

(1) 确定子网位

由于该公司申请到的网络为 B 类网络,其网络 ID 为 132.46,而划分子网需要在主机号中拿出若干位充当子网位。本例中需要划分 6 个子网,而 $2^2 \leqslant 6 \leqslant 2^3$,所以子网位是 3 位,即在主机号中的最高 3 位充当子网位。

(2) 确定子网掩码

B 类网络默认的子网掩码为 255.255.0.0,划分子网后,与子网位对应的子网掩码位变为 1,根据(1)中我们计算出子网位是 3 位,并且处在 IPv4 地址的第三字节的前 3 位。所以,子网掩码第三节由"00000000"变为"11100000",其他字节不改变,所以划分过网后的子网掩码变为 255.255.224.0。此子网掩码对所有子网有效。

(3) 确定所有子网的网络号

在(1)中确定了子网位为 3 位,所以子网位取值范围"000"~"111"。本例中我们取其中 6 个子网 ID,即"000"~"101"。即第一个子网的网络号为:132.46.00000000.0,为了简便,该子网号中只在第三字节是用二进制表示的,其他字节用十进制表示。第一个子网的子网号为:

132.46.00000000.0。第二个子网的子网号:132.46.00100000.0,其十进制表示为132.46.32.0。其他子网依次类推。该网络划分的6个子网的网络号如表3-4所示。

(4) 确定各子网的 IP 地址范围

本例中主机号原来为 16 位,划分子网后,主机号为 13 位,去掉全 0 和全 1 的主机号,在每个子网中,可分配的 IP 地址的主机号为 00000 00000001~11111 11111110。所以:

第一个子网 IP 地址范围为:132.46.00000000.00000001~132.46.00011111.11111110,该地址范围用十进制表示为:132.46.0.1~132.46.31.254。

第二个子网 IP 地址范围为:132.46.00100000.00000001~132.46.00111111.11111110,该地址范围用十进制表示为:132.46.32.1~132.46.63.254。

……

所有子网可分配的 IP 地址范围如表3-4所示。

表 3-4　例 3.2 中子网号、子网掩码及 IP 地址范围表

编号	子网号	子网掩码	最小 IP 地址	最大 IP 地址	广播地址
1	132.46.0.0	255.255.224.0	132.46.0.1	132.46.31.254	132.46.31.255
2	132.46.32.0	255.255.224.0	132.46.32.1	132.46.63.254	132.46.63.255
3	132.46.64.0	255.255.224.0	132.46.64.1	132.46.95.254	132.46.95.255
4	132.46.96.0	255.255.224.0	132.46.96.1	132.46.127.254	132.46.127.255
5	132.46.128.0	255.255.224.0	132.46.128.1	132.46.159.254	132.46.159.255
6	132.46.160.0	255.255.224.0	132.46.160.1	132.46.191.254	132.46.191.255

子网划分技术的引入,在一定程度上节约了 IPv4 地址资源。通过上例可知经过子网划分后,各个子网中 IP 地址的规模是一样的,各个子网的子网掩码也是相同的。为了进一步提高 IP 地址资源的利用率,在子网划分的基础上,引入了可变长度子网掩码(Variable Length Subnet Mask,VLSM)技术。利用 VLSM 技术,可以把子网进一步划分,可以根据实际需要来设置各个子网的规模,每个子网中 IP 地址的数量可以不一致,相应的各子网的子网掩码也不尽相同。使用 VLSM 技术划分的子网,也可以支持全 0 和全 1 的子网号。下面通过【例 3.3】说明如何利用 VLSM 技术划分子网。

【例 3.3】 某机构网络拓扑如图 3-5 所示,其中各个子网中主机数量如下:

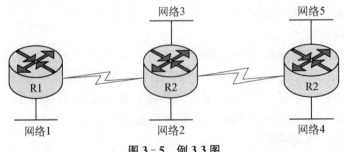

图 3-5　例 3.3 图

● 网络 1:90 台
● 网络 2:50 台

- 网络 3:10 台
- 网络 4:25 台
- 网络 5:9 台

现该机构申请了一个 C 类网络 199.14.93.0,试用 VLSM 技术划分子网,使各子网的 IP 地址数量满足各子网的需要。

解:通过题意可以得出,本网络一共要划分 5 个子网,如果采用【例 3.2】平均划分子网的方法,需要划分 8 个子网,每个子网中可用 IP 地址数为 30 个,不能满足网络 1(90 台主机)和网络 2(50 台主机)的需要。所以在本例中,需要采用 VLSM 划分子网的方法,其步骤如下:

(1) 把网络 199.14.93.0 划分为两个子网

因为 VLSM 支持全 0 和全 1 的子网,所以在这里可以用 1 位主机号充当子网位,并且用主机号的最高位充当。两个子网的划分情况如表 3-5 所示,其中带下线的子网位为本步骤的子网位(以下同):

表 3-5　例 3.3 步骤(1)所得子网

子网编号	子网号 (二进制表示)	子网号	IP 地址范围	子网掩码
1	199.14.93.<u>0</u>0000000	199.14.93.0	199.14.93.1～ 199.14.93.126	255.255.255.128
2	199.14.93.<u>1</u>0000000	199.14.93.128	199.14.93.128～ 199.14.93.254	255.255.255.128

把 1 号子网即 199.14.93.0/25 分配给网络 1,其可用的 IPv4 地址数量为 126 个,大于网络 1 所需要 IP 地址数量的 90 个。

(2) 把上述 2 号子网进一步划分为两个二级子网

因为二级子网是两个,所以可以使用 1 位主机位充当二级子网位,在此使用主机号的次高位,两个二级子网的划分情况如表 3-6 所示。

表 3-6　例 3.3　步骤(2)所得子网

子网编号	子网号 (二进制表示)	子网号	IP 地址范围	子网掩码
2.1	199.14.93.1<u>0</u>000000	199.14.93.128	199.14.93.129～ 199.14.93.191	255.255.255.192
2.2	199.14.93.1<u>1</u>000000	199.14.93.192	199.14.93.193～ 199.14.93.254	255.255.255.192

把 2.1 号子网即 199.14.93.128/26 分配给网络 2,该子网中可用的 IPv4 地址数量为 62 个,大于网络 2 所需要 IP 地址数量的 50 个。

(3) 把上述 2.2 号子网进一步划分为两个三级子网

因为三级子网是两个,也需要一位主机位充当三级子网位,在此使用主机号的第三位,两个三级子网的划分情况如表 3-7 所示。

表 3–7　例 3.3　步骤(3)所得子网

子网编号	子网号 （二进制表示）	子网号	IP 地址范围	子网掩码
2.2.1	199.14.93.11000000	199.14.93.192	199.14.93.193～ 199.14.93.223	255.255.255.224
2.2.2	199.14.93.11100000	199.14.93.224	199.14.93.225～ 199.14.93.254	255.255.255.224

把 2.2.1 号子网即 199.14.93.192/26 分配给网络 4,其可用的 IPv4 地址数量为 30 个,大于网络 4 所需 IP 地址数量的 25 个。

(4) 把上述 2.2.2 号子网进一步划分为两个四级子网。

因为四级子网是两个,也需要一位主机位充当四级子网位,在此使用主机号的第四位,两个四级子网的划分情况如表 3–8 所示。

表 3–8　例 3.3 步骤(4)所得子网

子网编号	子网号 （二进制表示）	子网号	IP 地址范围	子网掩码
2.2.2.1	199.14.93.11100000	199.14.93.224	199.14.93.225～ 199.14.93.239	255.255.255.240
2.2.2.2	199.14.93.11110000	199.14.93.240	199.14.93.241～ 199.14.93.254	255.255.255.240

因为子网 2.2.2.1 和 2.2.2.2 中都有 14 个可用的 IPv4 地址,满足网络 3 和网络 5 的所需 IPv4 地址数,所以可以把子网 2.2.2.1 分配给网络 3,把子网 2.2.2.2 分配给网络 5。

通过上例可以得出,当机构的各个子机构拥有的主机数量大小不一,采用平均分配 IP 地址的子网划分方式不能满足需要时,可以采用 VLSM 的方式来划分子网,可以合理解决各子机构 IP 地址数量不统一的问题。

3.2.5　无分类编址 CIDR

分类 IP 地址是由管理机构按网络号把 IPv4 地址资源分配给申请者,该机构就会拥有该网络号中所有的 IP 地址。这可能会造成极大的 IP 地址资源浪费,比如一个用户申请到一个 A 类网络号,其拥有的 IP 地址数量可以多达 1 600 万个,而实际上该机构可能仅仅使用其中的很少的一部分,而多余的 IP 地址又不能转让给其他机构。虽然子网划分技术的引入缓解了上述情况,但仍不能解决按需分配 IP 地址的问题。为了提高 IP 地址的利用率,以及更方便地进行 IPv4 地址的分配。1993 年,因特网管理机构 IETF 发布了无类域间路由选择(Classless Inter-Domain Routing,CIDR)技术。

在 CIDR 技术中,去掉了 IPv4 地址中的 A 类、B 类、C 类的概念,也没有子网划分的概念。IP 地址的结构从三级又变回到两级。其地址格式如下:

IP-Address∷=｛<Network-prefix>,<Host-ID>｝

在 CIDR 中不再有网络号的概念,而用网络前缀来代替。与分类地址不同,在 CIDR

中,仅从 IP 地址中不能得出网络前缀和主机号的长度。CIDR 技术中采用了与 IP 地址配合出现的 32 位地址掩码,该掩码中所有"1"对应的 IP 地址中的位就是子网前缀,"0"对应的 IP 地址中的位就是主机号。为了与分类 IP 中保持一致,该掩码继续被称为子网掩码。

为了简化掩码的书写,CIDR 中还经常采用斜线表示法表示前缀。这种书写 IP 地址的格式为 A.B.C.D/m。其中 A.B.C.D 表示 IP 地址,m 表示前缀的长度,即表示子网掩码有 m 位"1",IP 地址的前 m 位表示网络前缀。

CIDR 中 IP 地址是按地址块来进行分配。每块中地址数为 2^m(m 为整数),并且块中 IP 地址必须连续,其首地址还需要满足能被 2^m 整除的条件。比如,某机构申请 12 个 IP 地址,管理机构可以分配给它一个包含 16 个地址的地址块。另一机构申请 500 个 IP 地址,管理机构可以分配给它一个包含 512 个地址的地址块。

【例 3.4】　现有一个 CIDR 地址 60.75.152.8/20,求该地址所在地址块的子网掩码、地址空间数、网络号、广播地址、最小可分配地址、最大可分配地址各是什么?

解:因为该地址块网络前缀为 20 位,所以其子网掩码 1 的位数为 20 位,即该地址块的子网掩码为 255.255.240.0。

该地址块的主机位数为 32−20=12,所以该地址块的地址空间为 2^{12}=4096。

把该地址与其子网掩码按位相与,即可得到该地址的网络号为:60.75.144.0。

把主机位都设为 1,即得到该地址块的广播地址:60.75.159.255。

其可分配地址范围为:60.75.144.1～60.75.159.254,所以可分配的最小地址为:60.75.144.1,可分配的最大地址为:60.75.159.254。

3.3　IPv6 地址

3.3.1　IPv6 地址概述

IPv4 协议以其简单、易用的特点,从 1983 年正式成为 Internet 的标准后,获得了极大的成功,也极大地推动了因特网的发展。

随着因特网的快速发展,IPv4 协议的局限性也日益显现出来。其中最大的局限性是 IP 地址资源的不足。IPv4 地址长度为 32 位,所有的 IPv4 地址数量约为 43 亿个。除了网络设备占用一部分 IPv4 地址资源,还有一些特殊的 IPv4 地址不能用于分配。实际能够使用的 IPv4 地址仅仅有 25 亿个左右。2011 年 1 月 31 日,IANA 宣布已分配完所有 IPv4 地址资源。各个 RIR 也将很快消耗完各自拥有的 IPv4 地址资源。

为了解决 IPv4 所带来的一系列问题,在 20 世纪 90 年代初,IETF 已着手开始制订下一代 Internet 协议(IPng)标准的工作。并于 1998 年 12 月发布了 IPv6 协议标准 RFC2460。

3.3.2　IPv6 地址格式

IPv6 地址有 128 位,如果直接采用二进制来标识,会给网络用户带来极大的不便。RFC2373 中定义了 IPv6 地址格式,规定采用冒号分隔的十六进制的方法标识 IPv6 地址。即把 IPv6 地址分为 8 段,每段 16 位,把各段的 16 位用 4 位十六进制数表示,段与段之间用冒号分隔。其表示形式为:X:X:X:X:X:X:X:X,其中 X 表示 4 位十六进制数。

例如一个 128 位的 IPv6 地址如下：

0010000000000001 1010001100000001 0000000000000000 0000000100000000

0010000000000000 0000000000000000 0000000000000000 0000000000101101

该地址对应的冒号分隔法标识为：2001：A301：0000：0100：1000：0000：0000：002D。

为了对 IPv6 地址标识进一步简化，还可以采用 0 压缩法。可以把每一段的前导的"0"省略掉。如上例中的"002D"可以简写为"2D"，"0000"可以简写为"0"，上例采用 0 压缩法后 IPv6 地址可以标识为：2001：A301：0：100：1000：0：0：2D。为了进一步简化，RFC4291 中规定用两个冒号表示多个的连续全为 0 的段，但是双冒号在 IPv6 地址标识中只能出现一次。比如 IPv6 地址 FF02：0000：0000：0000：0000：0000：0000：0001 可以简写为 FF02：：1。

一个 IPv6 地址分为网络前缀和接口标识符两部分，IPv6 地址不支持子网掩码，仅支持网络前缀。网络前缀与 IPv4 的 CIDR 前缀表示法一样，用斜线加前缀长度表示，前缀长度用十进制数表示。比如：IPv6 地址 2001：3DF6：：1/64，表示该 IPv6 地址中前缀长度为 64 位。

3.3.3　IPv6 地址的类型

按照寻址方式及功能，IPv6 地址可以分为单播地址（Unicast Address）、多播地址（Multicast Address）、任播地址（Anycast Address）三大类。

1. IPv6 单播地址

单播地址是分配给单个网络结点接口的 IPv6 地址，以单播地址为目的地址的数据报必须交付给该地址所在的结点。单播地址可分为全球单播地址、链路本地地址、站点本地地址、内嵌 IPv4 地址的 IPv6 地址、回环地址、不确定地址等类型。

（1）全球单播地址

这类地址是分配给因特网上结点的 IPv6 地址，用于在因特网范围内进行路由和传输。该类地址由全球路由前缀、子网 ID、接口 ID 三部分构成，其结构如图 3-6 所示。

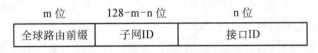

m 位	128-m-n 位	n 位
全球路由前缀	子网ID	接口ID

图 3-6　IPv6 全球单播地址格式

① 全球路由前缀。长度为 48 位，该部分用来为数据报在因特网中的传输实现路由选择。它由 ISP 所拥有，并由 ISP 提供给 IPv6 地址块的申请者。目前 IANA 正在发放的全球单播地址的前 3 位为 001，即 2000：：/3。

② 子网 ID。长度为 16 位，该部分用来划分子网。组织机构在申请到前 48 位的全球路由前缀后，可以通过这 16 位子网 ID 进一步划分子网，子网的数量可以高达 65 536 个。

③ 接口 ID。长度为 64 位，该部分用于标识 IPv6 网络中某结点的一个接口。在自动配置 IPv6 地址时，接口 ID 是用接口的 MAC 地址映射而来，其映射方法如图 3-7 所示。

从图 3-7 中可以看出，由 MAC 地址映射为 EUI-64 时，需要把 MAC 地址最高字节的倒数第二位的全球/本地控制位变为"1"，并在高 3 字节和低 3 字节中间插入两个字节，其值为"0xFFFE"。例如，现有一个结点的 MAC 地址为 18-A9-05-38-F3-AE，其映射的 EUI-64 为 1AA9：05FF：FE38：F3AE。

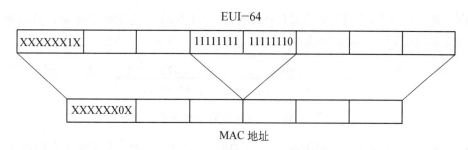

图 3-7 MAC 地址映射 EUI-64 的方法

（2）链路本地地址（Link Local Address，LLA）

链路本地地址是自动配置的，当主机启动了 IPv6 协议栈，当其接入到 IPv6 网络中时，就会自动产生一个链路本地地址，该地址被用于在同一链路内各结点之间的通信。其作用范围以路由器为边界，即路由器不会转发以链路本地地址为目的地址的数据报。

链路本地地址是以前缀"1111 1110 10"标识的，后接 54 位"0"，一起构成链路本地地址的 64 位网络前缀，该前缀用十六进制数表示为 FE80::/64。再加上低 64 位的接口 ID，该接口 ID 使用 EUI-64。两者一起构成 128 位的链路本地地址，链路本地地址的格式如图 3-8 所示。

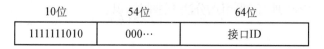

图 3-8 链路本地地址格式

（3）站点本地地址（Site Local Address，SLA）

站点本地地址是能够在本组织机构内部网络结点之间通信时使用的 IPv6 地址。与 IPv4 的内部地址功能相同。使用站点本地地址的主机可以在机构的内部网络中相互通信，但这些数据报不会被路由到其他网络，也不能传送到因特网上。

站点本地地址格式如图 3-9 所示，前 10 位由 1111 1110 11 标识，后面接 38 位 0，其网络前缀表示为 FEC0::/48。后面的 16 位为子网 ID，最后接 64 位的 EUI-64 的接口 ID。共同构成 128 位的站点本地地址。

10位	38位	16位	64位
1111111011	000…	子网ID	接口ID

图 3-9 站点本地地址格式

与链路本地地址不同，站点本地地址不能自动配置。它需要通过无状态或有状态地址配置方法指派。

（4）内嵌 IPv4 地址的 IPv6 地址

在 IPv4 向 IPv6 过渡过程中，在 IPv4 网络和 IPv6 网络并存的情况下，为了实现 IPv4 主机和 IPv6 主机之间的互通，在 RFC3513 和 RFC4291 中定义了两种内嵌 IPv4 地址的 IPv6 地址：一种是 IPv4 兼容 IPv6 地址，另一种是 IPv4 映射 IPv6 地址。

① IPv4 兼容 IPv6 地址（IPv4-compatible-IPv6 Address）

IPv4 兼容 IPv6 地址用于利用隧道技术通过 IPv4 网络传送 IPv6 数据报。其由 96 位前缀"0"加上 32 位的 IPv4 地址构成。该类地址的格式如图 3-10 所示。

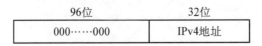

图 3-10 IPv4 兼容 IPv6 地址格式

IPv4 兼容 IPv6 地址通常记作::w.x.y.z 的形式,其中 w.x.y.z 为该结点的 IPv4 地址,采用点分法十进制标识。

② IPv4 映射 IPv6 地址(IPv4-compatible-IPv6 Address)

IPv4 映射 IPv6 地址用于 IPv6 结点访问 IPv4 结点,被用于翻译技术。其前缀由 80 位"0",加上 16 位的"1"构成。该类地址的格式如图 3-11 所示。

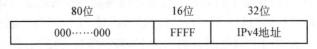

图 3-11 IPv4 映射 IPv6 地址格式

IPv4 映射 IPv6 地址通常记作 0:0:0:0::ffff:w.x.y.z 或::ffff:w.x.y.z 的形式,其中 w.x.y.z 为该结点的 IPv4 地址,采用点分法十进制标识。

2. 多播地址

多播地址用于标识分属于不同结点的多个接口,这些接口所在的结点,属于同一个多播组。这些结点具有相同的多播地址,用于一对多的通信。如果数据报的目的地址是一个 IPv6 的多播地址,所有加入此多播组的结点都能收到此数据报。

IPv6 协议中的多播地址前缀为"11111111",其十六进制形式为"FF",即所有 IPv6 的多播地址都以"FF"开头。多播地址在通信时只能作为 IPv6 数据报的目的地址。多播地址的格式如图 3-12 所示。

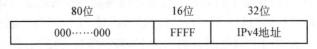

图 3-12 IPv6 多播地址格式

IPv6 协议多播地址各字段长度及含义介绍如下:

(1) 标识字段。长度为 8 位,这 8 位全为"1",用来标识本地址为多播地址。

(2) 标志字段。长度为 4 位,在 RFC4291 中将该字段定义为 0、R、P、T,其中最高位为 0,其余 3 位的含义如下:

● R 位:用来定义该多播地址是否是内嵌汇聚结点(Rendezvous Point,RP)的多播地址。R=1 表示它是内嵌 RP 的多播地址。

● P 位:用来定义该多播地址是否是基于某网络前缀的多播地址。P=1 表示它是基于单播前缀的多播地址。

● T 位:用来定义该多播地址是永久多播地址(T=0)还是临时多播地址(T=1)。

(3) 范围字段。长度为 4 位,该字段用来定义多播地址的作用范围,目前定义的范围如

表 3-9 所示。

表 3-9　IPv6 协议多播地址中范围字段值及其含义

范围字段值	范围含义	范围字段值	范围含义
0001	接口本地范围	0101	站点本地范围
0010	链路本地范围	1000	机构本地范围
0100	管理本地范围	1110	全球范围

（4）组 ID 字段。长度为 112 位,该字段用于标识不同的多播组。

除了自定义的多播地址外,在 RFC3513 和 RFC4291 文档中还定义了一些特殊含义的 IPv6 多播地址:

（1）与结点有关的特殊多播地址

FF01::1,标识结点本地作用范围内所有结点的多播地址。

FF02::1,标识链路本地范围内的所有结点的多播地址。

（2）与路由器有关的特殊多播地址

FF01::2,标识结点本地作用范围内所有路由器的多播地址。

FF02::2,标识链路本地范围内的所有路由器的多播地址。

FF05::2,标识站点本地范围内的所有路由器的多播地址。

3. 任播地址

任播地址用于一个结点到多个结点之中的任意一个结点之间的通信。具体来说,就是上述多个结点都具有一个共同的任播地址,当其他结点向此任播地址发送数据报时,就会把数据报发送给具有此任播地址的多个结点中离其最近的那个结点。这种通信方式一般用于服务器,比如 DNS 服务器,为了提高解析效率、降低拥塞风险,网络中会有多个 DNS 服务器,这些 DNS 服务器提供相同的域名解析服务,这些 DNS 服务器可以使用任播地址。当某主机需要进行域名解析时,路由器会将 DNS 请求报文路由到离该主机最近的 DNS 服务器。这种操作对信源是透明的,用户并不知道是与任播地址中的哪一个主机在通信。

在 IPv6 协议中,没有独立的任播地址空间,任播地址是从单播地址空间中划分出来的,所以任播地址与单播地址在格式上无法区分。当一个单播地址被分配给多个结点时,该单播地址就是一个任播地址,但被分配了任播地址的结点必须清楚该地址是任播地址。

任播地址的格式如图 3-13 所示。任播地址有 m 位网络前缀,在此前缀标识的网络范围内,任播地址的所有成员在路由器上都具有一个独立的路由表项。在网络前缀标识的网络之外,任播地址被汇聚成一个路由表项。任播地址的最低 7 位为标志字段,其中的"126"为移动 IPv6 家乡代理任播地址。其余值是为分配任播地址而保留的。

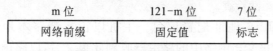

m 位	121-m 位	7 位
网络前缀	固定值	标志

图 3-13　任播地址格式

4. 特殊 IPv6 地址

在 IPv6 地址空间中,还有一些特殊地址,这些特殊地址主要有不确定地址和回环地址两种。

　　不确定地址是一个全 0 的 IPv6 地址,在主机未取得任何有效地址的时候,使用此地址。该地址被标记为 0:0:0:0:0:0:0:0 或::。该地址只能作为源地址。

　　IPv6 协议中的回环地址标识为 0:0:0:0:0:0:0:1 或::1。与 IPv4 协议中的 127.0.0.0 回环地址功能一样,也用于测试功能,发往回环地址的数据报不会到达链路上。

3.3.4　IPv6 地址的配置方法

　　IPv6 地址的配置分为手工配置和自动配置两种方式。手工配置方式是由网络管理员通过手工方式对 IPv6 结点的接口设置 IPv6 地址。但由于 IPv6 地址位数较多,手工配置很不方便,也容易出错,所以很少采用这种方式对 IPv6 地址进行配置。

　　IPv6 地址的自动配置就是当 IPv6 结点接入到 IPv6 网络中时,自动为其接口配置 IPv6 地址的过程。自动配置又分为有状态自动配置和无状态自动配置两种方法。

　　1. IPv6 地址的有状态自动配置

　　IPv6 地址的有状态自动配置方式就是在网络中设置有 DHCPv6 服务器,DHCPv6 服务器中设有 IPv6 地址池。IPv6 客户机在启动后向 DHCPv6 服务器发送请求报文,该报文的源地址使用链路本地地址。DHCPv6 服务器在收到请求报文后,给客户机返回应答报文。通过有状态自动配置方式,IPv6 主机可以获得 IPv6 地址、默认网关、DNS 服务器的 IPv6 地址等配置信息。有状态自动配置方式的工作过程如图 3-14 所示。

图 3-14　DHCPv6 工作过程

　　2. IPv6 地址的无状态自动配置

　　IPv6 地址的无状态自动配置就是 IPv6 主机在网络中没有 DHCPv6 服务器的情况下自动获得 IPv6 地址的方式。其配置步骤如下:

　　(1) 生成临时链路本地地址。该地址的前缀为 FE80::/64,接口 ID 为本机的 48 位 MAC 地址扩展的 EUI-64。

　　(2) 临时链路本地地址的唯一性检查。主机通过发送 ICMPv6 的邻居请求报文,如果没有收到其他结点的响应,就表明该地址具有唯一性,正式分配给该主机。如果收到了响应,则表明该地址已被其他主机所使用,需要随机生成一个新的接口 ID,并构成新的链路本地地址,并重新进行唯一性检查。

　　(3) 获得前缀等 IPv6 地址配置信息。主机以正式链路本地地址为源地址,发送 ICMPv6 的路由器请求报文。网络中的路由器收到此报文后,以路由器通告报文对其进行呼应,该报文中包括有全球单播地址前缀和其他地址配置信息。主机根据获得的地址前缀加上(2)中的接口 ID 得到一个全球单播的 IPv6 地址。该地址在通过唯一性检查后,就可以正式分配给该主机。

习题

3-1　某公司申请到了一个 C 类网络 198.76.27.0/24,该公司有 5 个分布在不同地点的子公司,每个子公司主机数不超过 20 台。请将公司申请到的网络号进行子网划分,确定子网掩码,确定每个子公司的网络号。并给出每个子公司的可用于分配的最小 IP 地址及最大 IP 地址。

3-2　某机构申请到了一个地址块 208.23.80.0/23,该公司有 5 个分布在不同地点的子机构,每个子机构主机数如下:
- 子机构 1:200 台
- 子机构 2:100 台
- 子机构 3:60 台
- 子机构 4:20 台
- 子机构 5:30 台

　　请利用 VLSM 技术对该机构进行子网划分,确定各子网的子网掩码、网络号。并给出每个子公司的可用于分配的最小 IP 地址及最大 IP 地址。

3-3　请给出下列分类 IPv4 地址的类型。

(1) 101.68.4.3;(2)216.73.8.2;(3)153.14.7.3;(4)230.4.6.3;(5)160.2.9.7

3-4　请给出 IPv6 地址的零压缩法的规则,并举出三个以上的使用零压缩法的 IPv6 地址的实例。

3-5　给出 IPv6 地址的种类。

3-6　给出任播地址的特点及用法。

3-7　叙述 IPv6 地址的无状态自动配置过程。

3-8　IPv4 的特殊 IP 地址有哪些? 如何使用?

3-9　IPv6 的特殊 IP 地址有哪些?

3-10　给出下列 IPv4 地址的网络号及广播地址。

(1) 123.62.39.8/20;(2)76.93.45.8/28;(3)150.6.75.7/22;(4)201.17.63.9/14

【微信扫码】
相关资源

第4章

IP 层相关协议

在 IP 层,最主要的协议是 IP 协议,IP 分组报文是通过逻辑地址来进行路由转发的,但在物理链路中则需要有硬件地址才能一站一站往目的地址传递。由于 IP 协议本身是个无连接的不可靠协议,因此要想在不可靠的网络中,把 IP 报文正确地传输到目的地,需要借助于其他几种协议才能完成这个复杂的任务。本章重点介绍的几个协议(ICMP、IGMP、ARP)就是为完成这个任务而设计的。

本章的主要内容包括:

(1) ARP 协议的工作原理。

(2) ARP 报文格式及封装。

(3) ICMP 协议报文的类型、格式及封装。

(4) IGMP 的工作过程。

(5) 多播路由。

(6) ICMPv6 报文的类型、格式及封装。

4.1 IPv4 环境下的协议

在 TCP/IP 协议栈中,网络层包含的几种常见协议为:IP、ICMP、IGMP、ARP 等。在基于分组交换的网络通信中,IP 分组是封装在数据链路层协议帧中,并一站一站向目的地转发的。但在转发过程中往往只知道下一站的 IP(逻辑地址)地址,并不知道下一站的物理地址(硬件地址),因此需要一个地址解析协议(ARP)来完成从逻辑地址到硬件地址的映射工作。

IP 是无连接的高效的网络层协议,但其缺点也很明显:缺少差错控制和辅助控制机制。为弥补这个缺陷,设计了 ICMP 协议。

在多播通信中,报文的目的地址往往是一组成员,因此多播路由器需收集组成员相关信息,IGMP 协议就是为此设计的。

4.1.1 ARP 协议

互联网由通信子网、资源子网所组成,在资源子网中主要的组成部分是各种主机、服务器等,而通信子网则主要由路由器、交换机等互联设备所组成。互联网出于兼容性的需要,它要互联采用各种数据链路层协议的物理网络,所以在数据链路层协议这一基础上抽象出了多个高层协议如 IP 协议等,这样不管在物理网络中采用哪种协议,都可统一映射到 IP 协议。在逻辑层 IP 协议中,各种主机、路由器的地址采用 IP 逻辑地址编址方案,在数据链路层及物理层中采用硬件地址编址方案,如以太网中的 MAC 地址。

由于真正的数据传输发生在物理层及数据链路层,因此协议数据在流经 TCP/IP 协议栈时,IP 数据报要封装到数据链路层的帧中,这就需要把逻辑地址 IP 映射到物理地址。

逻辑地址 IP 是由软件实现的,而硬件地址一般在硬件上实现,如 48 位的 MAC 地址,它一般写在各种主机及路由器的网卡(又叫网络接口卡)中的存储器中。各种不同的物理网络可采用不同硬件地址编址方案,但都要映射到 IP 地址。这样的映射通过静态或动态映射来完成。

1. 静态、动态地址映射

(1) 静态映射(Static Mapping)

就像静态路由表一样,逻辑地址与对应的物理地址作为映射表中的一条记录存在,在需要映射时,就先查询这张存储在网络主机中的静态映射表,找到对应的硬件地址,完成数据传递。但这种映射存在很多缺点:

● 当主机的网卡替换时,该主机的硬件地址被改变,新的 IP 地址及硬件地址的映射关系不能得到及时更新。

● 在一些物理地址不是固定的局域网中,如 LocalTalk,主机的硬件地址不确定,IP 地址及硬件地址的映射关系是动态变化的。

● 在主机从一个物理网络移动到另一个物理网络中时,其 IP 地址发生改变,新的 IP 地址及硬件地址的映射关系不能得到及时更新。

因此,要随时跟踪这些变化,使得静态映射的工作效率是很低的,这就需要动态映射,即 ARP、RARP 协议。

(2) 动态映射(Dynamic Mapping)

需要解析逻辑地址时通过 ARP 协议去获取对应的硬件地址,这就是地址解析协议(ARP)。还有一个相反的协议就是反向地址解析协议(RARP),通过物理地址来解析对应的逻辑地址,但 RARP 协议现在用的不多了。

2. ARP 协议的工作原理

当主机或路由器向相邻站发送 IP 数据报时,如只知道相邻站的 IP 地址,且本地 ARP 缓存表中无相应的映射信息,此时就需要通过 ARP 协议实现从逻辑地址到硬件地址的映射。如图 4-1 所示为 ARP 协议在 TCP/IP 协议栈中的位置。

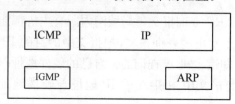

图 4-1　ARP 协议在 TCP/IP 协议栈中的位置

当需要解析硬件地址时,ARP 协议软件就会在本地局域网中发出 ARP 查询广播报文分组,这个分组中含发送查询报文主机的硬件地址和逻辑地址及所请求解析的逻辑地址。这个查询报文的目的地址为本地局域网的广播地址,即本地局域网中所有的主机都会收到该查询报文,如图 4-2(a)所示。

当一台拥有 ARP 查询广播报文分组中所请求解析的逻辑地址的主机收到该查询报文时,就会进行响应,即返回一个 ARP 响应分组,该响应分组包含响应方的 IP 地址和对应的物理地址,且以单播的方式发送给发送方,如图 4-2(b)所示。

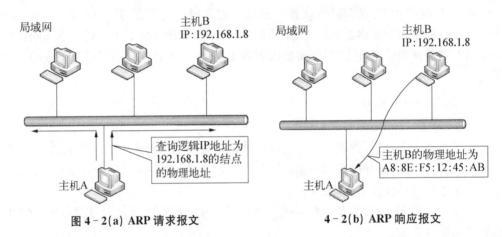

图 4-2(a) ARP 请求报文　　　　4-2(b) ARP 响应报文

在图 4-2(a)中,主机 A 要向 IP 地址为 192.168.1.8 的目的主机 B 发送数据,但不知其对应的硬件地址,所以主机 A 发送 ARP 查询报文,该报文在整个局域网中广播。

在图 4-2(b)中,虽然局域网中所有的主机都会收到 ARP 查询报文,但只有主机 B 会对此查询进行响应,因为只有主机 B 知道 IP 为 192.168.1.8 所对应的硬件地址,然后,主机 B 会在响应报文中包含这个硬件地址并以单播的方式发给主机 A。

在 ARP 协议的工作过程中,为了节约时间,还有一个 ARP Cache 的机制,ARP Cache 中保存着本结点最近查询的 IP 地址与硬件地址的映射。当结点需要利用 ARP 协议查找某 IP 地址与硬件地址的映射关系时,首先要在 ARP Cache 中查找,如果在 ARP Cache 中能够找到,就直接返回结果,不需要再发送 ARP 查询报文进行查询。只有在 ARP Cache 中没有找到结果才去发送 ARP 查询报文进行查询。ARP Cache 中条目具有一定的生命周期,当该周期结束时,该条目还没得到更新,该条目就从 ARP Cache 删除。

如图 4-2 所示,当主机 A 需要与主机 B 通信时,需要执行 ARP 协议,ARP 协议的工作过程如下:

第一步,主机 A 查询自己的 ARP Cache,如果找到了主机 B 有关的条目,返回结果,查询结束。否则执行第二步。

第二步,主机 A 广播 ARP 查询报文。局域网内所有主机都能收到该报文。

第三步,主机 B 收到 A 发出的查询报文,把报文中的目的 IP 地址与自己的 IP 地址进行比较,比对成功,主机 B 知道主机 A 查询的是自己的硬件地址。

第四步,主机 B 把查询报文中主机 A 的 IP 地址与硬件地址的映射关系放入自己的 ARP Cache 中。

第五步,主机 B 以单播方式发送 ARP 响应报文给主机 A。

第六步,主机 A 收到主机 B 的 ARP 响应报文后,把主机 B 的 IP 地址与硬件地址的映射关系放入自己的 ARP Cache 中。

ARP 协议的工作流程如图 4-3 所示。

一般情况下,ARP 协议工作在以下几种情况:

(1)源主机和目的主机在同一个网络中。源主机可以直接查询目的主机的硬件地址。

(2)源主机和目的主机在不在同一个网络中。首先源主机查找自己主机中的路由表,查找下一跳路由器的 IP 地址。然后通过 ARP 协议查询下一跳路由器的硬件地址。

(3)发送方是路由器,目的主机在另一个网络中,此时发送方路由器查找自己的路由表,找到下一跳的路由器的 IP 地址,然后通过 ARP 协议查询下一跳路由器的硬件地址。

(4)发送方是路由器,目的主机在与发方路由器直接相连的网络中,发送方路由器通过 ARP 协议查询目的主机的硬件地址。

3. ARP 协议数据的封装

ARP 协议数据报封装在数据链路层的帧中,如图 4-4 所示为 ARP 数据报被封装在以太网帧中的一个示意图,图中"数据"字段就是 ARP 查询报文或响应报文。

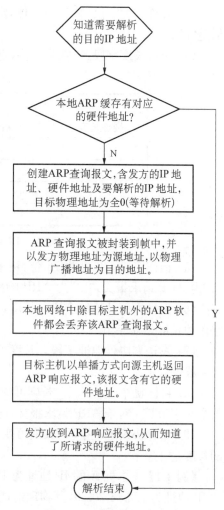

图 4-3　ARP 的工作流程

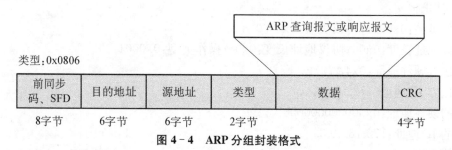

图 4-4　ARP 分组封装格式

4. ARP 报文格式

ARP 协议的报文格式如图 4-5 所示,ARP 报文中各字段介绍如下:

(1)硬件类型字段。长度为 16 位,定义运行 ARP 的网络的类型。不同类型的局域网对应一个不同的整数。如,以太网类型对应的整数值为"1"。

(2)协议类型字段。长度为 16 位,定义使用 ARP 协议的高层协议,如,对应 IPv4 协议,该字段的值是 16 进制的"0800"。

（3）硬件长度字段：长度为 8 位，定义物理地址的长度，单位为字节。如，以太网该字段值是"6"。

（4）协议长度字段：长度为 8 位，定义逻辑地址的长度，以字节为单位。例如，对于 IPv4 协议该字段值是"4"。

硬件类型		协议类型	
硬件长度	协议长度	操作（ARP 请求，ARP 响应）	
发送方硬件地址			
发送方协议地址			
目标硬件地址			
目标协议地址			

图 4-5　ARP 报文分组

（5）操作字段。长度为 16 位，用来定义分组的类型。已定义的分组类型有两种：其中"1"为 ARP 请求报文，"2"为 ARP 响应报文。

（6）发送方硬件地址字段。长度可变，定义发送方的物理地址。例如，对于以太网这个字段的长度是 6 字节。

（7）发送方协议地址字段。长度可变，用来定义发送方的逻辑地址。对于 IP 协议，这个字段的长度是 4 字节。

（8）目标硬件地址字段。长度可变，用来定义目标物理地址。例如，对以太网来说这个字段是 6 字节长。对于 ARP 请求报文，这个字段是全 0，因为发送方并不知道目标的物理地址。

（9）目标协议地址字段，长度可变，用来定义目标的逻辑地址。对于 IP 协议，这个字段的长度是 4 字节。

【例 4.1】　主机 A 的 IP 地址为 172.16.20.4，其物理地址为 0x4A707EAF53C7，主机 B 的 IP 地址为 172.16.20.39，其物理地址为 0x7680EE4AF18A，主机 A 只知道主机 B 的 IP 地址，但不知道主机 B 的物理地址，试给出主机 A 发出的请求报文及主机 B 的应答报文。

解：请求报文：
硬件类型：0x0001；协议类型：0x0800
硬件地址长度：0x06；协议地址长度：0x04；操作类型：0x0001
发送方硬件地址：0x4A707EAF53C7
发送方 IP 地址：172.16.20.4
目的硬件地址：0x000000000000
目的 IP 地址：172.16.20.39
应答报文：
硬件类型：0x0001；协议类型：0x0800
硬件地址长度：0x06；协议地址长度：0x04；操作类型：0x0002
发送方硬件地址：0x7680EE4AF18A
发送方 IP 地址：172.16.20.39
目的硬件地址：0x4A707EAF53C7
目的 IP 地址：172.16.20.4

4.1.2　ICMP 协议

在不可靠的网络上传输数据,会发生各种各样的问题,如,路由器找不到下一跳路由器地址,因在生存时间周期结束时还没到达目的地址而必须丢弃数据报,目的主机没在规定的时间内收到所有的 IP 分组分片而丢弃所有已收到的分片。当这些差错发生时,IP 协议却没有内建的机制可以通知发出该数据报的主机。

同样,在判断某个路由器或者是对方主机是否活跃、网络管理员需要了解其他主机或路由器的信息等等类似问题时,IP 协议也缺少类似的主机和管理查询机制。

网际控制报文协议(ICMP)是设计来弥补上述两个缺陷的,它是 IP 协议的辅助协议。如图 4 - 1 所示为 ICMP 协议在网络层的位置,以及它与 IP 协议之间的关系。

ICMP 虽然是网络层协议,但它却是封装在 IP 数据报中,然后再封装到数据链路层帧中。在 IPv4 报文首部"协议"字段值为"1"表示该报文携带了 ICMPv4 报文,它使用 IP 协议进行传输。严格来讲,它既不是一个网络层协议,也不是一个运输层协议,而是一个位于网络层、运输层之间的协议。如下图 4 - 6 所示。

图 4 - 6　ICMP 报文的封装格式

1. ICMP 报文种类

ICMP 报文分为两大类:差错报告报文(Error-reporting Messages)和查询报文(Query Messages)。差错报告报文主要用于通告路由器或主机在处理 IP 数据报时遇到的问题。查询报文总是成对地出现(查询及对应的响应),它主要用于从某个路由器或对方主机那里获取特定的信息。例如,用于发现它们的邻站信息或者所在网络上的一些路由器的信息。常见的 ICMP 报文类型如表 4 - 1 所示。

表 4 - 1　ICMP 报文类型

种类＼字段值	类型字段值	对应报文
差错报告报文	3	终点不可达
	4	源点抑制
	5	路由改变
	11	超时
	12	参数问题
查询报文	8 或 0	回送请求或回答
	13 或 14	时间戳请求或回答

由于通过 ICMP 协议能够获取配置信息,因此常被黑客们用于各种探测、扫描中。网络管理员也经常会在防火墙封中过滤 ICMP 报文,特别是在边界路由器上,如果 ICMP 被封锁,大量的诊断程序(例如 ping、traceroute)将无法正常工作。

2. ICMP 协议格式

ICMPv4 报文首部开头的 4 个字节在所有的 ICMPv4 报文中都一样,首部其余字节随不同的报文类型而不同,ICMPv4 报文格式如图 4 - 7 所示。

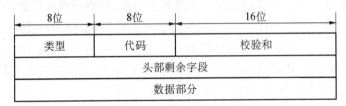

图 4 - 7   ICMP 报文格式

首部各字段长度及功能介绍如下:

① 类型字段。长度为 8 位,表明 ICMP 报文的不同类型,该类型值可取 42 个不同的数值,但常见的是其中的 8 个。

② 代码字段。长度为 8 位,该字段表明发送该类型 ICMP 报文的原因。

③ 校验和字段。长度为 16 位,该字段的计算范围涵盖整个 ICMP 报文,计算校验和的算法与计算 IP 头校验和的算法相同。不过,IP 头校验和的计算范围只包含 IP 首部,不含 IP 数据报的数据部分,进一步说明了 ICMP 作为 IP 协议的辅助协议地位。

对差错报文来说,ICMP 报文的"数据"部分存放的是引起差错的原始报文段(一般指 IP 数据报)的信息。而如果是查询报文,则该字段值指明为该查询类型的额外信息。

(1) ICMP 差错报告报文

由于 IP 协议是一个不可靠的协议,缺少差错检查及流量控制机制,因此人们设计了 ICMP 协议来弥补这一缺陷。ICMP 只是向信源提供差错报告,但并不提供纠错机制,纠错一般由高层协议(如运输层的 TCP)或应用进程来负责。另外,ICMP 差错报文只是发给最初的数据源,是因为存在错误的 IP 数据报中跟源地址有关的路径信息就是源 IP 地址。常见的差错报文有图 4-8 所示几种类型。

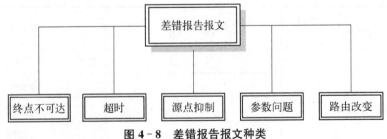

图 4 - 8   差错报告报文种类

在 ICMPv4 差错报文[RFC1812]中做了一些规定,ICMP 差错报文不会对以下报文进行响应:

● ICMPv4 差错报文,但是响应 ICMPv4 查询报文可能会产生 ICMPv4 差错报文。

● 目的地址是 IPv4 广播地址或 IPv4 多播地址的数据报。

● 作为数据链路层广播的数据报。

● 不是 IP 分组的第一个分片的其他分片。

● 源地址不是单个主机的数据报。这就是说，源地址不能为零地址、回环地址、广播地址或多播地址。

差错报文的数据部分存放的内容是出错 IP 数据报的首部和该数据报数据部分的前 8 个字节，如图 4 - 9 所示。含有原始 IP 首部字段的目的是想向 ICMP 差错报文的接收端通告有关原始数据报的信息（如源 IP 地址等），而进一步要包含数据部分的前 8 个字节，是因为这 8 个数据字节中封装的是运输层协议的有关端口号信息。通过这些信息，信源能够定位有关产生错误数据报的进程。

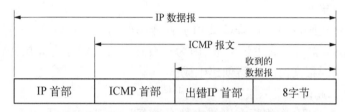

图 4 - 9　ICMP 差错报文数据字段的内容

① 终点不可达差错报告报文。当 IP 数据报到达路由器时，路由器无法为它选择下一跳，或数据报到达主机时无法交付（该 IP 数据报已损坏），此时路由器或主机就会向该 IP 数据报的源地址发送一个终点不可达报文。如图 4 - 10 所示为终点不可达报文格式，从图中可知，终点不可达报文的类型字段值为 3，虽然代码字段可取的值为 0 — 15 之间的一个值，但其中只有 4 个是最常用的：主机不可达（代码 1）、端口不可达（代码 3）、需要分片/指定不用分片（代码 4）、管理禁止通信（代码 13）。代码字段的值表明了丢弃原始报文的原因。

类型:3	代码:0—15	校验和
全为 0（未使用）		
收到有错的 IP 数据报的首部及数据部分的前 8 个字节		

图 4 - 10　终点不可达报文格式

● 代码 0：网络不可达。可能是硬件故障导致，比如下一跳的路由接口损坏，路由器会产生一个网络不可达的错误报文。

● 代码 1：主机不可达。可能是硬件故障导致，当由路由器或者主机被要求使用直接交付方式发送一个 IP 数据报到一个主机，但由于某些原因无法到达目的地时，例如当最后一跳路由器试图发送一个 ARP 请求到已经损坏或关闭的主机时就会出现主机不可达问题，这时会产生一个主机不可达的错误报文。

● 代码 2：协议不可达。当 IP 数据报中封装的高层协议软件没有运行时，或封装了未知的高层协议时，产生协议不可达的错误报文。

● 代码 3：端口不可达。与端口号对应的进程没启动时，这时主机会产生一个端口不可达的错误报文。

● 代码 4：分片错误。需要进行分片，但 IP 首部设置了不允许分片的标志位，即 DF 比特位被设置成为 0,这样的 IP 数据报由于不能被分片,就不能被路由转发出去(由于 MTU 问题,不能通过特定的物理网络),这时路由器会产生一个分片错误的错误报文。

● 代码 5:源路由失败。在源路由选项中的一个或多个中间跳路由器不可达,这时路由器会产生一个源路由失败的错误报文。

● 代码 6:未知的目的网络。路由器中无此目的的网络信息,注意与代码 0 的区别,在代码 6 中,目的网络是存在的,只是暂时无法到达,这时路由器会产生一个未知目的的网络的错误报文。

● 代码 7:未知的目的主机。路由器的路由表中无此目的主机地址信息,这时路由器会产生一个未知目的主机的错误报文,注意与代码 1 的区别。

● 代码 13:主机不可达。该主机被过滤策略中设置禁止通信,这时路由器会产生一个主机不可达的错误报文。

还有其他一些代码,可查看 RFC 文档了解详细的信息。在这 16 种错误报文中,代码 2、3 的不可达错误报文由目的主机生成(因为只有在主机层面才有高层协议或应用进程信息),其他不可达错误报文由路由器创建生成。

② 超时报文。超时报文一般在以下情况下产生:

第一种情况,每个 IP 数据报在网络中都有生存时间(Time-To-Live,TTL),这个值在数据报每经过一个路由器时会被减 1,直至减到 0 为止。如果此时还未到达目的地,则该数据报会被丢弃。在路由循环情况下会发生这种超时,此时路由器丢弃该数据报并向信源发送超时报文(代码 0)。类似 traceroute 工具(在 Windows 中为 tracer)就是利用这种超时报文来显示数据报在路径上所经过的路由器地址。

另一种情况,一个分片的 IP 数据报中,只有部分分片到达目的地址,即在超时计时器超时后,所有的分片并未到齐。此时,一个 ICMP 超时报文(代码 1)会发给信源。

如图 4-11 所示为超时报文格式,从图中可知,该型报文的类型值为 11,代码值为 0 或 1,如因计时器超时而被路由器丢弃,使用代码 0;而如因 IP 数据报分片未全部到齐而被主机丢弃时则使用代码 1。

类型:11	代码:0 或 1	校验和
全 0(未使用)		
收到有错的 IP 数据报的首部及数据部分的前 8 个字节		

图 4-11 超时报文格式

③ 源点抑制报文。为了在网络层增加一定的可靠性,设计了 ICMP 源点抑制报文,以此弥补网络层缺少相关差错控制和流量控制机制的缺陷。当路由器或主机因拥塞而丢弃 IP 数据报时,会向数据报的源地址发送源点抑制报文,以此告诉源点,数据报已被丢弃,并指明在传输过程中发生了拥塞,信源应放慢发送速度。源点抑制报文格式如图 4-12 所示。

类型:4	代码:0	校验和
全 0(未使用)		
收到有错的 IP 数据报的首部及数据部分的前 8 个字节		

图 4-12 源点抑制报文格式

需要注意的是,路由器或主机应当为每个因拥塞而被丢弃的数据报向信源发送一个源点抑制报文,对信源来讲它无法了解拥塞是否已经缓解,它会不停地降低发送速度,直至它不再收到源点抑制报文为止,它才会恢复原先的发送速度。另外,在一对一通信中,源点抑制报文能起到很好的反馈作用,但在多对一的通信中,就不一定能起到积极的作用了,如一个抑制报文会发给一个发送速度最慢的发送主机,要它进一步降低发送速度,显然,此时的拥塞不是由这台发送速度最慢的主机造成的。但不管怎么样,在多对一的通信中,如果发生了拥塞,每个发送端都会收到一个源点抑制报文,而不管此发送端是否要为此拥塞负责,显然这不是很合理。

④ 参数问题报文。当一个主机或路由器接收到一个 IP 数据报,其 IP 首部字段值存在错误(如 IP 首部中的协议版本字段值为 7)或有二义性问题时,就会被路由器或主机丢弃,并向信源发送一个 ICMP 参数问题报文。如图 4 - 13 所示为参数问题报文格式,代码字段值指明了此报文被丢弃的原因。

类型:12	代码:0 或 1 或 2	校验和
指针	全 0(未使用)	
收到有错的 IP 数据报的首部及数据部分的前 8 个字节		

图 4 - 13　参数问题报文格式

● 代码值为 0:IP 首部某个字段值有误或有二义性,此时,指针字段指示了错误字段相对于 IP 首部的偏移值。如指针字段值为 1 则表示 IPv4 服务类型字段值有误。

● 代码值为 1:代码 1 以前被使用,但现在已经不用了,原先用于表明数据报中缺少例如安全标志之类的选项。

● 代码值为 2:代码 2 是最近才定义的代码,指明存在一个损坏了的 IHL 或者总长度字段值。

⑤ 改变路由报文。IP 数据报在通信网络中转发时,是通过路由器或主机中的路由表中的下一跳地址来决定如何转发。路由器中的路由表中的路由信息能够通过路由协议动态自动更新,但主机中的路由表的项目不能由路由协议动态更新,而是类似一种静态路由的方式存在的。

主机刚启动时,主机中的路由表项的数量是很少的,往往只会存放一个默认路由的接口 IP 地址。随着后继通信的进行,表中的路由表项会逐渐更新和增加。因此在主机刚启动不久时,很可能会把要发送给另一台主机的数据报发给一个默认路由接口地址,但该地址并不是最优的。

如图 4 - 14 所示的情况,主机 A 向主机 B 发送 IP 数据报,由于主机 A 的默认路由是路由器 R1,因此主机 A 会把数据报先发给 R1,R1 收到该数据报文后,查找路由表信息发现数据报应发给路由器 R2,于是 R1 把数据报文发给 R2,同时它也向主机 A 发送一个路由改变报文(图中的 RM 分组),这样主机 A 就会更新路由表,把新学习到的有关路径 R2 的路由信息加入路由表。以后主机 A 再发送报文给 B 时,就会直接传给 R2。

图 4 - 15 所示为路由改变报文的格式,其中第 2 行是路由器向主机通告的更优的目标 IP 地址,主机可利用这一通告值来更新自己的路由表。

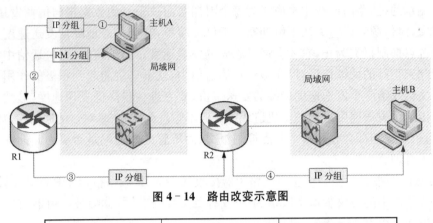

图 4-14 路由改变示意图

类型:5	代码:0-3	校验和
目标路由器的 IP 地址		
收到有错的 IP 数据报的首部及数据部分的前 8 个字节		

图 4-15 路由改变报文格式

在这种情况下,原始数据报不会被丢弃,而是会被路由器转发给合适的路由器,这是与其他差错报文不同的地方。上图中的代码值字段指定了要改变路由的范围,即上图中第 2 行的值所属的类型:

● 代码值为 0:针对特定网络路由的改变。
● 代码值为 1:针对特定主机路由的改变。
● 代码值为 2:指定服务类型的针对特定网络路由的改变。
● 代码值为 3:指定服务类型的针对特定主机路由的改变。

要注意的是:发送路由改变报文的路由器与发送原始数据报的主机在同一个本地网络中。

(2) ICMP 查询报文

ICMP 协议除了提供差错报告机制外,还提供了网络信息查询功能,ICMP 定义了 5 对查询报文,其中的 3 对:地址掩码请求/应答(类型 17/18)、时间戳请求/应答(类型 13/14)、信息请求/应答(类型 15/16)已经被其他协议所替代,保存下来的广泛使用的两对 ICMP 查询/信息类报文是:回显请求/应答报文、路由器发现报文。但路由器发现报文在 IPv4 下使用并不广泛,下面重点介绍下:时间戳请求/应答、回显请求/应答报文这两对查询报文。

① 时间戳请求/应答报文。为了确定一个 IP 数据报在两个结点(指路由器或主机)之间的往返时间,可通过时间戳请求/应答这对查询报文来解决。另外,这对报文还用于机器之间的时钟同步。它的格式如图 4-16 所示。

类型:13 或 14	代码:0	校验和
标识符		序号
原始时间戳		
接收时间戳		
发送时间戳		

图 4-16 时间戳请求/应答查询报文格式

其中类型 13 为请求,14 为应答,三个 32 位长的时间戳字段代表从通用时间的午夜起测量的时间,时间戳字段值小于等于 8 6400 000(24×60×60×1 000)毫秒。

发送端产生时间戳请求报文,在该报文的"原始时间戳"字段填入该时间戳请求报文在离开发送端时所显示的通用时间,其余两个时间戳字段值设为 0。

在接收端生成应答报文,接收端把收到的请求报文中"原始时间戳"字段的值原样复制到应答报文的相同字段处,在应答报文的"接收时间戳"字段处填入接收端收到请求报文时其时钟所显示的通用时间,在应答报文的"发送时间戳"字段处填入应答报文即将离开接收端时其时钟所显示的通用时间。

通过上述请求、应答报文的格式分析,可计算出数据报从发端到接收端所需的单向时间、往返时间,如下公式所示:

$$发送时间＝接收时间戳－原始时间戳$$
$$接收时间＝应答报文返回发送端的时间－发送时间戳$$
$$往返时间＝发送时间＋接收时间$$

要注意的是,只有在发端和接收端的时钟同步的情况下,才能正确计算接收时间和往返时间,但不管这两个时钟是否同步,往返时间的计算都是正确的。

例 4.2　主机间往返时间计算

主机 A 为源点,主机 B 为终点,主机 A 向主机 B 发送了一个时间戳请求报文,其"原始时间戳"字段值为:28。主机 B 接收到该时间戳请求报文的时间为:36,主机 B 发送时间戳应答报文的时间为:38,主机 A 收到该时间戳应答报文的时间为:46。试求主机 A 与主机 B 之间的往返时间。

解:由题意可得

发送时间＝接收时间戳－原始时间戳＝36－28＝8

接收时间＝应答报文返回发送端的时间－发送时间戳＝46－38＝8

往返时间＝发送时间＋接收时间＝8＋8＝16

说明:主机 A 与主机 B 之间的往返时间不包含主机 B 处理时间戳请求报文的时间(在本例中该处理时间为:38－36＝2),另,本例中没说明主机 A 与主机 B 的时钟是否同步,但这不影响对主机 A 与主机 B 之间的往返时间的计算。

② 回显请求/应答报文。是为了确定两个结点(主机或路由器)之间能否相互通信,可用回显请求/应答报文来帮助我们诊断两个结点之间的网络是否有问题。主机或路由器可发送回显请求报文,而接收到该回显请求报文的主机或路由器向发端送回应答报文。

由于 ICMP 回显请求/应答报文是封装在 IP 数据报中的,因此发送端如果收到接收端返回的应答报文,那就表明收发两端在 IP 网络层是能正确工作的,同时也表明在收发两端的中间路由器也是工作正常的。除了能表明网络层 IP 协议能正常工作以外,回显请求/应答报文还用于诊断另一主机是否可达。如我们常用的 ping 命令正是基于这种机制而工作的,运行 ping 命令后,在命令的两端会来回交互多个回显请求或应答报文,然后,ping 命令会给出最终的统计信息以说明主机的可达性。

如图 4-17 所示为 ICMP 回显请求/应答报文格式,其中类型为 8 表示回显请求报文,类型为 0 表示应答报文。在发送端发送回显请求报文时,会在报文的"可选数据"字段填入一段字符,这段字符会被原样复制到应答报文的"可选数据"字段处。虽然,标识符及序号字段在协议中没有正式定义,标识符一般被设置为发起请求的进程号。应答报文中标识符及序号字段的值与发起回显请求报文的标识符及序号字段的值相一致,以匹配请求报文和应答报文。

类型:8/0	代码:0	校验和
标识符		序号
可选数据 由回显请求报文携带,并由应答报文原样复制		

图 4-17 ICMP 回显请求/应答报文格式

(3) 工具的使用

在网络通信中,有时要跟踪某个数据报的路由过程,或者要测试某个目的主机是否在线、是否可达等。对这些任务,可用一些工具软件来完成。如可用 ping 工具来探测主机是否在线、可达,可用 traceroute 来跟踪报文的路由路径。

① ping 工具。可用 ping 来探测某个主机是否在线,而这种探测是基于 ICMP 协议的,详细介绍见下面的例子。

【例 4.3】 ping 命令的应用。

[maoyg@localhost Desktop] $ ping 192.168.1.101

PING 192.168.1.101 (192.168.1.101) 56(84) bytes of data.

64 bytes from 192.168.1.101: icmp_seq=1 ttl=128 time=0.669 ms

64 bytes from 192.168.1.101: icmp_seq=2 ttl=128 time=0.583 ms

64 bytes from 192.168.1.101: icmp_seq=3 ttl=128 time=0.579 ms

64 bytes from 192.168.1.101: icmp_seq=4 ttl=128 time=0.581 ms

64 bytes from 192.168.1.101: icmp_seq=5 ttl=128 time=0.647 ms

64 bytes from 192.168.1.101: icmp_seq=6 ttl=128 time=0.520 ms

64 bytes from 192.168.1.101: icmp_seq=7 ttl=128 time=0.593 ms

64 bytes from 192.168.1.101: icmp_seq=8 ttl=128 time=0.539 ms

64 bytes from 192.168.1.101: icmp_seq=9 ttl=128 time=0.590 ms

64 bytes from 192.168.1.101: icmp_seq=10 ttl=128 time=0.582 ms

64 bytes from 192.168.1.101: icmp_seq=11 ttl=128 time=0.599 ms

64 bytes from 192.168.1.101: icmp_seq=12 ttl=128 time=0.582 ms

^C

——— 192.168.1.101 ping statistics ———

12 packets transmitted, 12 received, 0% packet loss, time 11232ms

rtt min/avg/max/mdev = 0.520/0.588/0.669/0.047 ms

这个例子是从 1 台 CentOS 主机向 1 台 Win7 主机(IP:192.168.1.101)执行 ping 命令后的显示数据,在发送了 12 个报文后用"Ctrl+C"组合键中断。上例中,源主机向 Win7 主机发送 ICMP 回送请求报文(报文的类型字段值为:8),Win7 主机会以 ICMP 回送回答报文

(报文的类型字段值为:0)响应。ping 程序设置了回送请求和回送回答报文中的标识符字段,并让序号字段从 1 开始,上图中的 icmp_seq＝1 即为初始序号,后继报文的序号值是递增的。ttl＝128 表示封装了 ICMP 报文的 IP 数据报的生存时间(TTL)为 128 跳,time＝0.669 ms表示往返时间(RTT)。由于每个探测的 ping 包的字节数为 64,即 56 个 ICMP 报文的数据字节再加上 8 个 ICMP 报文的首部字节,所以封装了 ICMP 报文的 IP 数据报的总长度为:56＋8＋20＝84,其中 20 个字节为 IP 数据报的首部长度。

最后是一些统计数据,发送了 12 个请求报文,接收了 12 个响应报文,其中 rtt min/avg/max/mdev ＝ 0.520/0.588/0.669/0.047 ms 表示:上述 12 次往返中,最短往返时间是0.520,平均时间是 0.588,最长时间是 0.669,单位都是毫秒,mdev 为平均偏差,是 0.047(是Mean Deviation 的缩写,它表示这些 ICMP 包的 RTT 偏离平均值的程度,这个值越大说明网速越不稳定)。

② traceroute 工具,有时为了探测某个数据报在网络传输中的路由路径,即要记录下从源点到目的地经过哪些路由器地址,为此我们可用 traceroute 工具来实现(在 UNIX\Linux下),在 Windows 系统下具备同样功能的工具为 tracert。先看个例子。

【例 4.4】 tracert 命令的使用。

在 Win7 中,运行 tracert,结果如下。

C:\Users\jsjmao＞tracert www.163.com

通过最多 30 个跃点跟踪

到 www.163.com.lxdns.com [58.221.28.167] 的路由:

1	1 ms	1 ms	1 ms	192.168.1.1
2	544 ms	8 ms	501 ms	180.109.194.1
3	32 ms	485 ms	7 ms	222.190.3.69
4	6 ms	6 ms	7 ms	202.102.73.98
5	4 ms	4 ms	10 ms	202.102.73.213
6	8 ms	10 ms	7 ms	58.221.108.250
7	*	*	*	请求超时。
8	*	*	*	请求超时。
9	11 ms	12 ms	10 ms	58.221.28.167

跟踪完成。

在这个例子中跟踪从源主机 Win7 到 www.163.com 的路径信息,共显示了 9 条信息,以其中第 1 条信息(1 1 ms 1 ms 1 ms 192.168.1.1)为例加以说明,有 3 个往返时间,都是 1ms,这 3 个往返时间都是从源主机到 192.168.1.1 的往返时间,重复 3 次的目的是为取得较好的往返平均值,地址 192.168.1.1 为到达目的路径上的第一个路由器接口地址,即从源点 Win7 主机出发后到达的第一个路由器接口地址。后面的 8 条信息与第 1 条类似,只不过到达的是路径上的第 2、第 3、第 4……第 8 个路由器接口地址,第 9 条信息中的58.221.28.167即为最后的目的主机 www.163.com 的地址。

实际上,路由跟踪程序 tracert 是基于 ICMP 协议的超时报文和终点不可达报文这两个报文来实现的。tracert 首先是个应用层程序,使用运输层的 UDP 协议。如在例 4.4 中的第一条信息中,源主机 Win7 上的 tracert 程序向目的主机 www.163.com 发送 1 个 UDP 报文,它会被封装到 IP 数据报中,而在该数据报中的 TTL 字段值被设为 1。这样做的目的是该数据报只能到达路径中的第一个路由器接口,TTL 字段值会被减 1 而变成了 0。由于第一个路由器收到这个 IP 分组,TTL 字段变 0 后还未到达目的地,因此丢弃它,并向源主机返回一个超时 ICMP 报文(类型:11),由于超时 ICMP 报文会被封装到 IP 分组中,而该 IP 分组中源地址即为路径上第一个路由器的接口地址,源主机就是通过这种方式来了解路径上路由器的地址。上面的动作会被重复 3 次,以获得 3 次往返时间的平均值。

接下去要探测第 2 个路由器的地址,其过程几乎同上一样,只不过此时源主机发送 UDP 报文(会被封装成 IP 分组)的 TTL 字段值会被设为 2,接下去会设为 3、4……

要探测最后的目的主机 www.163.com 时,情况有点不同,因为在目的主机上 TTL 字段值减 1 后变成了 0,但 IP 分组不会被丢弃,因为已到达了最终的目的地。所以此时不会向源主机返回超时 ICMP 报文。tracert 会把源主机发出的 UDP 报文的目的端口号设为一个 UDP 协议不支持的端口号。这样,在最终的目的地,虽然 TTL 字段值为 0 不会反馈超时 ICMP 报文,但会由于目的端口号不存在而反馈 ICMP 终点不可达报文(类型:3),从而源点据此知道它就是最终的目的地(路径中间的路由器不会查看端口号信息,只有最后的目的主机会查看端口号信息),所有的路径信息已被找出。

例 4.4 中第 7、8 两条记录中 3 次往返时间值都为"＊",意味着,这两个路径中间结点的路由器地址我们是得不到的,tracert 程序如果在几秒之内收不到响应,他就会输出"＊"号,表示这个中间路径结点探测有问题,接下去它会探测后续的结点。

4.1.3 IGMP 协议

在多播通信中,报文的发送者只有一个,而接收者则是一个组中所有的成员。路由器需要对发送者发送的单个副本进行复制并转发给多个组成员,所以多播路由器中必须要有一张多播组的列表,这些组中至少有一个成员与多播路由器的某个接口相关(即通过该接口可到达这个成员)。因此,多播路由器需要收集组成员的相关信息,并把收到的信息传给其他多播路由器。多播路由器中的组成员信息的获取任务由两个阶段所组成,首先,连接着某一个网络的多播路由器负责在本地收集组成员信息,然后,再把收集到的信息传播到全球互联网上的其他路由器。前一阶段任务是通过 IGMP 协议来完成的,而后一个阶段任务则由多播路由选择协议完成。

网际组管理协议(Internet Group Management Protocol,IGMP)负责收集个网络中的组成员信息,并管理这些组成员。它是一个 IP 层协议,它收集网络中的多个主机(路由器)之间的成员关系状态信息,然后再发给本地的多播路由器,是一个管理组成员关系的协议,但不是一个多播路由选择协议。它在网络层协议中的位置,可参考图 4-1。

1. 多播的工作过程

在单播通信中,IP 数据报携带唯一的源地址和唯一的目的地址,说明这是一种一对一的通信方式。当数据报到达转发路径中的某个路由器时,路由器在自己的路由表中查找与到来数据报的目的地址相匹配的路由表项,如找到了,就从路由表项中找到的一个唯一的出口接口转发出去。也就是说在单播通信中,路由器仅在一个出口接口转发到来的数据报,但在多播通信中,路由器可在多个出口接口转发数据报。在多播通信中,发送方只有一个,但接收方却有多个,是一种一对多的通信方式。在这种通信方式中,源地址是单播地址,而目的地址则是一个多播地址。如图 4 - 18 所示为多播的工作过程。

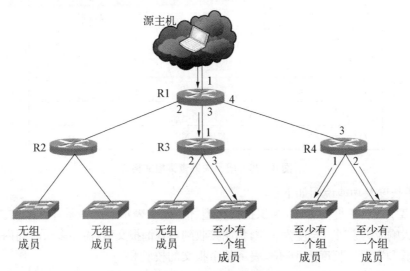

图 4 - 18　多播工作过程

在上图中,源主机发出的数据报在多播路由器 R1 上被复制 2 份,分别被接口 3、4 转发出去;在 R3 上被复制 1 份从接口 3 转发出去;在 R4 上被复制 2 份从接口 1、2 转发出去。

2. IGMP 的报文格式

IGMP 协议有三个版本,分别为版本 1、版本 2 和版本 3。其中版本 1、版本 2 最主要的特点是支持任意源多播(Any-source Multicast,ASM),即组成员会接收任意来源的多播报文。版本 3 则增加了特定源多播(Source-spcific Multicast,SSM),即组成员只接收来自预先定义好的源列表中的某个来源地址的多播报文。下面重点介绍下 IGMPv3。

IGMP 协议报文同 ICMP 协议报文一样也是成对出现的:成员关系查询报文和成员关系报告报文,而成员关系查询报文又有三种格式,如图 4 - 19 所示。

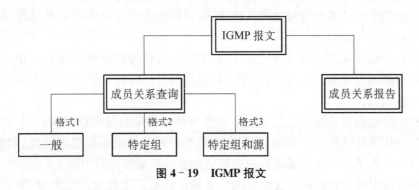

图 4 - 19　IGMP 报文

(1) 成员关系查询报文格式

为确定网络中哪些在线主机属于一个组,多播路由器会发出成员关系查询报文,如图 4 - 20 所示为成员关系查询报文格式。

0	8	16	31
类型:0x11	响应码		校验和
多播地址			
Resv	S QRV	QQIC	源数量 N
源地址 1			
源地址 2			
源地址 3			
……			
源地址 N			

图 4-20 成员关系查询报文格式

各字段长度及功能说明如下:

① 类型字段。长度为 8 位,标识报文类型,值 0x11 表示成员关系查询报文。

② 最大响应码字段。长度为 8 位,指明接收到该查询报文后,需在多长时间内做出响应。

③ 校验和字段。长度为 16 位,表示整个报文的校验和。

④ 多播地址字段。长度为 32 位,在报文为一般格式时设为 0,在报文格式为特定组、特定组和源时设为被查询的 IP 多播组地址。

⑤ Resv 字段。长度为 4 位,该字段尚未使用。

⑥ S 字段。长度为 1 位,该字段为抑制标志,设为 1 时,该查询报文的接收者应当抑制正常的计时器更新。

⑦ QRV 字段。长度为 3 位,该字段表示查询者的健壮性。

⑧ QQIC 字段。长度为 8 位,该字段为查询者的查询间隔码,用于计算查询者的查询间隔时间。

⑨ 源数量 N 字段。长度为 16 位,该字段表示与此查询报文相关的 32 位单播地址的数量,对一般格式或特定组格式设为 0,对特定组和源格式设为非零。

⑩ 源地址字段。长度为 32 位,该字段表示一个多播报文的源地址。

上面提到的成员关系查询报文的三种格式,每种格式报文的作用是不同的,如图 4-21 所示为三种格式报文的对比。

(a)图中,一般格式报文的多播地址字段值为全 0,意为该成员关系查询报文对属于任何组的成员信息都想收集,发起查询的路由器会探测自己的每个邻站,使邻站向它报告组成员关系的完整列表。

(b)图中,特定组格式报文的组地址字段值为某个特定的组地址,与(a)图一样,发起查询的路由器会探测自己的每个邻站,询问它们是否对某个特定多播组感兴趣(如感兴趣,则这些邻居也会转发某个特定多播组),这个特定的多播地址即为图中的 a.b.c.d。

(c)图中,特定组和源格式报文的组地址字段值也是一个特定的组地址,发起查询的路由器会探测自己的每个邻站,询问它们是否对某个多播组感兴趣,而这个多播组有两个限定条件:来自 N 个源之一(该多播组是从图中所列的 N 个源地址之一发出的)、多播组的多播地址为 a.b.c.d。

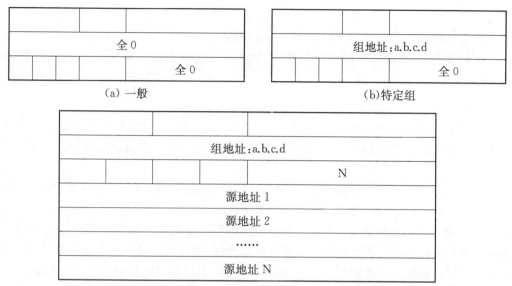

（a）一般　　　　　　　　（b）特定组

（c）特定组和源

图 4-21　成员关系查询报文三种格式报文

（2）成员关系报告报文格式

如图 4-22（a）所示为成员关系报告报文的格式。

类型:0x22	保留	校验和
保留		组记录数量（M）
组记录 1		
……		
组记录 M		

记录类型	辅助数据长度	源数量（N）
多播地址		
源地址 1		
……		
源地址 N		
辅助数据		

（a）　　　　　　　　　　（b）

图 4-22　成员关系报告报文格式

其中每条可变长度的组记录的详细内容如图 4-22（b）所示。

成员关系报告报文中的字段简要说明如下：

① 类型字段。长度为 8 位，该字段值（0x22）指明该报文类型为成员关系报告报文。

② 校验和字段。长度为 16 位，该字段为整个报告报文都参与计算的校验和。

③ 组记录数量（M）字段。长度为 16 位，该字段指明了报告报文所携带的组记录的数量。其中组记录字段包含了发送报告报文的响应者在某个多播组中的成员关系信息，在报告报文中含响应者在多个多播组中的成员关系信息，相关字段的内容说明如下：

● 记录类型字段。长度为 8 位，共有 6 种类型。

● 辅助数据长度字段。长度 8 位，该字段值指出了每条组记录中包含的辅助数据的长度，以 32 位的字为单位。

● 源数量（N）字段。长度 16 位，该字段表示与此报告报文相关的 32 位单播地址的数量。

● 源地址字段。长度 32 位,该字段为源单播地址,共有 N 个。

● 辅助数据字段。长度 32 位,该字段为可以包含在报告报文中的辅助数据,目前 IGMP 协议对此还没有定义。

3. 多播路由

运行上节所述的 IGMP 协议软件,就可以收集相邻站点的成员关系信息。接下来,还要把收集到的成员关系信息传到其他多播路由器,而这项工作是由多播路由选择协议来做的。

在单播通信中,数据报到达某个路由器后依赖路由表中的路由信息从某个接口转发出去,这些路由信息是通过路由选择协议(如 RIP、OSPF)学习到的。所以,路由表中的一条路由信息就是一条最短路由,一条路由中指定的到下一跳的接口就是这条最短路径的起点。路由表中所有的路径信息就组成了一颗最短路径树,这颗树的根为该路由器,叶子就是数据报中指定的目的地址。也就是说,在单播通信中,数据报要在网络中转发,关键是先要构建好这颗最短路径树,同样的,在多播通信中也存在类似的问题,只不过要复杂得多。

在多播通信中,多播路由器每收到一个多播分组,这个多播分组的目的地可能散布在多个网络(指网络号不同的网络)中,这时使用单播时构建的路由表就不能转发多播分组。多播分组中的目的地址是个组地址,不是单播中单个的路由器接口地址或主机 IP 地址。因此在路由表记录表项的下一跳字段就要填入针对一组成员的下一跳地址(有多个下一跳地址),即一组成员就要对应一棵最短路径树,如要转发多个多播组,则要构建多棵最短路径树。一般,我们有源点基准树和组共享树两种方法来解决这个问题。

使用源点基准树方法,路由器需对一个组构建一颗最短路径树,一个组的最短路径树定义了到每一个网络(在该网络中有该组的忠实成员)的下一跳。相当于原先一张单播路由表中所有表项变成了多播路由表中的一行。如图 4-23 所示,假设通信网络中有 5 个多播组:G1、G2、G3、G4、G5,并列出了含有忠实成员的组在每个网络中的分布情况。从图中可知,G1 的忠实成员分布在 2 个网络中,G2 的忠实成员分布在 4 个网络中,G3 的忠实成员分布在 5 个网络中,G4 的忠实成员分布在 2 个网络中、G5 的忠实成员分布在 2 个网络中。其中列出了 R2 路由器的路由表,注意其目的地字段存放的是组,下一跳字段存放的是去往组中每个成员目的地址的下一跳,且下一跳的值有多个,所以每个组就对应一棵最短路径树,在整个路由表中有 5 棵最短路径树。当路由器 R2 收到一个目的地址是 G2 的多播报文时,则路由器 R2 除了要向 2 个本地网络转发该报文副本外,还要向 R1、R3 分别转发 1 个报文副本,这样 G2 组中所有的成员都会收到该报文副本。

基于源点基准树方法存在一个问题:一个组就对应一棵最短路径树,如有几千个组就有几千棵最短路径树,路由表会变得非常庞大,所以就有了另一种方法:组共享树。

与基于源点基准树不同,对组共享树来说,不是每个多播路由器都维护一张有 N 棵最短路径树的路由表,而是由一个被称为核心路由器维护这张路由表,域间其他路由器则只存有单播路由的路由信息,无任何与多播有关的最短路径树信息。当域间的一般路由器(非核心路由器)收到一个多播组报文时,它把多播报文封装成单播报文再转发给核心路由器,由核心路由器接收并解封还原得到多播报文,然后查找有 N 棵最短路径树的路由表,找到下一跳后再转发出去。

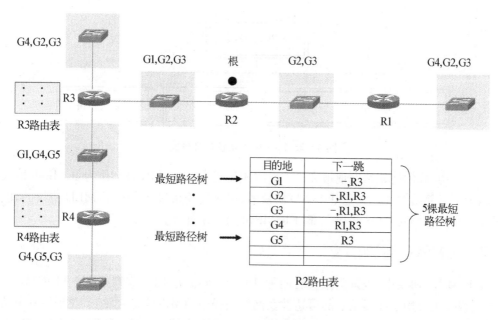

图 4-23　源点基准树

4.2　ICMPv6 协议

IPv6 环境下的 ICMPv6 协议与 IPv4 下的 ICMPv4 相比,发生很大的变化。在 IPv6 环境中,ICMP、IGMP 和 ARP 三个协议进行了合并,变成了 ICMPv6 协议。ICMPv6 报文种类可分为 4 种,本节将简单介绍每种类型中的各种报文。

4.2.1　ICMPv6 协议概述

网际控制报文协议版本 6(Internet Control Message Protocol version6,ICMPv6),与 ICMPv4 的定位目标基本一致,但变得更复杂了。原先在版本 4 中独立的一些协议(如 IGMP、ARP 等),现在已成为 ICMPv6 中的一部分,除此之外还增加了一些新的报文。如图 4-24 所示,很清楚地可以看出 ICMPv4 和 ICMPv6 在网络层发生的变化,IPv4 环境中的 ICMP、ARP 和 IGMP 协议被合并成了一个协议,就是 ICMPv6。

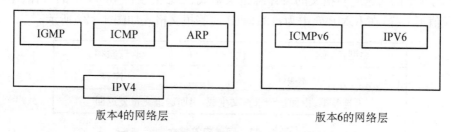

图 4-24　版本 4 与版本 6 在网络层的变化

ICMPv6 协议报文主要用于:获取信息、差错报告、邻站探测、多播通信管理等,我们可按 ICMPv6 协议报文的不同的功能和作用来分类 ICMPv6 协议报文,如图 4-25 所示为分类图。

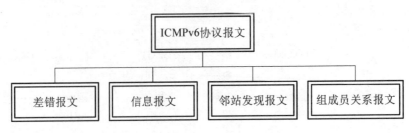

图 4-25 ICMPv6 协议报文分类

在上图中,我们把邻站发现报文(ND)、组成员关系报文(MLD)都作为 ICMPv6 协议报文。因为虽然邻站发现报文是基于 ND 协议的、组成员关系报文是基于 MLD 协议的,但这些报文的格式都相同,且这些报文都由 ICMPv6 协议来处理。

4.2.2 ICMPv6 查询报文

在 ICMPv6 协议中,查询类报文有两种:回送请求报文、回送应答报文。与 ICMPv4 一样,这类报文主要用于探测结点的可达性及网络路径中的路由信息,当结点收到另一个结点发送的回送请求报文时,用回送应答报文进行响应,从响应报文中就可了解结点的可达性等信息。

1. 回送请求报文

ICMPv6 中的回送请求报文的设计思路及格式与 ICMPv4 基本一样,不同的是类型字段值不一样,在 ICMPv6 中为:128,而在 ICMPv4 中为:8,回送请求报文格式如图 4-26 所示。

0	8	16	31
类型:128	代码:0	校验和	
标识符		序号	
可选数据,由回送请求报文生成,由回送报文重复返回			

图 4-26 回送请求报文

2. 回送应答报文

ICMPv6 中的回送应答报文的设计思路及格式也基本与 ICMPv4 中的一样,不同的是类型字段值不一样,在 ICMPv6 中为:129,回送应答报文格式如图 4-27 所示。

类型:129	代码:0	校验和	
标识符		序号	
可选数据,由回送请求报文生成,由回送报文重复返回			

图 4-27 回送应答报文

4.2.3 ICMPv6 差错报文

ICMPv6 的设计目标之一就是收集数据报在网络中传输时可能发生的错误,然后向发送数据报的源点反馈,以弥补网络层 IPv6 协议的不可靠性。在 ICMPv6 下差错报文种类有:终点不可达、分组太大、超时、参数问题,如图 4-28 所示。原先 ICMPv4 中的源抑制报文在 ICMPv6 中被取消,被 IPv6 报文中新增的优先级和流标号字段所取代,因为通过这两个字段同样可以达到拥塞控制的目的。另一个改变是原先差错报告类报文中的改变路由报文变成了邻站发现类报文。

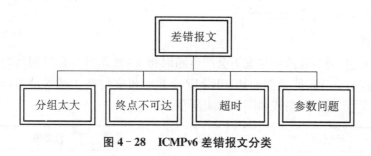

图 4-28　ICMPv6 差错报文分类

与 ICMPv4 一样,ICMPv6 协议软件生成 ICMPv6 差错报文,然后再封装到 IPv6 数据报中。

1. 分组太大

由于 IPv6 数据报在传输过程中不允许被路由器分片,因此,如果源点发出的数据报太大,以至于大于路径中某个即将穿过的物理网络的 MTU 时,就会产生这种分组太大的 ICMPv6 差错报文,该报文会被传给源点,通知其应该减小数据报的长度。分组太大报文格式如图 4-29 所示。

类型:2	代码:0	校验和
MTU		
此处填写所接收到的数据报的尽可能多的部分,只要不超过 IPv6 数据报 MTU 值。		

图 4-29　ICMPv6 分组太大报文格式

上图中的 MTU 字段就是一个很重要的反馈信息,源点收到这个 MTU 值后,源点后续发送的数据报长度就以该值为上限。

2. 终点不可达

终点不可达报文产生的原因与 ICMPv4 中一样,可参考前面章节,具体格式如图 4-30 所示。

类型:1	代码:0-6	校验和
未使用(全为 0)		
此处填写所接收到的数据报的尽可能多的部分,只要不超过 IPv6 数据报 MTU 值。		

图 4-30　ICMPv6 终点不可达报文格式

其中,代码字段的值指明,接收端丢弃该数据报的原因如下:

● 代码值为 0:数据报中的目的地址在路由表中不存在。

- 代码值为 1：与目的地址的通信被禁止。
- 代码值为 2：超出源地址的范围（目的地址只与特定范围的源主机通信）。
- 代码值为 3：目的地址不可达（如因硬件故障等原因）。
- 代码值为 4：端口不可达（端口对应的进程没启动，或指定了不存在的协议）。
- 代码值为 5：源地址失败（因管理策略，该地址不能与目的地址通信）。
- 代码值为 6：被拒绝转发到终点。

3. 超时报文

与 ICMPv4 中一样，在两种情况下会产生超时报文：数据报生存时间计时器超时、在某个时间内数据报的分片未能全部到达。ICMPv6 超时报文的格式基本没变，只是类型字段的值发生了改变，超时报文格式如图 4-31 所示。

类型：3	代码：0 或 1	校验和
未使用（全为 0）		
此处填写所接收到的数据报的尽可能多的部分，只要不超过 IPv6 数据报 MTU 值。		

图 4-31 ICMPv6 超时报文格式

当由于数据报生存时间计时器超时而产生该超时报文时，代码字段值为 0；当由于在某个时间内数据报的分片未能全部到达而产生该超时报文时，代码字段值为 1。

4. 参数问题报文

IP 数据报在网络中传输时，途经的主机或路由器会检查该报文各字段的值是否符合协议规范，某字段值是否不确定或缺少必要的值。如经检查发现了不合规范的数据报，接收主机或路由器就会丢弃该报文，同时会生成参数问题报文并传给源点。在 ICMPv6 中，参数报文与 ICMPv4 相比格式基本相同，只是类型字段值变为了 4，偏移指针字段值变成了 4 字节大小（在 IP v6 数据报中，相关字段的位置偏移发生了改变），另外其代码字段值也变成了 3 个值，而不是原先的 2 个，如图 4-32 所示。

类型：4	代码：0,1,2	校验和
偏移指针		
此处填写所接收到的数据报的尽可能多的部分，只要不超过 IPv6 数据报 MTU 值。		

图 4-32 ICMPv6 参数问题报文格式

其中，代码字段的值指明，接收端丢弃该数据报的原因如下：

- 代码值为 0：存在有错误的首部字段。
- 代码值为 1：首部类型字段不能识别。
- 代码值为 2：IPv6 数据报的扩展首部不能识别。

4.2.4 多播监听发现报文 MLDv2

在 IPv6 下的多播监听发现（MLD）报文，就相当于 IPv4 下的 IGMPv3，用于管理多播通信。本节重点讨论 MLDv2（MLDv2 相当于 IGMPv3），同 IGMPv3 一样，多播监听发现报文也分为两种:成员关系查询报文、成员关系报告报文。同样的,成员关系查询报文又分为三种:通用的、特定组的、特定组与源点的。

1. 成员关系查询报文

成员关系查询报文格式几乎与 IGMPv3 一样,因为在 IPv6 下地址长度发生了改变,所以有关多播地址与源地址的地址字段的长度也从 32 位变成了 128 位。该报文由多播路由器生成用于查找网络中活跃的组成员。成员关系查询报文格式如图 4-33 所示,其中最大响应代码字段由原来的 8 位变成了现在的 16 位。从图中可看出,该报文的前 8 个字节与其他的 ICMPv6 报文的前 8 个字节在格式上是一样的,这也正是把成员关系查询报文归属于 ICMPv6 报文的原因。

类型:130			代码:0		校验和
最大响应代码					保留
组地址					
保留	S	QRV	QQIC		源点数 N
源地址 1					
源地址 2					
源地址 3					
……					
源地址 N					

图 4-33　成员关系查询报文格式

2. 成员关系报告报文

MLDv2 成员关系报告报文格式与 IGMPv3 的几乎一样,除了一些字段的长度改变了以外。可参考图 4-22。

4.2.5　IPv6 邻居发现协议

在 ICMPv6 中重新定义了 ICMPv4 中的一些协议,同时还提出来两个新协议:邻居发现协议(Neighbor-Discovery, ND)、反向邻居发现协议(Inverse-Neighbor-Discovery, IND)。ND 被用于在同一个链路或者网段的主机或路由器找到彼此,确定它们之间的双向连通性,确定一个邻居是否变得不合作或者不可用。总的来看,IPv6 环境下的邻居发现协议的种类有:路由器询问报文、路由器通告报文、邻站询问报文、邻站通告报文、改变路由报文、反向邻站询问报文、反向邻站通告报文,下面简单介绍其中的部分报文。

1. 路由器询问报文

IP 数据报要能成功地传输到目的地,需要先找到网络中下一跳的路由器,而这是通过路由器询问报文来实现的。该报文的选项字段中存放的是发送路由器询问报文的主机的物理地址,这样,响应报文就可以以这个物理地址为目的地址返回响应码。路由器询问报文格式如图 4-34 所示。

类型:133	代码:0	校验和
未使用(全0)		
选型		

图 4 - 34   路由器询问报文格式

2. 路由器通告报文

当路由器收到某个路由器询问报文后,就会向源点发送一个路由器通告报文,路由器通告报文格式如图 4 - 35 所示。其中重要字段简要说明如下:

① 跳数限制字段。长度为 8 位,该字段指明在发送的 IP 数据报中设置的跳数限制值。

② M 字段。长度为 1 位,该字段是"管理地址配置"标志字段,为 1 表明主机要使用管理配置。

③ O 字段。长度为 1 位,该字段是"其他地址配置"标志字段,为 1 表明主机要用其他适当协议来配置。

④ 路由器生存时间字段。长度为 16 位,该字段指明该路由器能作为默认路由器的时间(以秒为单位),为 0 时,表示该路由器不能再作为默认路由器了。

⑤ 可达时间字段。长度为 32 位,该字段指明了该路由器可达的时间限制(以秒为单位)。

⑥ 重传间隔字段。长度为 32 位,该字段指明了重传间隔(以秒为单位)。

⑦ 选项字段。长度为 32 位,包含发送路由器通告报文时要通过的数据链路层地址、该链路的 MTU 及一些地址前缀信息。

类型:134				代码:0	校验和
跳数限制	M	O	全0	路由器生存时间	
可达时间					
重传间隔					
选项					

图 4 - 35   路由器通告报文格式

3. 邻站询问报文

邻站询问报文(Neighbor Solicitation Message)的功能就相当于 IPv4 下的 ARP 协议。当主机或路由器要发送一个数据报给下一跳时,只知道下一跳的 IP 地址,不知道对应的数据链路层地址,就不能封装成链路帧,此时就会发出该邻站询问报文。如图 4 - 36 所示为邻站询问报文格式,目的 IP 地址字段指明了要映射的 IPv6 地址,选项一般含有发送该询问报文机器的数据链路层地址,响应方就以这个数据链路层地址为目的地址,以单播方式返回响应报文。

类型:135	代码:0	校验和
全0		
目的 IP 地址		
选项(发此报文的主机的数据链路层地址)		

图 4 - 36   邻站询问报文格式

4. 邻站通告报文

当主机收到邻站询问报文后,经确认询问报文要映射的 IPv6 地址就是自己,就会以邻站通告报文响应,相当于 IPv4 下的 ARP 响应报文,邻站通告报文格式如图 4-37 所示。

类型:136	代码:0	校验和	
R	S	O	未使用
目的 IP 地址			
选项			

图 4-37 邻站通告报文格式

其中重要字段说明如下:

(1) R 字段。长度为 1 位,该字段为"路由器"标志字段,该值为 1 时,表明该报文由路由器发出。

(2) S 字段。长度为 1 位,该字段为"询问"标志字段,该值为 1 时,表明此报文是应邻站询问报文请求而发出的。在无邻站询问报文请求时,主机或路由器也会发出此通告报文。

(3) O 字段。长度为 1 位,该字段为"覆盖"标志字段,该值为 1 时,通告值会覆盖主机(发送邻站询问报文的主机)原始缓存中的信息(本地 IP 地址与数据链路层地址的映射数据对)。

(4) 选项字段。该字段含有发出此通告报文的主机或路由器的数据链路层地址。

5. 改变路由报文

改变路由报文,有时也被称为重定向报文,该报文格式基本与 IPv4 环境下一致,只是一些字段的长度发生了改变。改变路由报文格式如图 4-38 所示,其中选项中含有一些重要数据如目的路由器的数据链路层地址等。

类型:137	代码:0	校验和
保留		
目的路由器(要重定向的)的 IP 地址		
终点的 IP 地址		
选项		

图 4-38 改变路由报文格式

习 题

4-1 试说明在何种情况下,会运行 ARP 软件模块?

4-2 路由跟踪软件 tracert 利用了哪两种 ICMP 报文来实现路径探测? 并指出在何种情况下会分别返回这两种报文?

4-3 试说明多播的工作原理。

4-4 试说明工具软件 ping 的工作原理,并使用它来对 www.sohu.com 进行探测,使用它对自用的一台 Win7 主机进行探测,并说明这两种目标的探测结果的差别及造成这种差别的原因是什么？

4-5 试说明，对一个失败的 ICMP 差错报文一般不会再产生一个 ICMP 的原因。

4-6 在哪些情况下，会发生下述事情：主机 A 向主机 B 发送了一个 IP 数据报，主机 B 没收到该数据报，主机 A 也没收到有关失败的通知。

4-7 试说明 ICMP 差错报告报文中字段"IP 首部"及字段"数据报数据前 8 个字节"的含义。

4-8 在某次计算主机间的发送时间、接收时间时，出现了这些值为负的情况，试说明可能的原因，以及往返时间值会出现负值吗？

4-9 什么是单向时间？什么是往返时间？它们间有什么关系？

4-10 试说明那些 ICMP 报文是由路由器发出的？那些是由目的主机发出的？

【微信扫码】
相关资源

第5章

运输层协议

本章主要阐述运输层的主要功能和两个重要的协议 UDP 和 TCP。首先介绍运输层进程间的通信、运输层协议、端口和套接字等概念，然后讲解 UDP 协议和 TCP 协议的特点和首部格式，接着讨论 TCP 的确认、连接管理、流量控制和拥塞控制等功能的实现。

本章的主要内容包括：

（1）端口号。

（2）UDP 协议的特点及格式。

（3）TCP 协议的特点及格式。

（4）TCP 协议连接的建立及释放。

（5）TCP 协议的流量控制。

5.1 进程间通信

运输层协议在应用进程之间提供逻辑通信服务。使得运行在不同主机上的应用进程可以相互联系。运输层协议的主要功能如图 5-1 所示。在发送方，运输层协议把应用进程发来的报文进行封装，得到运输层的 TPDU，然后将封装后的报文交给网络层去传递。在接收方，运输层协议从网络层接收到的 TPDU 中提取信息交付给应用进程。

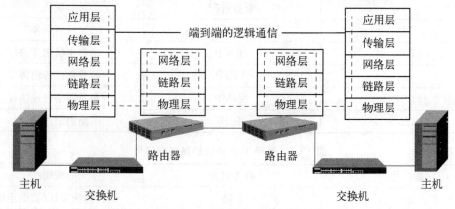

图 5-1 运输层工作内容示意图

运输层有多种通信协议。在因特网中使用 UDP 和 TCP 两个协议,不同的协议为不同需求的应用进程服务。运输层协议的角色类似于高校内的菜鸟驿站——一个快递收发平台。菜鸟驿站的工作人员在收到寄件要求时,要求寄件人给出寄件人和收件人的手机号码。当包裹到达目的地后,当地菜鸟驿站的工作人员会根据收件人手机号码通知收件人前来取包裹。在这个过程中,菜鸟驿站的工作人员只关心如何联系寄件人和收件人,而不用关心快递如何从一个校园传递到另一个校园,如何传递是快递公司的工作。菜鸟驿站工作人员的工作内容类似于网络运输层的工作内容,寄件人和收件人类似于网络应用层的应用进程,而快递公司的工作内容类似于网络层的工作内容。

学生之间通过菜鸟驿站发送快递的过程如图 5-2 所示。菜鸟驿站的工作人员并不认识寄快递和收快递的同学,他们必须通过手机号通知收件的同学。与此类似的是,运输层的协议也必须通过号码来联系应用进程,通过它们及时取走数据报,这些用来与应用进程取得联系的号码称为端口号。

图 5-2   快递收发示意图

端口号是一个 16 位的二进制数,其取值范围是 0~65535 的整数。目前,端口号分为三种类型:熟知端口号、注册端口号和暂时端口号。熟知端口号的范围是 0~1023,这是为常用服务分配的端口号,由 IANA(The Internet Assigned Numbers Authority,互联网数字分配机构)统一分配。注册端口号的数值范围是 1024~49151,这些端口号是为新的应用服务预留的。暂时端口号的数值范围是 49152~65535,它们是给客户端应用进程临时分配的端口号,进程结束后就被收回。表 5-1 和表 5-2 是一些常见的端口号。

表 5-1   使用 UDP 协议的熟知端口号

端口号	服务进程	说明
53	DNS	域名服务
67/68	DHCP	动态主机配置协议
69	TFTP	简单文件传输协议
161/162	SNMP	简单网络管理协议
520	RIP	路由信息协议

表 5-2   使用 TCP 协议的熟知端口号

端口号	服务进程	说明
20	FTP	文件传输协议(数据连接)
21	FTP	文件传输协议(控制连接)

续　表

端口号	服务进程	说明
23	Telnet	网络虚拟终端协议
25	SMTP	简单邮件传输协议
80	HTTP	超文本传输协议
179	BGP	边界路由协议

在网络层的学习中,我们知道一个独立的网络主机拥有一个唯一的 IP 地址。也就是说,通过 IP 地址我们可以知道一段信息应该被送到哪台主机。而通过端口号,我们可以和主机上的一个应用进程取得联系。因此,通信双方必须知道对方的 IP 地址和进程端口号才能进行通信,IP 地址和端口号共同组成了套接字(Socket)的概念。

套接字由主机的 IP 地址与一个 16 位的主机端口号组成,形如(主机 IP 地址:端口号)。如果 IP 地址是 210.45.137.1,端口号是 23,那么得到套接字就是(210.45.137.1:23)。

套接字作为通信的端点,当两个网络应用程序进行通信时,其中一方将要传输的一段信息写入它所在主机的 Socket 中,该 Socket 通过网络接口卡的传输介质将这段信息发送给另一台主机的 Socket 中,这段信息便被送到其他程序中。

5.2　UDP 协议

5.2.1　UDP 协议概述

UDP 适用于多播、广播和对实时性要求较高的应用。设计较为简洁高效,没有提供充足的传输保障措施。应用程序的开发者可以在应用层引入必要的机制提高传输的可靠性。

UDP 协议具有如下特点。

(1) UDP 是无连接的。在数据传输之前不需要建立连接,没有建立连接的时延。

(2) UDP 不提供可靠的数据传输服务,尽最大努力的交付。UDP 仅对报文提供一种可选的校验和,除此之外,没有提供其他传输保障措施。UDP 如果检测出收到的数据出错,就直接丢弃,发送方不会重新发送。

(3) UDP 具有较高的发送速率。不进行流量控制和拥塞控制。

(4) UDP 是面向报文的。在接收到应用进程的数据后,把整个数据封装成数据报后传递给网络层,一次发送一个完整的报文,不合并,不拆分。

(5) UDP 支持一对一、一对多、多对一和多对多的交互通信。

(6) UDP 首部开销小。只有 8 个字节。

5.2.2　UDP 协议首部

UDP 报文格式如图 5 - 3 所示。

UDP 首部各字段定义如下:

首部字段只有 8 个字节,包括源端口号、目的端口号、长度、检验和。

图 5-3 UDP 报文格式

（1）源端口号字段。长度为 16 位，是指发送进程被分配的端口号。

（2）目的端口号字段。长度 16 位，是指目的主机上接收进程被分配的端口号。

如果 UDP 报文成功到达接收方主机，则接收方主机的操作系统会根据目的端口号唤醒相应的应用进程处理数据。如同上一节例子中，根据收件人手机号，菜鸟驿站的工作人员可以通知收件人取走快递一样。端口号可以用来联系相关的应用进程。

（3）长度字段。长度 16 位，长度单位为字节，最大值为 65535 字节。UDP 用户数据报的长度由首部和数据两部分构成。当数据部分为 0 时，只包含首部，此时长度为最小值 8 字节。因此，UDP 报文的数据部分长度最大值为 65527 字节。

（4）检验和字段。长度 16 位，检验和字段是可选的，校验 UDP 用户数据报在传输中是否有错，有错就丢弃。检验和的检查范围包括：伪首部、UDP 首部和数据部分。

UDP 伪首部格式如图 5-4 所示。

图 5-4 UDP 伪首部格式

伪首部第一个字段是源 IP 地址，第二个字段是目的 IP 地址，第三个字段是全零，第四个字段是 IP 首部中的协议字段的值，对于 UDP，此协议字段值为 17，第五个字段是 UDP 数据报长度。

12 字节的伪首部是为了计算检验和临时添加的。由于收到的 UDP 包只有源端口号和目的端口号，并没有 IP 地址信息，所以要构造一个伪首部，加上源 IP 和目的 IP（从 IP 包中拿来），再计算校验和以确定数据报的正确性。

加入伪首部进行检验其目的是为了让 UDP 两次检查数据是否已经正确到达目的地。第一次，通过伪首部的 IP 地址检验，确认该数据报是不是发送给本机的；第二次，通过伪首部的协议字段检验，确认有没有误传。

【例 5.1】 图 5-5 是使用 Wireshark 抓取的一个 UDP 数据报。方便起见，以 32 bit 为一行进行分析。

第一行的十六进制表示为 0x1ebd1ed0。

其中前 16 bit(0x1ebd)是信源口，信源口号为 7869。

后 16 bit(0x1ed0)是目的端口，目的端口号为 7888。

第二行十六进制表示为 0x000da623。

前 16 bit(0x000d)是报文长度，该 UDP 报文长度为 13 字节。

后 16 bit(0xa623)为校验和。

```
> Frame 24: 47 bytes on wire (376 bits), 47 bytes captured (376 bits) on interface 0
> Ethernet II, Src: IntelCor_af:90:ba (84:ef:18:af:90:ba), Dst: IntelCor_db:10:91 (10:
> Internet Protocol Version 4, Src: 192.168.43.64, Dst: 192.168.43.192
v User Datagram Protocol, Src Port: 7869, Dst Port: 7888
      Source Port: 7869          ◄──────────────────────────  源端口
      Destination Port: 7888     ◄──────────────────────────  目的端口
      Length: 13     ◄──────────────────────────────────────  报文长度
      Checksum: 0xa623 [unverified]   ◄─────────────────────  校验和
      [Checksum Status: Unverified]
      [Stream index: 6]
v Data (5 bytes)
      Data: 68656c6c6f
      [Length: 5]

0000   10 02 b5 db 10 91 84 ef  18 af 90 ba 08 00 45 00   ········ ······E·
0010   00 21 7e 2a 00 00 40 11  24 51 c0 a8 2b 40 c0 a8   ·!~*··@· $Q··+@··
0020   2b c0 1e bd 1e d0 00 0d  a6 23 68 65 6c 6c 6f      +····· #hello
```

图 5 - 5　UDP 报文实例

5.3　TCP 协议

5.3.1　TCP 协议概述

为了满足上层应用对传输可靠性的需求,TCP 协议的目的是在低层不可靠的端到端网络上实现可靠的数据传输。TCP 协议具有如下特点:

(1) TCP 是面向连接的。在两个应用进程进行通信之前,它们必须互发信息协商通信参数,这个过程称为建立连接。在通信结束后,它们需要互发信息告知对方,以便对方释放资源,这个过程称为释放连接。因此,TCP 的通信过程分为三个阶段:连接建立阶段、数据传输阶段和连接释放阶段。

(2) TCP 提供可靠的数据传输服务。TCP 利用确认机制和超时重传提高数据传输的可靠性。

(3) TCP 提供点对点的全双工通信服务。TCP 在两个应用进程之间建立通信连接,允许通信双方同时发送和接收数据。

(4) TCP 提供面向字节流的服务。TCP 把应用程序传递来的数据看成一连串无结构的字节流。

(5) 支持同时建立多个并发的 TCP 连接。

5.3.2　TCP 协议首部

TCP 报文格式如图 5 - 6 所示。

TCP 首部各字段定义如下:

(1) 源端口号和目的端口号字段。长度为 2 字节(16 位),其作用和 UDP 相同。

(2) 序号字段。长度为 4 字节(32 位),指的是当前 TCP 报文数据部分首字节在原始数据的位置。起始字节的编号是在 TCP 连接建立时随机设定的。

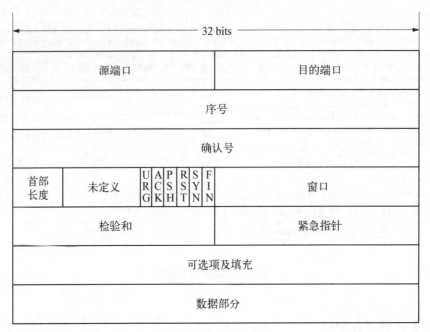

图 5 - 6   TCP 报文格式

例如,主机 A 通过 TCP 连接向主机 B 发送一个 10 字节的信息,每个报文段可以包含 4 字节数据部分,初始序号为 107。则第 1 个报文段数据部分包含 4 个字节的序号分为:107、108、109、110;第 2 个报文段数据部分包含 4 个字节的序号分为:111、112、113、114;第 3 报文段数据部分包含 2 个字节的序号分为:115、116。第 1 个报文段的序号是 107;第 2 个报文段的序号是 111;第 3 个报文段的序号为 115。

(3) 确认号字段。长度为 4 字节(32 位),是期望收到的下一个报文段的第一个字节的序号。同时,确认号还代表接收方已经收到了确认号之前的所有数据。

在上例中,主机 B 如果收到了主机 A 发送的第 1 个和第 2 个报文段,则主机 B 在发给主机的 A 的确认报文中,确认号应该设为 115。表示 115 号之前字节都已经收到,期望收到 115 及其以后的字节。

(4) 首部长度字段。长度为 4 位,它是指 TCP 报文段首部的长度,单位为 4 字节。也表示 TCP 报文段的数据部分距离 TCP 报文段起始处偏离多远。由于 4 位二进制数所表示的最大数字是 15,因此 TCP 报文段的最大首部长度是 60 字节。

(5) 未定义字段。长度为 6 位,可全置为 0。

(6) 控制字段。每个字段长度为 1 位,用于 TCP 连接的建立、终止、流量控制及数据传输过程。

① 紧急指针(URG)。URG 为 1 时,表示报文段里有紧急的数据,具有较高的优先级。

② 确认(ACK)。当 ACK 为 1 时,确认号才有效。

③ 推送(PSH)。当 PSH 被置为 1 时,表示应该把缓冲区的数据立刻交给应用层的应用进程,并清空缓冲区。

④ 复位(RST)。当 RST 被置为 1 时,表示释放连接,并重新建立连接。此外,RST 置 1 还用来拒绝一个非法的报文段或者拒绝打开连接。

⑤ 同步(SYN)。SYN 为 1 时,表示要求建立连接,并协商连接参数。

⑥ 终止(FIN)。用来释放连接。当 FIN 被置为 1 时,表示数据传输完毕,可以用 FIN 来释放连接。

(7) 窗口字段。长度为 2 字节(16 位),所能表示的最大长度值是 65535。由于接收方的缓冲区是有限的,因此 TCP 协议设置了窗口字段,用来表示下一次传输接收方还有多少可用缓冲区。发送方根据接收方告知的窗口值来调整自己的发送窗口值的大小。

(8) 检验和字段。长度为 2 字节(16 位),检验内容包含了首部和数据部分。在计算检验和时,要在 TCP 报文段前添加 12 字伪首部。

(9) 紧急指针字段。占 2 字节(16 位),当 URG 置为 1 时才有效,该字段用于指明紧急数据的字节数。

(10) 选项字段。用于加入额外功能,其长度可变,最长 40 字节。当没有使用选项字段时,TCP 首部长度是 20 字节。

【例 5.2】　图 5 - 7 是使用 Wireshark 抓取的一个 TCP 报文。以 32 bit 为一行对其进行分析。

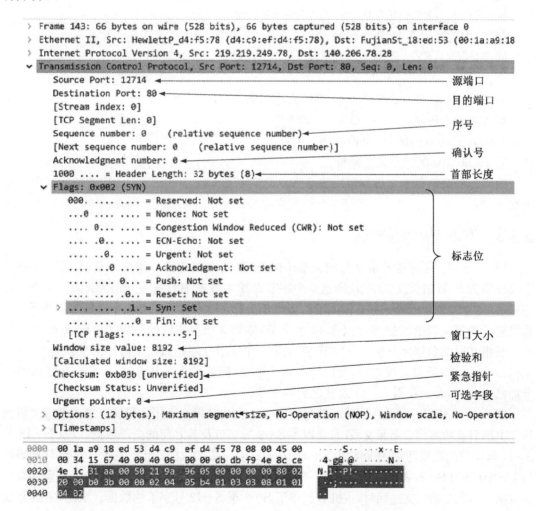

图 5 - 7　TCP 报文示例

第一行的十六进制表示为 0x31aa0050。

其中前 16 bit(0x31aa)是源端口,源端口号为 12714。

后 16 bit(0x0050)是目的端口,目的端口号为 80。

第二行十六进制表示为 0x219a9605。

32 bit(0x219a9605)是序号,序号为 0。

第三行十六进制表示为 0x00000000。

32 bit(0x00000000)是确认号,确认号为 0。

第四行十六进制表示为 0x80022000。

其中前 16 bit(0x8002)转化为二进制为:1000 0000 0000 0010。

前 4 bit 二进制 1000 为首部长度,值为 8,单位是 4 个字节,所以 TCP 首部的长度是 32 字节。

中间 6 bit 二进制 000000 为未定义字段。

后 6 bit 二进制 000010 为控制字段,每个字段占 1 bit。

紧急指针(URG):URG 值为 0。

确认(ACK):ACK 值为 0。

推送(PSH):PSH 值为 0。

复位(RST):RST 值为 0。

同步(SYN):SYN 值为 1。

终止(FIN):FIN 值为 0。

后 16 bit(0x2000)是窗口大小,窗口大小值为 8192。

第五行十六进制表示为 0xb03b0000。

其中前 16 bit(0xb03b)是检验和。

后 16 bit(0x0000)是紧急指针。

第六行到第八行十六进制依次表示为 0x020405b4,0x01030308,0x01010402,这部分是可选字段。

5.3.3 TCP 协议的确认

图 5-8 表明了序号和确认号的关系。假设,主机 A 向主机 B 发出一条报文段,其序号字段的值为 S,数据长度 3 字节,则这 3 个字节在原始数据中的编号分别为:S,S+1,S+2。主机 A 向主机 B 发出的下一条报文段的数据部分第 1 字节在原始数据中的序号应为 S+3。假设第 2 条报文段的数据部分包含 10 个字节,则第 3 条报文段的序号字段应该为 S+13。第 3 条报文段的数据部分包含 5 字节,则最后一个字节在原始数据中的序号应该是 S+17。主机 B 收到这 3 条报文段之后,发回一条确认报文,确认号为 S+18,表示 S+18 之前的字节都已经收到,希望获得 S+18 及其之后的字节。

图 5-8 右侧是一种乱序到达的情况。主机 A 发出的第 2 条报文段晚于第 3 条报文段到达。主机 B 在收到第 3 条报文段时,获得了 S+2 号字节及其之前的全部数据,以及 S+13 至 S+17 号字节的数据,但是中间缺少 S+3 至 S+12 号字节的数据。此时主机 B 发出 TCP 确认报文,确认号为 S+3,表示仅获得了 S+3 号字节之前的全部数据,需要 S+3 号字节及其以后的数据。当第 2 条报文达到时,主机 B 获得了 S+3 至 S+12 号字节的数据。至此,主机 B 获得了 S+17 号字节之前的全部数据,主机 B 发出的 TCP 确认报文的确认号为 S+18。

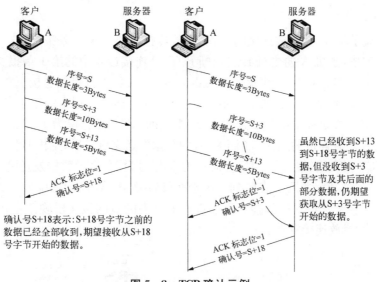

图 5 - 8 TCP 确认示例

5.3.4 TCP 协议连接管理

1. TCP 建立连接

TCP 建立连接的过程称为三次握手。图 5 - 9 展示了 TCP 三次握手建立连接的过程。首先,主机 A 向主机 B 发送建立连接过程中的第 1 条 TCP 报文段。该报文的 SYN 标志位为 1,要求主机 B 准备接收数据。序号字段为 X,作为初始序号。然后,主机 B 接收到该报文段后,向主机 A 发出建立连接过程中的第 2 条 TCP 报文段,报文段的 ACK 标志位为 1,确认号字段为 X+1,表示准备好接收数据,同时将报文段的 SYN 标志位置为 1,序号为 Y,要求主机 A 准备接收数据。最后,主机 A 收到主机 B 发出的 TCP 报文段后,向主机 B 发出建立连接过程中的第 3 条 TCP 报文段。报文段的 ACK 标志位为 1,确认号字段为 Y+1,表示准备好接收主机 B 发来的数据。由于主机 B 已经准备好接收数据,因此第 3 条建立连接的报文段可以携带数据正文。

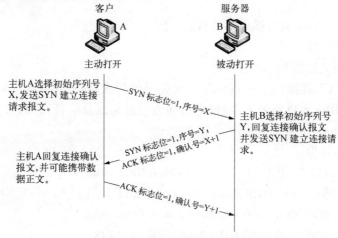

图 5 - 9 TCP 建立连接示意图

2. TCP 释放连接

图 5-10 展示了 TCP 释放连接的过程,释放连接需要 3 至 4 条报文段。首先,当主机 A 的数据发送完毕,主机 A 向主机 B 发送断开 TCP 连接过程中的第 1 条报文段。该报文段的序号为 Z,FIN 标志位为 1,表示数据发送完成,主机 B 可以释放连接资源。至此,主机 A 可以接收数据,但是不再发送数据。主机 B 收到 TCP 连接过程中的第 1 条报文段后,向主机 A 发出断开连接过程中的第 2 条报文段,报文的 ACK 标志位为 1,确认号为 Z+1,表示收到了主机 A 断开连接的通知。当主机 B 的数据发送完成之后,主机 B 发出断开连接过程的第 3 条 TCP 报文段,报文的 FIN 标志位为 1,序号为 V,表示数据发送完成,主机 A 可以释放连接资源。最后,主机 A 在收到上述报文段后,发出 ACK 标志位为 1,确认号为 V+1 的确认报文。并继续等待一段时间,看是否有来自主机 B 的报文段晚于主机 B 的断开连接请求到达,随后释放连接资源。

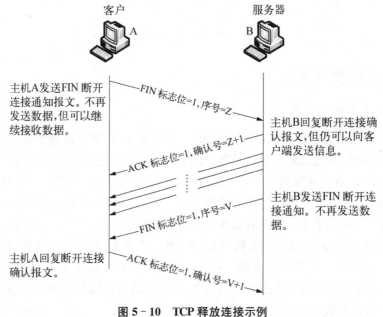

图 5-10　TCP 释放连接示例

下面是用 Wireshark 软件抓取并分析的一次 TCP 通信过程。

(1) 三次握手过程

第 1 次握手报文如图 5-11 所示。

图 5-11 为 TCP 连接建立过程中第 1 次握手的信息,通过 Wireshark 截取到此 TCP 报文段首部信息,用十六进制表示位(冒号后面为二进制以及解释)。为方便显示,将 TCP 报文段分为每 32 bit 一行。

全部报文段内容为:

0xf4be0050:1111 0100 1011 1110 0000 0000 0101 0000

0x3e2a5039:0011 1110 0010 1010 0101 0000 0011 1001

0x00000000:0000 0000 0000 0000 0000 0000 0000 0000

0x80024470:1000 0000 0000 0010 0100 0100 0111 0000

0x9f350000：1001 1111 0011 0101 0000 0000 0000 0000

0x020405b4：0000 0010 0000 0100 0000 0101 1011 0100

0x01030308：0000 0001 0000 0011 0000 0011 0000 1000

0x01010402：0000 0001 0000 0001 0000 0100 0000 0010

```
∨ Transmission Control Protocol, Src Port: 62654, Dst Port: 80, Seq: 0, Len: 0
    Source Port: 62654
    Destination Port: 80
    [Stream index: 0]
    [TCP Segment Len: 0]
    Sequence number: 0      (relative sequence number)
    [Next sequence number: 0      (relative sequence number)]
    Acknowledgment number: 0
    1000 .... = Header Length: 32 bytes (8)
  > Flags: 0x002 (SYN)
    Window size value: 17520
    [Calculated window size: 17520]
    Checksum: 0x9f35 [unverified]
    [Checksum Status: Unverified]
```

```
0000  36 7c 25 b7 9c 64 34 f6  4b e6 21 98 08 00 45 00   6|%··d4· K·!···E·
0010  00 34 0d e6 40 00 40 06  24 e6 ac 14 0a 03 d3 57   ·4··@·@· $······W
0020  7e 89 f4 be 00 50 3e 2a  50 39 00 00 00 00 80 02   ~····P>* P9······
0030  44 70 9f 35 00 00 02 04  05 b4 01 03 03 08 01 01   Dp·5···· ········
0040  04 02                                              ··
```

图 5 - 11　TCP 第 1 次握手报文实例

第 1 行：0xf4be0050：11110100 1011 1110 0000 0000 0101 0000

源端口：长度 = 16 bit，信源口号为 62654，此端口为客户端浏览器进程对应的端口号。

目的端口：长度 = 16 bit，目的端口号为 80，此端口为服务器 HTTP 服务进程对应端口号，是 HTTP 的熟知端口。

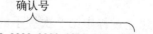

第 2 行：0x3e2a5039：0011 1110 0010 1010 0101 0000 0011 1001

序号：长度 = 32 bit，表示该报文的数据部分首字节在原始数据中的位置。第一次握手时，起始序号随机产生。该例子中客户端的初始序号为 1042960441。

确认号

第 3 行：0x00000000：0000 0000 0000 0000 0000 0000 0000 0000

确认号：长度 = 32 bit。标志位 ACK 为 1 时有效，标志位为 0 时无效。该报文的确认号无效。

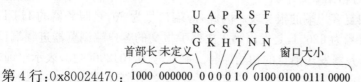

第 4 行：0x80024470：1000　000000　0 0 0 0 1 0　0100 0100 0111 0000

首部长:长度 = 4 bit,该报文首部长度取值为 8,单位是 4 字节,因此该报文首部长度为 32 字节。

未定义:长度 = 6 bit。

URG:长度 = 1 bit,取值为 0,此报文不是紧急报文。

ACK:长度 = 1 bit,取值为 0,该报文确认字段无效。

PSH:长度 = 1 bit,取值为 0,不用立即发送或提交给上层。

RST:长度 = 1 bit,取值为 0,无严重差错,不必重新连接。

SYN:长度 = 1 bit,取值为 1,请求建立连接。

FIN:长度 = 1 bit,取值为 0,数据未发送完,不释放连接。

窗口大小:长度 = 16 bit,窗口大小为 8192 字节。

第 5 行:0x9f350000:校验和 1001 1111 0011 0101   紧急指针 0000 0000 0000 0000

校验和:长度 = 16 bit。

紧急指针:长度 = 16 bit,此处紧急指针无效。

第 6 行之后为选项字段、数据和填充,该报文的数据和填充为空。该报文段的作用是向服务器发出 TCP 连接请求,并确定初始序号,同时告知对方自己的接收窗口大小,并未携带数据。

第 2 次握手报文如图 5-12 所示。

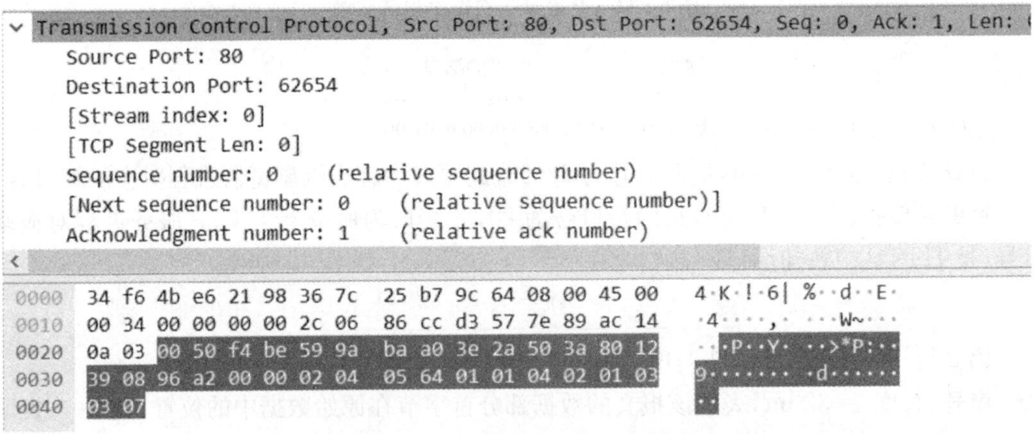

图 5-12   TCP 第 2 次握手报文实例

图 5-12 为 TCP 连接建立过程中第 2 次握手的信息,通过 Wireshark 截取到此 TCP 报文段首部信息,各行数据分别为(设 4 字节为一行):0x0050f4be;0x599abaa0;0x3e2a503a;0x80123908;0x96a20000;0x02040564;0x01010402;0x01030307。类似于第一次握手报文段,该报文的分析结果如下。

该报文段是服务器回复客户端的报文段。因此,源端口号为 80,是服务器的 HTTP 服务进程端口号。目的端口号为 62654,是发出第 1 次握手报文的客户端浏览器进程端口号。序号为 1503312544,是服务器发送消息的初始序号。确认号为 1042960442,表示之前的字节已经收到,请从 1042960442 号字节发送。注意上一个报文中,客户端发出的初始序号为

1042960441。第 4 行详细分析如下：

```
                              U A P R S F
                              R C S S Y I
                              G K H T N N
          首部长 未定义                      窗口大小
第4行:0x80123908: 1000  000000 0 1 0 0 1 0  0011 1001 0000 1000
```

首部长度为 8,单位为 4 字节,表示该 TCP 报文段首部为 32 字节。标志位 ACK 为 1,表示该报文段的确认号有效,该报文段带有确认作用。标志位 SYN 为 1,表示该报文段是请求建立连接报文。同时,通知对方自己的接收窗口大小为 14600 字节。第 5 行为检验和紧急指针,该报文段的紧急指针无效。第 6 行以后为可选项、数据部分和填充。该报文段没有数据部分。

第 3 次握手报文如图 5 - 13 所示。

图 5 - 13　TCP 第 3 次握手报文实例

图 5 - 13 为 TCP 连接建立过程中第 3 次握手的信息,通过 Wireshark 截取到此 TCP 报文段首部信息,用十六进制分行表示为(4 字节为一行):f4be0050;3e2a503a;599abaa1;50100044;0fe90000。该报文段是客户端回复服务器的报文段。因此,源端口号为 62654,是客户端浏览器进程端口号。目的端口号为 80,是服务器的 HTTP 服务进程端口号。序号为 1042960442,是上一报文段的确认号。确认号为 1503312545,表示之前的字节已经收到,请从 1503312545 号字节发送。注意上一个报文段中,服务器发出的初始序号为 1503312544。第 4 行详细分析如下:

```
                              U A P R S F
                              R C S S Y I
                              G K H T N N
          首部长 未定义                      窗口大小
第4行:0x50100044: 0101  000000 0 1 0 0 0 0  0000 0000 0100 0100
```

首部长度为 5,单位为 4 字节,表示该 TCP 报文段首部为 20 字节。标志位 ACK 为 1,表示该报文段的确认号有效,该报文段带有确认作用。同时,通知对方自己的接收窗口大小为 68 字节。第五行为检验和紧急指针,该报文的紧急指针无效。该报文段没有数据部分。

(2) 信息发送和确认过程

图 5 - 14 为客户端发送信息过程,通过 Wireshark 截取到此 TCP 报文段首部信息,用十六进制分行表示为(4 字节为一行):0xf4be0050;0x3e2a503a;0x599abaa1;0x50180044;

0x35630000。从第1行看出，源端口号为62654，目的端口号为80，因此这是一条从客户端发往服务器的 TCP 报文段。从第2行看出，序号为1042960442，且观测数据部分长度可以出，数据部分含 449 字节。因此，数据部分包含的是 1042960442 至 1042960890 号字节数据。该报文段的 ACK 标志位为1，确认号为1503312545，表示希望收到服务器 1503312545 号字节及其以后的信息。

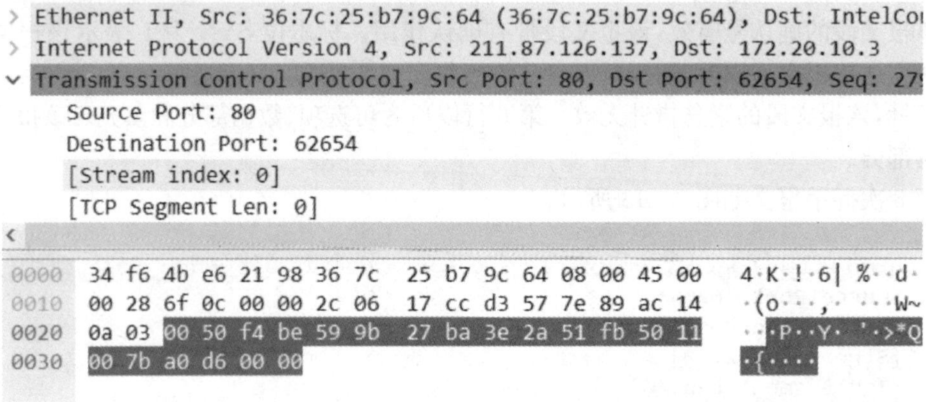

```
> Ethernet II, Src: 36:7c:25:b7:9c:64 (36:7c:25:b7:9c:64), Dst: IntelCor
> Internet Protocol Version 4, Src: 211.87.126.137, Dst: 172.20.10.3
v Transmission Control Protocol, Src Port: 80, Dst Port: 62654, Seq: 279
    Source Port: 80
    Destination Port: 62654
    [Stream index: 0]
    [TCP Segment Len: 0]
<

0000  34 f6 4b e6 21 98 36 7c   25 b7 9c 64 08 00 45 00    4·K·!·6| %··d·
0010  00 28 6f 0c 00 00 2c 06   17 cc d3 57 7e 89 ac 14    ·(o···, ···W~
0020  0a 03 00 50 f4 be 59 9b   27 ba 3e 2a 51 fb 50 11    ···P·Y· '·>*Q·P·
0030  00 7b a0 d6 00 00                                    ·{····
```

图 5 - 14 TCP 发送信息实例

图 5 - 15 为服务器回复的确认报文，通过 Wireshark 截取到此 TCP 报文段首部信息，用十六进制分行表示为(4 字节为一行)：0x0050f4be；0x599abaa1；0x3e2a51fb；0x5010007b；0x0df10000。从上述信息可以分析出，源端口号为 80，目的端口号为 62654，该报文段是服务器发送给客户端的。序号为 1503312545，正是上一条报文段的确认号。该报文段的 ACK 标志位为1，表示确认号有效。确认号为1042960891，表示前面的数据已经全部收到，而上一条报文段数据部分最后一字节的序号正是 1042960890。

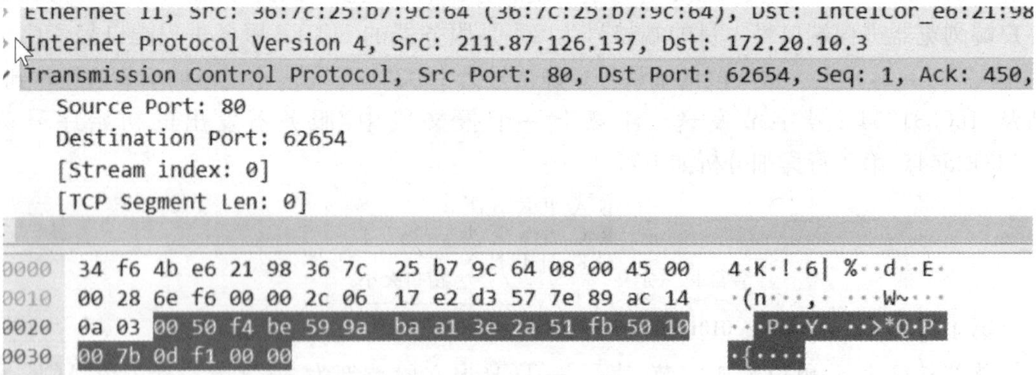

```
> Ethernet II, Src: 36:7c:25:b7:9c:64 (36:7c:25:b7:9c:64), Dst: IntelCor_e6:21:98
> Internet Protocol Version 4, Src: 211.87.126.137, Dst: 172.20.10.3
> Transmission Control Protocol, Src Port: 80, Dst Port: 62654, Seq: 1, Ack: 450,
    Source Port: 80
    Destination Port: 62654
    [Stream index: 0]
    [TCP Segment Len: 0]

0000  34 f6 4b e6 21 98 36 7c   25 b7 9c 64 08 00 45 00    4·K·!·6| %··d·E·
0010  00 28 6e f6 00 00 2c 06   17 e2 d3 57 7e 89 ac 14    ·(n···, ···W~·
0020  0a 03 00 50 f4 be 59 9a   ba a1 3e 2a 51 fb 50 10    ···P·Y· ··>*Q·P·
0030  00 7b 0d f1 00 00                                    ·{····
```

图 5 - 15 TCP 确认信息实例

(3) 释放连接过程

图 5 - 16 是通过 Wireshark 截取到 TCP 报文段首部信息，用十六进制分行表示为(4 字节为一行)：0x0050f4be；0x599b27ba；0x3e2a51fb；0x5011007b；0xa0d60000。从上述信息可以分析出，源端口号为 80，目的端口号为 62654，该报文段是服务器发给客户端的。序号为

1503340474。该报文段的 ACK 标志位为 1,表示确认号有效。确认号为 1042960891。该报文段的 FIN 标志位为 1,表示信息已经发送完成并通知客户端进程可以释放连接资源。自此,服务器不能再向客户端发送数据。

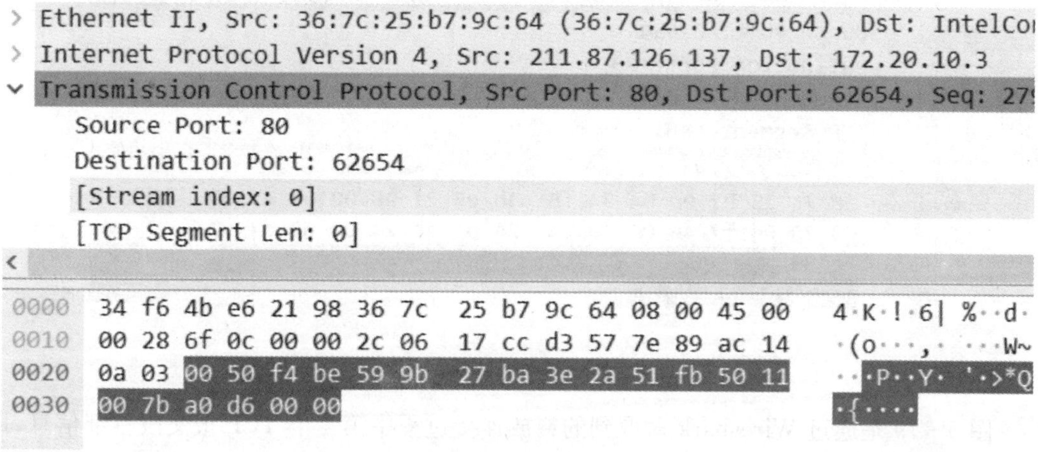

```
> Ethernet II, Src: 36:7c:25:b7:9c:64 (36:7c:25:b7:9c:64), Dst: IntelCor
> Internet Protocol Version 4, Src: 211.87.126.137, Dst: 172.20.10.3
∨ Transmission Control Protocol, Src Port: 80, Dst Port: 62654, Seq: 279
      Source Port: 80
      Destination Port: 62654
      [Stream index: 0]
      [TCP Segment Len: 0]

0000  34 f6 4b e6 21 98 36 7c  25 b7 9c 64 08 00 45 00    4·K·!·6|  %··d··E·
0010  00 28 6f 0c 00 00 2c 06  17 cc d3 57 7e 89 ac 14    ·(o···,·  ···W~···
0020  0a 03 00 50 f4 be 59 9b  27 ba 3e 2a 51 fb 50 11    ···P··Y·  '·>*Q·P·
0030  00 7b a0 d6 00 00                                   ·{····
```

图 5 - 16　TCP 释放连接实例 1

图 5 - 17 是通过 Wireshark 截取到的释放连接过程中第二个 TCP 报文段首部信息,用十六进制分行表示为(4 字节为一行):0xf4be0050;0x3e2a51fb;0x599b27bb;0x50100044;0xa10d0000。从中可以看出源端口号为 62654,目的端口号为 80,ACK 标志位为 1,确认号为 1503340475,等于上一报文段的序号加 1。因此,该报文段是客户端对服务器释放连接报文的确认,表示客户端已经收到来自服务器的释放连接通知。

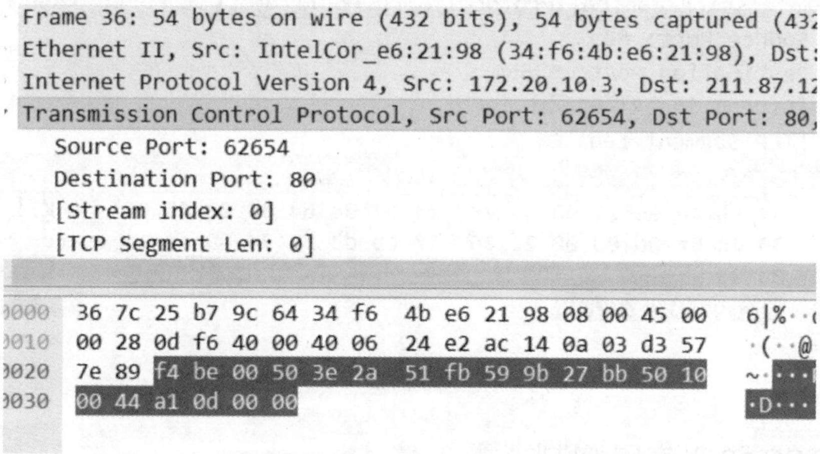

```
Frame 36: 54 bytes on wire (432 bits), 54 bytes captured (432
Ethernet II, Src: IntelCor_e6:21:98 (34:f6:4b:e6:21:98), Dst:
Internet Protocol Version 4, Src: 172.20.10.3, Dst: 211.87.12
Transmission Control Protocol, Src Port: 62654, Dst Port: 80,
      Source Port: 62654
      Destination Port: 80
      [Stream index: 0]
      [TCP Segment Len: 0]

0000  36 7c 25 b7 9c 64 34 f6  4b e6 21 98 08 00 45 00    6|%··d4·  K·!···E·
0010  00 28 0d f6 40 00 40 06  24 e2 ac 14 0a 03 d3 57    ·(··@·@·  $······W
0020  7e 89 f4 be 00 50 3e 2a  51 fb 59 9b 27 bb 50 10    ~····P>*  Q·Y·'·P·
0030  00 44 a1 0d 00 00                                   ·D····
```

图 5 - 17　TCP 释放连接实例 2

图 5 - 18 是通过 Wireshark 截取到的释放连接过程中第 3 个 TCP 报文段首部信息,用十六进制分行表示为(4 字节为一行):0xf4be0050;0x3e2a51fb;0x599b27bb;0x50110044;0xa10c0000。可以看出,源端口号为 62654。目的端口号为 80。序号为 1042960891,FIN 标志位为 1,表示客户端信息已经发完,通知服务器可以释放连接资源。

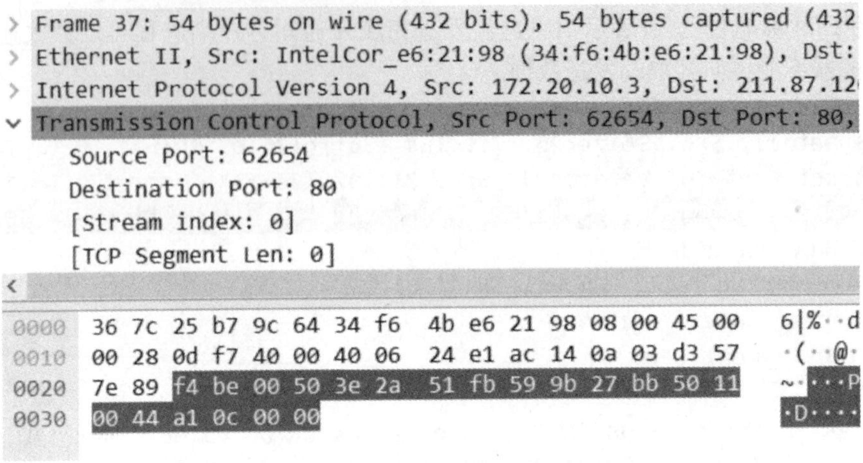

```
>  Frame 37: 54 bytes on wire (432 bits), 54 bytes captured (432
>  Ethernet II, Src: IntelCor_e6:21:98 (34:f6:4b:e6:21:98), Dst:
>  Internet Protocol Version 4, Src: 172.20.10.3, Dst: 211.87.12
∨  Transmission Control Protocol, Src Port: 62654, Dst Port: 80,
        Source Port: 62654
        Destination Port: 80
        [Stream index: 0]
        [TCP Segment Len: 0]
<
0000   36 7c 25 b7 9c 64 34 f6   4b e6 21 98 08 00 45 00    6|%··d
0010   00 28 0d f7 40 00 40 06   24 e1 ac 14 0a 03 d3 57    ·(··@·
0020   7e 89 f4 be 00 50 3e 2a   51 fb 59 9b 27 bb 50 11    ~····P
0030   00 44 a1 0c 00 00                                    ·D···
```

图 5 - 18　TCP 释放连接实例 3

图 5 - 19 是通过 Wireshark 截取到的释放连接过程中第 4 个 TCP 报文段首部信息,用十六进制分行表示为(4 字节为一行):0x0050f4be;0x599b27bb;0x3e2a51fc;0x5010007b;0xa0d50000。可以看出源端口号为 80,目的端口号为 62654。ACK 标志位为 1,确认号为 1042960892,等于上一条报文段序号加 1。该报文段是服务器对客户端释放连接报文的确认。服务器还会再等待一段时间,以便接收客户端早于释放连接报文发出但是晚到的报文段。至此,整个 TCP 通信过程全部完成。

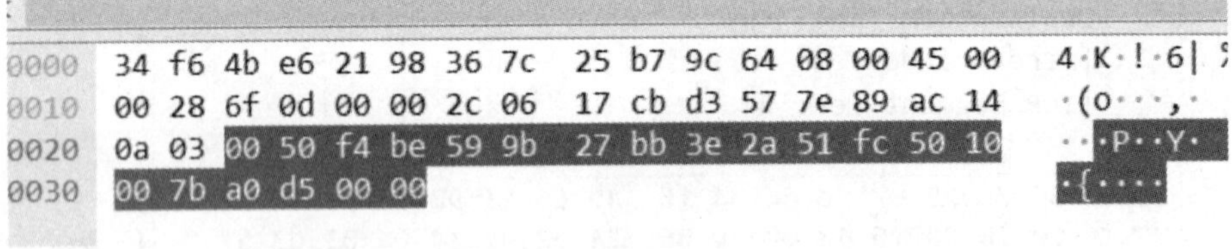

```
>  Ethernet II, Src: 36:7c:25:b7:9c:64 (36:7c:25:b7:9c:64), Dst: Int
>  Internet Protocol Version 4, Src: 211.87.126.137, Dst: 172.20.10.
∕  Transmission Control Protocol, Src Port: 80, Dst Port: 62654, Sec
        Source Port: 80
        Destination Port: 62654
        [Stream index: 0]
        [TCP Segment Len: 0]

0000   34 f6 4b e6 21 98 36 7c   25 b7 9c 64 08 00 45 00    4·K·!·6|·
0010   00 28 6f 0d 00 00 2c 06   17 cb d3 57 7e 89 ac 14    ·(o···,·
0020   0a 03 00 50 f4 be 59 9b   27 bb 3e 2a 51 fc 50 10    ···P··Y·
0030   00 7b a0 d5 00 00                                    ·{····
```

图 5 - 19　TCP 释放连接实例 4

5.3.5　TCP 协议流量控制

在计算机网络通信过程中,发送方如果把数据发送得过快,接收方可能来不及接收而造成数据的丢失。为此 TCP 协议提供了流量控制机制。流量控制就是让发送方的发送速率不要太快,让接收方来得及接收。

TCP 协议利用可变发送窗口的技术进行流量控制,窗口大小的单位是字节。接收方在返回的报文段中会包含自己的接收窗口的大小,以控制发送方的数据发送速率。TCP 报文段首部的窗口字段写入的数值就是当前设定的接收窗口数值。发送窗口大小字段在连接建立时由双方商定,在通信过程中,接收方根据自己的资源情况,可随时动态地调整自己的接收窗口大小,并且告诉对方,使对方的发送窗口和自己的接收窗口一致。

图 5 - 20 是一个流量控制过程,双方商定的窗口值是 3072,每一个报文段为 1024 字节。利用可变发送窗口技术进行流量控制工作过程如下。

(1) 发送方,向接收方连续发送 3 个长度为 1024 字节的数据段,发送方的窗口大小为 3072 字节。

(2) 接收方,接收到了发送方发送过来的第 2 个 1024 字节的数据段后,自己的缓冲区已经满了,就会丢弃第 3 个 1024 字节的数据段。表明接收方的缓冲区能处理最多 2048 字节的数据段。窗口大小为 2048 字节。接收方回应给发送方的响应报文 ACK 大小为 2049 字节。

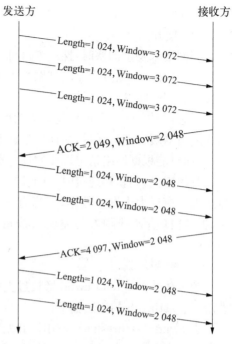

图 5 - 20 流量控制过程实例

(3) 发送方,发送方接收到接收方的 ACK 报文之后,序号为 2049,那么就知道接收方的窗口大小为 2048 字节,然后发送方就会改变自己的发送速率,调整自己的窗口大小为 2048 字节。

5.3.6 TCP 拥塞控制

某段时间内,若网络中待发送的数据量超出了网络的承载能力,网络的性能就会发生变化,这种情况叫作拥塞。造成网络拥塞的因素有很多,简单地提高结点处理机的速度或者扩大结点缓存的存储空间并不能解决拥塞问题。拥塞问题指的是整个系统的各个部分不匹配,只有各部分都平衡了,问题才会得到解决。

所谓拥塞控制就是防止过多的数据同时注入网络中,这样可以使网络中的路由器或链路不致过载。拥塞控制要做的就是使网络能承受现有的网络负荷。因此发送方在确定报文段的发送速率时,既要考虑接收端的接收能力,又要从全局考虑不使网络发生拥塞。

TCP 进行拥塞控制有 4 种算法:即慢开始、拥塞避免、快重传和快恢复。

算法相关的 3 种类型窗口:

① 发送窗口 swnd,发送方可发送的窗口值。

② 接收窗口 rwnd(Receiver Window),接收端可接收的窗口值。

③ 拥塞窗口 cwnd(Congestion Window),发送方根据自己估计的网络拥塞程度而设置的窗口值,通常初值设为 MSS。窗口值大小取决于网络拥塞程度,并动态变化。

发送窗口的上限值=min{rwnd,cwnd},网络未发生拥塞时,接收窗口和拥塞窗口一般相等。

（1）慢开始

当网络未发生拥塞时，拥塞窗口可增大，以便充分利用网络资源。当网络发生拥塞时，拥塞窗口应减少，以减少流入到网络中的分组数。只要发送方没有按时收到应当到达的确认报文 ACK，即可认为网络发生拥塞。

思想：如果 TCP 在连接建立成功后会向网络中发送大量的数据报，这样很容易导致网络中路由器缓存空间耗尽，从而发生拥塞。因此新建立的连接不能够一开始就大量发送数据报，而只能根据网络情况逐步增加每次发送的数据量，以避免上述现象的发生。

具体来说，当新建连接时，cwnd 初始化为 1 个最大报文段 MSS 的数值。发送方开始按照拥塞窗口大小发送数据，每当有一个新报文段被确认，cwnd 就增加至多 1 个 MSS 大小，拥塞窗口 cwnd 随着传输轮次按指数规律增长。用这样的方法来逐步增大拥塞窗口 cwnd。

（2）拥塞避免

为了防止拥塞窗口 cwnd 增长过大引起网络拥塞，设置了一个慢开始门限 ssthresh 状态变量。ssthresh 的用法如下：

当 cwnd＜ssthresh 时，使用慢开始算法。

当 cwnd＝ssthresh 时，慢开始与拥塞避免算法任意。

当 cwnd＞ssthresh 时，使用拥塞避免算法。

思想：当拥塞窗口 cwnd 值达到慢开始门限值时，就不能再加倍增长了，而是要呈线性缓慢增长，即一个 RTT 周期内，不管接收到多少个确认报文，cwnd 的值只加 1。当发送方判断网络出现拥塞时，即没有按时收到确认，就将慢开始门限值设置为出现拥塞时发送窗口大小的一半，拥塞窗口设置为 1，再次执行慢开始算法。

慢开始和拥塞避免算法拥塞控制工作过程如图 5 - 21 所示。

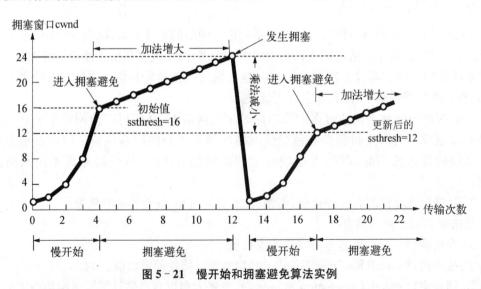

图 5 - 21　慢开始和拥塞避免算法实例

当 TCP 新建连接时，发送方设置拥塞窗口 cwnd＝1，在执行慢开始算法时，发送方按拥塞窗口大小发送数据，每收到一个对新报文段的确认就把拥塞窗口值加 1，每经过一个传输轮次 cwnd 值就进行加倍增长；当 cwnd＝ssthresh 时，改为拥塞避免算法，cwnd 值不能再进行加倍增长而是进行线性加法增长。当网络发生拥塞时，cwnd 值重新设置为1，ssthresh 值设置为出现拥塞时 cwnd 值的一半，并再次执行慢开始算法。当 cwnd＝更新后的 ssthresh 时，再次改为拥塞避免算法。

"乘法减小"是指不论在慢开始阶段还是拥塞避免阶段，只要出现一次超时（即出现一次网络拥塞），就把慢开始门限值 ssthresh 设置为当前的拥塞窗口值的一半。当网络频繁出现拥塞时，ssthresh 值就下降得很快，以大大减少注入网络中的分组数。

"加法增大"是指执行拥塞避免算法后，当收到对所有报文段的确认就将拥塞窗口 cwnd 增加一个 MSS 大小，使拥塞窗口缓慢增大，以防止网络过早出现拥塞。

"拥塞避免"并非就能完全避免了拥塞。利用以上的措施想完全避免网络拥塞是不现实的。只是说在拥塞避免阶段把拥塞窗口控制为按线性规律增长，使网络比较不容易出现拥塞。

（3）快重传

思想：要求接收方每收到一个失序的报文段就立即发出重复确认，为了使发送方尽早知道有报文没有传送到对方。发送方只要连续收到三个重复确认就认为有报文段丢失，立即对此报文进行重传，不必等待该报文设置的重传计时器到期。通过快重传机制，发送方可尽早重传未被确认的报文段，提高了整个网络的吞吐量。

（4）快恢复

思想：当发送方连续收到三个重复确认时，就执行"乘法减小"算法，把 ssthresh 门限值减半。这是为了预防网络发生拥塞，但接下去并不执行慢开始算法。

考虑到如果网络出现拥塞的话就不会收到好几个重复的确认，所以发送方认为现在网络可能没有出现拥塞。所以此时不执行慢开始算法，而是将 cwnd 设置为 ssthresh 减半后的大小，然后执行拥塞避免算法。快恢复和快重传算法是相配合的算法。

快重传和快恢复算法拥塞控制工作过程如图 5-22 所示。

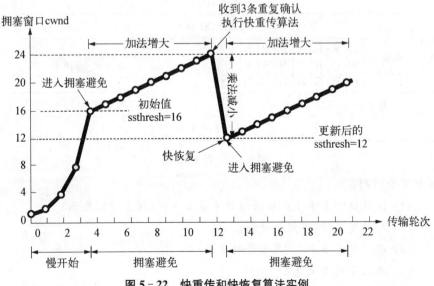

图 5-22　快重传和快恢复算法实例

发送方连续收到 3 条对同一个报文段的重复确认后认为有报文丢失了,改为执行快重传和快恢复算法,立即重传丢失的报文段,而无需等待超时定时器溢出。同时把 ssthresh 值减半,cwnd 值设置为 ssthresh 减半后的值,然后开始执行拥塞避免算法,拥塞窗口缓慢地线性增长。

习 题

5-1 使用 TCP 进行通信时,都要设置发送窗口,发送窗口一定要小于(　　)。

　　A. 对方的接收窗口　　　B. 自己的拥塞窗口

　　C. 自己的接收窗口　　　D. 对方的接收窗口与自己的拥塞窗口中最小的一个

5-2 下列关于快恢复的说法中,不正确的是(　　)。

　　A. 快恢复是配合快重传的一种拥塞控制算法。

　　B. 当连续收到 3 个重复确认时,就把当时拥塞窗口值减半作为新的慢开始门限。

　　C. 执行快恢复时,不是将拥塞窗口设为 1,而是设为新的慢开始门限值的一半。

　　D. 在快恢复启动后,执行的是拥塞避免算法,而不是慢开始算法。

5-3 在运输层,当出现 3 次重复确认时,就开始重传丢失的报文叫(　　)。

　　A. 快重传　　　B. 多次确认　　　C. 连续确认　　　D. 重传失控

5-4 简述 UDP 与 TCP 所提供服务的区别。

5-5 已知 TCP 首部用十六进制表示为:05 32 00 17 00 00 00 01 00 00 00 00 50 02 07 FF 00 00 00 00。TCP 协议首部格式如图 5-23 所示。

源端口									目的端口(16 位)
序列号(32 位)									
确认号(32 位)									
首部长度 (4 位)	保留 (4 位)	C W R	E C E	U R G	A C K	P S H	R S T	S Y N	F I N	窗口大小(16 位)
检验和(16 位)									紧急指针(16 位)
选项和填充									

图 5-23　题 5-5 图

请回答下面问题:

　　(1) 源端口号是多少?目的端口号是多少?(用十进制表示)

　　(2) 序号是多少?(用十进制表示)

　　(3) 确认号是多少?(用十进制表示)

　　(4) 确认号的含义是?

　　(5) 首部长度是多少?(用十进制表示)

(6) 窗口大小是多少？（用十进制表示）

(7) 当 ACK 字段置为 1 时，代表什么含义？

(8) 当 FIN 字段置为 1 时，代表什么含义？

(9) 选项和填充字段最长是多少字节？（用十进制表示）

5-6 假设 UDP 报头的十六进制数据是 00 35 06 87 00 2C E2 17，UDP 报文段格式如图 5-24 所示。求：

(1) 用户数据报的有效负载长度是多少？数据部分长度是多少？（用十进制表示）

(2) 这个数据报是客户端发出的还是服务器端发出的？为什么？

源端口（16 位）		目的端口（16 位）	
有效负载长度（16 位）		检验和（16 位）	
数据			
……			

图 5-24 题 5-6 图

5-7 TCP 的拥塞窗口 cwnd 大小与传输轮次 n 的关系如图 5-25 所示。

n	1	2	3	4	5	6	7	8	9	10	11
cwnd	1	2	4	8	16	17	18	19	20	21	22
n	12	13	14	15	16	17	18	19	20	21	22
cwng	11	12	13	14	15	16	17	18	1	2	4

图 5-25 题 5-7 图

观察、分析上表中拥塞窗口与传输轮次的关系，回答下列问题：

(1) 指出 TCP 工作在慢开始阶段的时间间隔。

(2) 指出 TCP 工作在拥塞避免阶段的时间间隔。

(3) 在第 11 轮次、第 19 轮次后，发送方是收到三次重复确认还是检测到超时发现丢包的？

(4) 在第 1 轮次和第 12 轮次发送时，门限 ssthresh 分别为多大？

(5) 假定在第 19 轮次之后收到了三个重复确认，因而检测出了报文丢失，那么拥塞窗口 cwnd 和门限 ssthresh 应设为多大？

5-8 下图是一段 TCP 通信过程，共有 5 个数据报，第 1 个数据报被 Wireshark 捕获。其内容如图 5-26 所示，序号为：1042960442，数据部分长度为：449。请回答以下问题。

(1) 这段通信的应用层协议是什么？

(2) 第 1 条数据报的发送方进程和接收方进程各是什么？

(3) 第 2、3 条数据报的 TCP 序号是多少？

(4) 第 4、5 条数据报的确认号是多少？

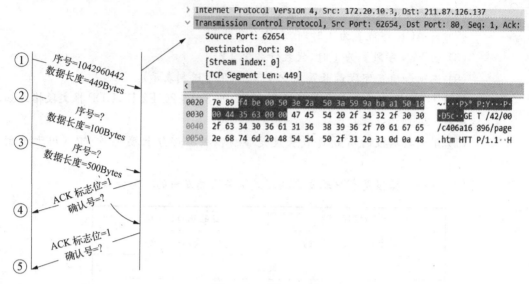

图 5-26 题 5-8 图

5-9 当某个用户访问万维网时,进行了以下操作:

(1) 当使用鼠标点击某一个万维网文档时,若该文档除了有文本外,还有 2 个本地.gif 图像和 3 个远地.gif 图像。试问:当分别使用 HTTP/1.0 和 HTTP/1.1,需要建立几次 UDP 连接和几次 TCP 连接?

(2) 假如用户在浏览器上点击一个 URL,该网页 URL 的 IP 地址有缓存在本地主机上,从该网页上读取 2 个很小的图片(该图片的传输时间忽略),从本地主机到这个网页的往返时间是 RTTw。

① 没有并行 TCP 连接的非持续 HTTP。

② 非流水线方式的持续 HTTP。

③ 流水线方式的持续 HTTP。

试计算以上三种不同情况,从客户端读取这些对象所需的时间分别是多少?

5-10 主机 A 和主机 B 建立 TCP 连接后,A 向 B 发出 FIN 报文,请问从此时开始 A 可否向 B 发送应用层数据,B 可否向 A 发送应用层数据,并说明理由。

【微信扫码】
相关资源

第6章

应用层协议

本章主要阐述应用层的主要功能和几个重要的应用层服务及其主要协议。主要内容包括应用进程之间的通信模式、域名系统及 DNS 报文格式、超文本传输协议、文件传输协议、邮件传输协议、动态主机配置协议、远程登录协议和简单网络管理协议。

本章的主要内容包括:

(1) 应用层的工作模式。

(2) DNS 协议的工作原理及报文格式。

(3) FTP 协议的工作原理。

(4) HTTP 协议的工作原理及报文格式。

(5) SMTP 协议及 POP 协议的工作原理。

(6) DHCP 协议的工作原理。

(7) Telnet 协议的工作原理。

6.1 应用层概述

应用层是网络体系结构中的最高层。通过使用下面各层所提供的服务,直接向用户提供服务,是计算机网络与用户之间的界面或接口,为用户提供网络资源的访问。应用层的各种服务功能要通过具体的通信协议来实现。应用层的具体内容就是规定应用进程在通信时所遵循的协议。应用进程之间的通信模式通常可以分为两大类:客户/服务器模式和对等模式。

6.1.1 客户/服务器模式

客户/服务器模式(Client/Server 模式,C/S 模式)是指一个应用程序被动地等待,而另一个应用程序通过请求启动通信。客户和服务器分别是指两个应用程序。客户向服务器发出服务请求,服务器对客户的请求做出响应。如图 6-1 所示为客户/服务器交互模型。

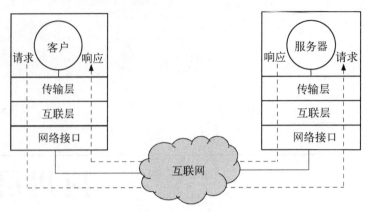

图 6-1　客户/服务器交互模型

6.1.2　对等模式

对等模式（peer-to-peer，P2P 模式），两个主机在通信时并不区分哪一方是服务请求方还是服务提供方。只要双方都运行了对等连接软件，它们之间就可以进行平等的、对等连接通信。网络结点之间通过直接交换信息达到共享计算机资源和服务的工作模式。

C/S 模式和 P2P 模式的区别：

① C/S 模式，客户端与服务器之间是一种一对多的主从关系。信息和数据被保存在服务器上，用户浏览和下载信息必须先访问服务器，客户端之间没有交互能力。P2P 模式，所有主机既是信息的发布者又是信息的索取者，对等点之间可以进行交互，无需使用服务器。

② C/S 模式中信息的存储和管理比较集中、稳定，服务器只公布用户想公开的信息，且会在服务器中稳定地保存一段时间。而 P2P 模式则缺乏安全机制，给用户带来方便的同时也会带来垃圾信息，且各个对等点可随便进入或退出网络，造成网络的不稳定。

③ 考虑到系统会出现漏洞，从安全的角度 C/S 模式因采用集中管理模式，客户端只能被动地从服务器获取信息，一旦客户端出现差错并不会影响整个系统，相对比较安全。

④ C/S 模式的管理软件更新较快，技术更新和管理维护上都要耗费大量资金。P2P 模式不用服务器而耗费较低，且每个对等点都可以在网络上发布共享信息，资源得以充分的利用。

6.2　域名系统

6.2.1　域名

为了方便使用，用户在访问因特网服务器时并不直接使用 IP 地址。因特网上的许多服务器有一个唯一的层次结构的名字，即域名（Domain Name）。例如："www.xzit.edu.cn"，其中"www"表示一个提供网页访问的服务器，"xzit"表示徐州工程学院，"edu"表示教育网，"cn"是中国。

"cn"是国家顶级域名。除了国家和地区外，顶级域名还包括 com（商业组织）、edu（教育机构）、gov（美国政府机构）、int（国际性组织）、mil（美国军事组织）、net（网络服务机构）、

corg(非营利性组织)等组织。在域名系统中,每个域分别由不同的组织进行管理。每个组织都可以将它的域再分成多个子域,"EDU"就是"CN"下设立的子域。域名服务器根据作用不同,可以分为根域名服务器、顶级域名服务器、权限域名服务器和本地域名服务器四类。

(1) 根域名服务器

根域名服务器(root name server)是互联网域名解析系统中级别最高的域名服务器,负责返回顶级域名的权威域名服务器的地址。因特网的全部根域名服务器被编号为 A～M 共 13 个标号,编号相同的根域名服务器使用同一个 IP,共使用 13 个 IP 地址。

(2) 顶级域名服务器

顶级域名服务器的主要任务是对顶级域名进行管理,在域名解析时顶级域名服务器在收到 DNS 查询请求时,根据映射表作出相应的回应。

(3) 权限域名服务器

该域名服务器的主要任务是完成一个区域的域名解析,当权限域名服务器不能给出最后的查询回答时,就会告诉发出查询请求的 DNS 客户,下一步应到哪一个服务器上查询。

(4) 本地域名服务器

本地域名服务器顾名思义主要是为本地网络服务的,一个组织(可以是一个因特网服务提供商或者一个大学,甚至是大学里的一个系)就可以拥有一个本地域名服务器。当主机 DNS 发出查询请求时,这个查询请求会首先被发送到本地域名服务器。

6.2.2　域名解析

计算机在通信过程中仍然使用 IP 地址,因此需要把域名映射成为 IP 地址,这个过程称为域名解析。域名解析工作由上述的域名服务器完成。域名解析工作根据流程不同可以分为迭代查询和递归查询。

迭代查询的基本过程是本地域名服务器收到主机发来的域名查询请求后,若不知道被查询域名的 IP 地址,则向根域名服务器继续发出查询请求报文,根域名服务器或者给出所要查询的 IP 地址,或者告诉本地域名服务器应到哪个顶级域名服务器进行查询。然后本地域名服务器向该顶级域名服务器发出查询请求,顶级域名服务器或者给出所要查询的 IP 地址,或者告诉本地域名服务器应到哪个权限域名服务器查询。在这种查询方式中,根域名服务器的负担较轻,本地域名服务器负担较重。

递归查询的基本过程是本地域名服务器在不知道被查询域名的 IP 地址的情况下,向根域名服务器发出查询请求报文。根域名服务器或者直接给出所要查询的 IP 地址,或者先向顶级域名服务器进行查询,然后再给出所要查询的 IP 地址。顶级域名服务器在收到来自根域名服务器的查询请求时也采用相同做法。这种情况下,本地域名服务器只需向根域名服务器查询一次,负担较轻,而根域名服务器负担较重。

6.2.3　DNS 的报文格式

DNS 的报文格式如图 6-2 所示。

DNS 报文包括 DNS 首部和正文部分两部分,其中 DNS 首部和正文部分的查询问题部分都会有,但回答、授权和附加区域部分只出现在 DNS 应答报文中。

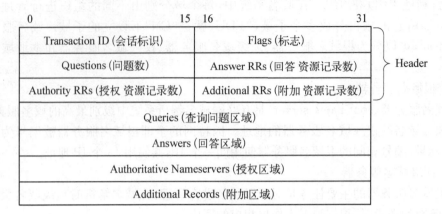

图 6-2　DNS 报文格式

1. DNS 报文首部

(1) Transaction ID 会话标识字段。长度为 2 字节,对于请求报文和其对应的应答报文,这个字段是相同的,用以区分 DNS 应答报文是哪个请求报文的响应。

(2) Flags 标志字段。长度为 2 字节,如图 6-3 所示是 DNS 报文标志字段格式。

图 6-3　DNS 报文标志字段格式

QR (1 bit):查询/响应标志,0—查询报文,1—响应报文。

opcode(4 bit):查询类型,0—标准查询,1—反向查询,2—服务器状态请求。

AA (1 bit):授权回答标志位。

TC (1 bit):截断标志位。

RD (1 bit):期望递归。

RA (1 bit):可用递归。

zero (3 bit):保留字段,都是 0。

rcode (4 bit):返回码,0—无差错,3—名字差错。2—服务器错误。

(3) 数量字段。长度总共为 8 字节,Questions、Answer RRs、Authority RRs、Additional RRs 分别对应下面查询问题、回答、授权、附加四个区域的数量。

2. 正文部分

(1) Queries 区域

查询问题字段格式如图 6-4 所示。

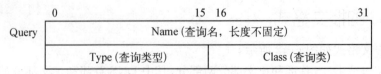

图 6-4　查询问题字段格式

① 查询名。查询名部分长度不固定,且不使用填充字节,该字段一般为要查询的域名(若是反向查询,则为 IP)。由一个或多个标识符序列组成,每个标识符以首字节数的计数值来说明随后该标识符的字节长度,以最后字节为 0 结束,计数字节数必须是 0—63 之间。

查询名为 www.xzit.edu.cn,则在 DNS 报文中查询字段为:

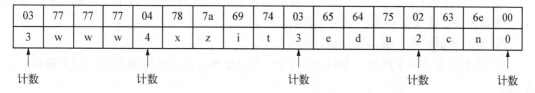

② 查询类型。每个问题都有一个查询类型,查询类型如表 6-1 所示。

表 6-1　DNS 报文查询类型

类型	助记符	说明
1	A	由域名获得 IPv4 地址
2	NS	查询域名服务器
5	CNAME	查询规范名称
6	SOA	开始授权
11	WKS	熟知服务
12	PTR	把 IP 地址转换成域名
13	HINFO	主机信息
15	MX	邮件交换
28	AAAA	由域名获得 IPv6 地址
252	AXFR	传送整个区的请求
255	ANY	对所有记录的请求

③ 查询类。通常为 1,表示 IN,表明是 Internet 数据。

(2)资源记录(RR)区域(包括回答区域,授权区域和附加区域)

图 6-5 是资源记录字段格式。

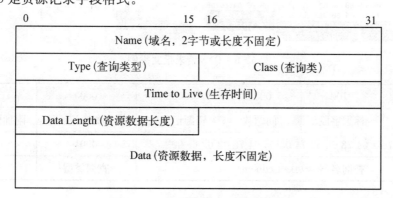

图 6-5　DNS 资源记录字段格式

该区域有三个,但格式都是一样的,分别是:回答区域,授权区域和附加区域。

① 域名(2 字节或不定长)。格式和 Queries 区域的查询名字段相同。但当报文中域名重复出现时,该字段使用 2 个字节的偏移指针来表示。

② 查询类型。表明资源记录的类型,与查询问题部分类型相同。

③ 查询类。对于 Internet 信息,总是 IN。

④ 生存时间(TTL)。单位为秒,表示资源记录的生命周期,一般用于当地址解析程序取出资源记录后决定保存及使用缓存数据的时间。

⑤ 资源数据长度。表示资源数据的长度,以字节为单位。

⑥ 资源数据。该字段是一个可变长字段,表示按照查询段的要求返回的相关资源记录的数据。

【例 6.1】 以 www.xzit.edu.cn 为例,用 Wireshark 抓包,对 DNS 报文格式进行分析。

请求报文如图 6－6 所示,分析如下。

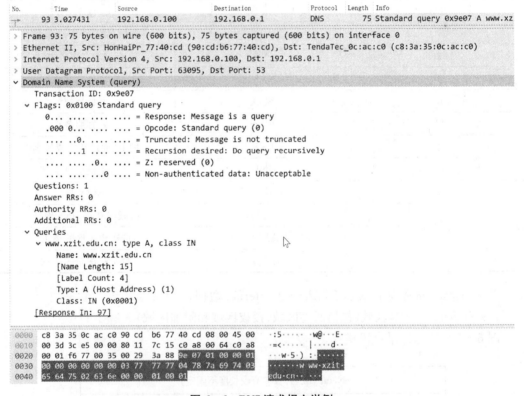

图 6－6　DNS 请求报文举例

9e07	0100	0001	0000	0000	0000
会话标识	标志字段	问题数	资源记录数	授权资源记录数	附加资源记录数
03 77 77 77 04 78 7a 69 74 03 65 64 75 02 63 6e 00				0001	0001
查询名(www.xzit.edu.cn)				查询类型	查询类

响应报文如图 6－7 所示,分析如下。

```
No.      Time            Source               Destination          Protocol  Length  Info
         97 3.030419     192.168.0.1          192.168.0.100        DNS           91  Standard query response
> Frame 97: 91 bytes on wire (728 bits), 91 bytes captured (728 bits) on interface 0
> Ethernet II, Src: TendaTec_0c:ac:c0 (c8:3a:35:0c:ac:c0), Dst: HonHaiPr_77:40:cd (90:cd:b6:77:40:cd)
> Internet Protocol Version 4, Src: 192.168.0.1, Dst: 192.168.0.100
> User Datagram Protocol, Src Port: 53, Dst Port: 63095
v Domain Name System (response)
     Transaction ID: 0x9e07
   v Flags: 0x8580 Standard query response, No error
       1... .... .... .... = Response: Message is a response
       .000 0... .... .... = Opcode: Standard query (0)
       .... .1.. .... .... = Authoritative: Server is an authority for domain
       .... ..0. .... .... = Truncated: Message is not truncated
       .... ...1 .... .... = Recursion desired: Do query recursively
       .... .... 1... .... = Recursion available: Server can do recursive queries
       .... .... .0.. .... = Z: reserved (0)
       .... .... ..0. .... = Answer authenticated: Answer/authority portion was not authenticated by the server
       .... .... ...0 .... = Non-authenticated data: Unacceptable
       .... .... .... 0000 = Reply code: No error (0)
     Questions: 1
     Answer RRs: 1
     Authority RRs: 0
     Additional RRs: 0
   v Queries
     v www.xzit.edu.cn: type A, class IN
         Name: www.xzit.edu.cn
         [Name Length: 15]
         [Label Count: 4]
         Type: A (Host Address) (1)
         Class: IN (0x0001)
   v Answers
     v www.xzit.edu.cn: type A, class IN, addr 211.87.126.137
         Name: www.xzit.edu.cn
         Type: A (Host Address) (1)
         Class: IN (0x0001)
         Time to live: 0
         Data length: 4
         Address: 211.87.126.137
     [Request In: 93]
     [Time: 0.002988000 seconds]

0000  90 cd b6 77 40 cd c8 3a  35 0c ac c0 08 00 45 00   ···w@··:  5·····E·
0010  00 4d 8f a8 00 00 40 11  69 42 c0 a8 00 01 c0 a8   ·M····@·  iB······
0020  00 64 00 35 f6 77 00 39  c1 d4 9e 07 85 80 00 01   ·d·5·w·9  ··········
0030  00 01 00 00 00 00 03 77  77 77 04 78 7a 69 74 03   ·······w  ww·xzit·
0040  65 64 75 02 63 6e 00 00  01 00 01 c0 0c 00 01 00   edu·cn··  ········
0050  01 00 00 00 00 00 04 d3  57 7e 89                  ········  W~·
```

图 6-7　DNS 响应报文举例

9e07	8580	0001	0001	0000	0000
会话标识	标志字段	问题数	资源记录数	授权资源记录数	附加资源记录数
03 77 77 77 04 78 7a 69 74 03 65 64 75 02 63 6e 00				0001	0001
查询名(www.xzit.edu.cn)				查询类型	查询类
c00c				0001	0001
指针,指向 DNS 头部开始偏移 12 位,即查询名开始位置				资源记录的响应类型	资源记录的响应类
0000 0000				0004	
资源记录的生存时间				资源记录的数据长度	
d3 57 7e 89					
资源记录的数据,即 IP:211.87.126.137					

6.3 文件传输协议

FTP 实现了异构系统之间的文件共享功能。FTP 的服务进程可同时为多个客户进程提供服务,FTP 的服务进程由两部分组成:1 个主进程和若干个从属进程。主进程负责接收文件处理的请求,从属进程负责完成各个文件处理请求,具体工作过程如下。

① 打开 FTP 端口 21 (控制端口),监听客户进程的连接请求。

② 主进程收到客户请求后,启动从属进程处理客户进程发来的请求。从属进程处理完客户请求后终止。

③ 主进程在启动从属进程后回到监听状态,等待接收其他客户进程发起的连接请求。

FTP 支持两种模式,一种方式称为主动模式(即 PORT 模式),另一种是被动模式(即 PASV 模式)。PORT 模式下,FTP 的客户端发送 PORT 命令到 FTP 服务器。PASV 模式下,FTP 的客户端发送 PASV 命令到 FTP 服务器。

(1) PORT 模式

FTP 客户端首先和 FTP 服务器的 21 端口建立连接,通过这个通道发送命令,客户端需要接收数据的时候在这个通道上发送 PORT 命令。PORT 命令包含了客户端用什么端口接收数据。在传送数据的时候,服务器端通过 20 端口连接至客户端的指定端口发送数据。FTP 服务器必须和客户端建立一个新的连接用来传送数据。

(2) PASV 模式

在建立控制通道后,客户端发送 PASV 命令。FTP 服务器收到 PASV 命令后,随机打开一个端口(端口号大于 1024)并且通知客户端在这个端口上发送数据请求,客户端连接 FTP 服务器的此端口,然后通过这个端口进行数据的传送,这个时候 FTP 服务器不再需要建立一个新的和客户端之间的连接。

在进行文件传输时,需要在 FTP 的客户和服务器之间建立两个并行的 TCP 连接:控制连接和数据连接。控制连接在整个会话过程中一直保持打开状态,但并不用于传送文件,客户端发出的传送请求通过控制连接发送给服务端的控制进程。数据连接,服务器端的控制进程在接收到客户端发来的文件传输请求后开始创建"数据传送进程"和"数据连接",用来连接客户端和服务端的数据传送进程。数据传送进程实际完成文件的传送,传送完毕关闭"数据连接"并结束运行。FTP 的工作原理如图 6 - 8 所示。

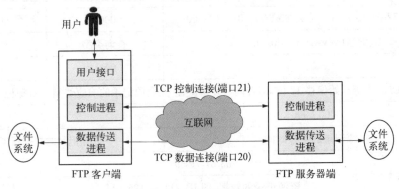

图 6 - 8　FTP 工作原理图

客户端进程向服务器进程的 21 端口发出建立连接请求,并告诉服务器进程用于建立数据传输连接的另一个端口号,服务器进程用自己传送数据的 20 端口与客户端进程提供的端口号进行数据传送。由于 FTP 使用了两个不同的端口号,因此数据连接与控制连接不会发生混乱。

6.4 超文本传输协议

HTTP 协议定义 Web 客户端如何从 Web 服务器请求 Web 页面,以及服务器如何把 Web 页面传送给客户端。HTTP 协议采用了请求/响应模型。客户端向服务器发送一个请求报文,请求报文包含请求的方法、URL、协议版本、请求头部和请求数据。服务器以一个状态行作为响应,响应的内容包括协议的版本、成功或者错误代码、服务器信息、响应头部和响应数据。图 6-9 表明了这种请求/响应模型。

图 6-9 Web 访问示意模式图

以下是 HTTP 请求/响应的步骤:

① 客户端连接到服务器。HTTP 客户端(通常是浏览器)进程与 Web 服务器进程建立连接。

② 发送 HTTP 请求。通过连接,客户端向 Web 服务器发送一个 HTTP 协议的请求报文,一个请求报文由请求行、请求首部和请求数据 3 部分组成。

③ 服务器接受请求并返回 HTTP 响应。Web 服务器解析请求,定位请求资源。服务器用 HTTP 协议封装资源发送给客户端。一个响应报文由状态行、响应首部和响应数据 3 部分组成。

④ 释放 TCP 连接。Web 服务器主动关闭连接,释放 TCP 连接;客户端被动关闭连接,释放 TCP 连接。

⑤ 客户端浏览器解析相应内容。客户端浏览器首先解析状态行,查看表明请求是否成功的状态代码。然后解析响应首部字段,响应首部字段告知后续文档的字符集等属性。客户端浏览器读取响应文档(例如 HTML 文档),根据相关的语法对其进行解析,并在浏览器窗口中显示。

图 6-10 是 HTTP 请求报文的格式,由请求行、首部字段部分和实体部分组成。

(1) 请求行

由请求方法字段、请求资源的 URL 字段和 HTTP 协议版本号组成,以回车换行结束。这三个字段分别用来标识客户端请求资源时使用的请求方法、请求的资源、请求的协议版本是什么,它们之间使用"空格"进行分隔。

HTTP1.0 定义了 3 种请求方法:GET、POST 和 HEAD 方法。

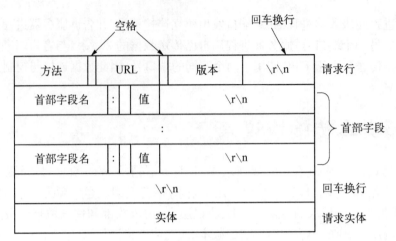

图 6-10　HTTP 请求报文格式

HTTP1.1 新增了 5 种请求方法：OPTIONS、PUT、DELETE、TRACE 和 CONNECT 方法。

表 6-2 给出了请求报文中常用的几种方法字段。

表 6-2　HTTP 方法字段

方　法	含　义
GET	请求指定的页面信息，并返回实体主体。
HEAD	类似于 GET 请求，只不过返回的响应中没有具体的内容，用于获取报头。
POST	向指定资源提交数据进行处理请求（例如提交表单或者上传文件）。数据被包含在请求体中。POST 请求可能会导致新的资源的建立或已有资源的修改。
PUT	从客户端向服务器传送的数据取代指定的文档的内容。
DELETE	请求服务器删除指定的页面。
CONNECT	HTTP/1.1 协议中预留给能够将连接改为管道方式的代理服务器。
OPTIONS	允许客户端查看服务器的性能。
TRACE	回显服务器收到的请求，主要用于测试或诊断。

（2）首部字段

由字段名和字段值组成，之间使用"："和空格进行分隔。首部字段的作用是将请求的相关内容和客户端的配置情况告知服务器端，首部字段一般包含多个。首部字段之间用回车换行分割，2 个回车换行表示全部首部字段的结束。

（3）请求实体。

剩下的部分为请求报文的实体。实体部分是客户端上传给服务器的信息，例如：用户名、密码等等。

HTTP 响应报文的格式如图 6-11 所示。HTTP 响应报文由状态行、首部字段部分和实体部分组成。

（1）状态行

用于服务器端响应客户端请求的状态信息，由版本号、状态码和原因短语组成，这三个字段分别表示 HTTP 协议的版本、针对请求响应的状态是什么，以及对状态的短语解释。表 6-3 给出了状态行中的状态码。

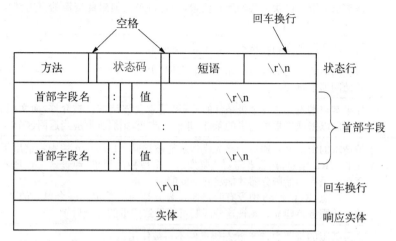

图 6-11　HTTP 响应报文格式

表 6-3　HTTP 状态码

状态码	含 义
100	客户端的部分请求已经被服务器接收，且未被拒绝。客户端应当继续发送请求的剩余部分。服务器必须在请求完成后向客户端发送一个最终响应。
101	服务器已经理解了客户端的请求，将通知客户端采用不同的协议来完成这个请求。之后，服务器将会切换到新的协议。
102	代表处理将被继续执行。
200	请求已成功，请求的数据将随此响应返回。
201	请求已经被实现，而且有一个新的资源已经依据请求的需要而建立，且其 URL 已经随 Location 头信息返回。
202	服务器已接受请求，但尚未处理。可能被拒绝或者稍后处理。
203	服务器已成功处理了请求，但返回的实体首部元信息不是在原始服务器上有效的确定集合，而是来自本地或者第三方的拷贝。
204	服务器成功处理了请求，但不需要返回任何实体内容，并且希望返回更新了的元信息。
205	服务器成功处理了请求，且没有返回任何内容。但是与 204 响应不同，返回此状态码的响应要求请求者重置文档视图。该响应主要是被用于接受用户输入后，立即重置表单，以便用户能够轻松地开始另一次输入。
206	服务器已经成功处理了部分 GET 请求。该请求必须包含 Range 头信息来指示客户端希望得到的内容范围，下载工具可以使用此类响应实现断点续传或者将一个大文档分解为多个下载段同时下载。
207	代表之后的消息体将是一个 XML 消息。
300	被请求的资源有一系列可供选择的回馈信息，每个都有自己特定的地址和浏览器驱动的商议信息。用户或浏览器能够自行选择一个首选的地址进行重定向。

状态码	含　义
301	被请求的资源已永久移动到新位置,并且将来任何对此资源的引用都应该使用本响应返回的若干个 URL 之一。
302	请求的资源现在临时从不同的 URL 响应请求。
303	对应当前请求的响应可以在另一个 URL 上被找到,而且客户端应当采用 GET 的方式访问那个资源。
304	如果客户端发送了一个带条件的 GET 请求且该请求已被允许,而文档的内容(自上次访问以来或者根据请求的条件)并没有改变,则服务器应当返回这个状态码。
305	被请求的资源必须通过指定的代理才能被访问。Location 域中将给出指定的代理所在的 URL 信息,接收者需要重复发送一个单独的请求,通过这个代理才能访问相应资源。只有原始服务器才能建立 305 响应。 　　注意:RFC 2068 中没有明确 305 响应是为了重定向一个单独的请求,而且只能被原始服务器建立。忽视这些限制可能导致严重的安全后果。
306	在最新版的规范中,306 状态码已经不再被使用。
307	请求的资源现在临时从不同的 URL 响应请求。由于这样的重定向是临时的,客户端应当继续向原有地址发送以后的请求。
400	语义或者请求参数有误。
401	当前请求需要用户验证。
402	该状态码是为了将来可能的需求而预留的。
403	服务器已经理解请求,但是拒绝执行它。
404	请求失败,请求所希望得到的资源未被在服务器上发现。
405	请求行中指定的请求方法不能被用于请求相应的资源。该响应必须返回一个 Allow 头信息用以表示出当前资源能够接受的请求方法的列表。
406	请求的资源的内容特性无法满足请求头中的条件,因而无法生成响应实体。
407	与 401 响应类似,只不过客户端必须在代理服务器上进行身份验证。代理服务器必须返回一个 Proxy-Authenticate 用以进行身份询问。客户端可以返回一个 Proxy-Authorization 信息头用以验证。
408	请求超时。客户端没有在服务器预备等待的时间内完成一个请求的发送。客户端可以随时再次提交这一请求而无需进行任何更改。
409	由于和被请求的资源的当前状态之间存在冲突,请求无法完成。
410	被请求的资源在服务器上已经不再可用,而且没有任何已知的转发地址。
411	服务器拒绝在没有定义 Content-Length 头的情况下接受请求。
412	服务器在验证请求的头字段中给出先决条件时,没能满足其中的一个或多个。
413	服务器拒绝处理当前请求,因为该请求提交的实体数据大小超过了服务器愿意或者能够处理的范围。
414	请求的 URL 长度超过了服务器能够解释的长度,因此服务器拒绝对该请求提供服务。
415	对于当前请求的方法和所请求的资源,请求中提交的实体并不是服务器中所支持的格式,因此请求被拒绝。

续　表

状态码	含　义
416	如果请求中包含了 Range 请求头,并且 Range 中指定的任何数据范围都与当前资源的可用范围不重合,同时请求中又没有定义 If-Range 请求头,那么服务器就应当返回 416 状态码。
417	在请求头 Expect 中指定的预期内容无法被服务器满足。
421	从当前客户端所在的 IP 地址到服务器的连接数超过了服务器许可的最大范围。
422	请求格式正确,但是由于含有语义错误,无法响应。
424	由于之前的某个请求发生的错误,导致当前请求失败。
425	在 WebDav Advanced Collections 草案中定义,但是未出现在 RFC 3658 中。
426	客户端应当切换到 TLS/1.0。
449	由微软扩展,代表请求应当在执行完适当的操作后进行重试。
500	服务器遇到了一个未曾预料的状况,导致了它无法完成对请求的处理。
501	服务器不支持当前请求所需要的某个功能。
502	作为网关或者代理工作的服务器尝试执行请求时,从上游服务器接收到无效的响应。
503	由于临时的服务器维护或者过载,服务器当前无法处理请求。
504	作为网关或者代理工作的服务器尝试执行请求时,未能及时从上游服务器(URL 标识出的服务器)或者辅助服务器收到响应。
505	服务器不支持,或者拒绝支持在请求中使用的 HTTP 版本。
506	由 RFC 2295 扩展,代表服务器存在内部配置错误。
507	服务器无法存储完成请求所必须的内容。
509	服务器达到带宽限制。这不是一个官方的状态码,但是仍被广泛使用。
510	获取资源所需要的策略并没有被满足。

(2) 首部字段

由字段名和字段值组成,之间使用":"和空格进行分隔。含义同请求报文中的首部字段。首部字段之间用回车换行分割,2 个回车换行表示全部首部字段的结束。

(3) 响应实体

响应实体中装载了要返回给客户端的数据。例如 HTML 文档、图片或视频等。

图 6-12 是一次典型的 HTTP 协议交互过程。

```
No.   Time        Source          Destination      Protocol  Length Info
   4 3.945724    172.20.10.3     211.87.126.137   HTTP      503 GET /42/00/c406a16896/page.htm HTTP/1.1
  33 4.418300    211.87.126.137  172.20.10.3      HTTP      383 HTTP/1.1 200 OK  (text/html)
```

图 6-12　HTTP 请求响应过程实例

图 6-13 是一个 HTTP 请求消息,消息的第一个字段是方法字段,该处为"GET",表示请求从服务器获取信息。

图 6-14 展示的是请求消息的资源标识符——"/42/00/c406a16896/page.htm"。该处请求的是徐州工程学院信电工程学院简介的页面,可以看出该字段包含了一个 HTML 文

档名和该文档所处的路径。请求指定的页面信息,并返回实体主体。

图 6-13　HTTP 请求方法字段

图 6-14　HTTP 请求资源 URL

图 6-15 展示的是请求消息的协议版本号,该处使用的 HTTP/1.1 版协议。

No.	Time	Source	Destination	Protocol	Length	Info
4	3.945724	172.20.10.3	211.87.126.137	HTTP	503	GET /42/00/c406a16896/page.h
33	4.418300	211.87.126.137	172.20.10.3	HTTP	383	HTTP/1.1 200 OK (text/html)

```
    Request Method: GET
    Request URI: /42/00/c406a16896/page.htm
    Request Version: HTTP/1.1
    Host: xdxy.xzit.edu.cn\r\n
0050  2e 68 74 6d 20 48 54 54  50 2f 31 2e 31 0d 0a 48    .htm HTT P/1.1··H
```

图 6-15 HTTP 请求协议版本号

在"\r\n"2 个字符之后是首部字段信息。每个首部字段都用"\r\n"分隔。图 6-16 展示的是被访问主机的域名:"Host:xdxy.xzit.edu.cn",以"\r\n"结尾。

No.	Time	Source	Destination	Protocol	Length	Info
4	3.945724	172.20.10.3	211.87.126.137	HTTP	503	GET /42/00/c406a16896/page.ht
33	4.418300	211.87.126.137	172.20.10.3	HTTP	383	HTTP/1.1 200 OK (text/html)

```
    Request URI: /42/00/c406a16896/page.htm
    Request Version: HTTP/1.1
    Host: xdxy.xzit.edu.cn\r\n
    User-Agent: Mozilla/5.0 (Windows NT 10.0; Win64; x64; rv:63.0) Gecko/20100101 Firefox/63.0\r\n
0050  2e 68 74 6d 20 48 54 54  50 2f 31 2e 31 0d 0a 48    .htm HTT P/1.1··H
0060  6f 73 74 3a 20 78 64 78  79 2e 78 7a 69 74 2e 65    ost: xdx y.xzit.e
0070  64 75 2e 63 6e 0d 0a 55  73 65 72 2d 41 67 65 6e    du.cn··U ser-Agen
```

图 6-16 HTTP 请求首部字段 1

图 6-17 展示的是用户代理首部字段。内容为:"User-Agent:Mozilla/5.0 (Windows NT 10.0;Win64;x64;rv:63.0) Gecko/20100101 Firefox/63.0",用来让网络协议的对端来识别发起请求的用户代理软件的应用类型、操作系统、软件开发商以及版本号,以"\r\n"结尾。

No.	Time	Source	Destination	Protocol	Length	Info
4	3.945724	172.20.10.3	211.87.126.137	HTTP	503	GET /42/00/c406a16896/page.h
33	4.418300	211.87.126.137	172.20.10.3	HTTP	383	HTTP/1.1 200 OK (text/html)

```
    Request Version: HTTP/1.1
    Host: xdxy.xzit.edu.cn\r\n
    User-Agent: Mozilla/5.0 (Windows NT 10.0; Win64; x64; rv:63.0) Gecko/20100101 Firefox/63.0\r\n
    Accept: text/html,application/xhtml+xml,application/xml;q=0.9,*/*;q=0.8\r\n
0070  64 75 2e 63 6e 0d 0a 55  73 65 72 2d 41 67 65 6e    du.cn··U ser-Agen
0080  74 3a 20 4d 6f 7a 69 6c  6c 61 2f 35 2e 30 20 28    t: Mozil la/5.0 (
0090  57 69 6e 64 6f 77 73 20  4e 54 20 31 30 2e 30 3b    Windows  NT 10.0;
00a0  20 57 69 6e 36 34 3b 20  78 36 34 3b 20 72 76 3a     Win64;  x64; rv:
00b0  36 33 2e 30 29 20 47 65  63 6b 6f 2f 32 30 31 30    63.0) Ge cko/2010
00c0  30 31 30 31 20 46 69 72  65 66 6f 78 2f 36 33 2e    0101 Fir efox/63.
00d0  30 0d 0a 41 63 63 65 70  74 3a 20 74 65 78 74 2f    0··Accep t: text/
```

图 6-17 HTTP 请求首部字段 2

图 6-18 展示的是接受内容首部字段。内容为:"Accept:text/html,application/xhtml+xml,application/xml;q=0.9,*/*;q=0.8",用来告知客户端,服务端能够处理的内容类型,以"\r\n"结尾。

图 6-19 展示的是接收语言编码字段。内容为"Accept-Language:zh-CN,zh;q=0.8,

zh-TW;q=0.7,zh-HK;q=0.5,en-US;q=0.3,en;q=0.2",用来表示所能接受的语言编码格式,以"\r\n"结尾。

No.	Time	Source	Destination	Protocol	Length	Info
4	3.945724	172.20.10.3	211.87.126.137	HTTP	503	GET /42/00/c406a16896/page.ht
33	4.418300	211.87.126.137	172.20.10.3	HTTP	383	HTTP/1.1 200 OK (text/html)

```
User-Agent: Mozilla/5.0 (Windows NT 10.0; Win64; x64; rv:63.0) Gecko/20100101 Firefox/63.0\r\n
Accept: text/html,application/xhtml+xml,application/xml;q=0.9,*/*;q=0.8\r\n
Accept-Language: zh-CN,zh;q=0.8,zh-TW;q=0.7,zh-HK;q=0.5,en-US;q=0.3,en;q=0.2\r\n
Accept-Encoding: gzip, deflate\r\n
```

```
00d0  30 0d 0a 41 63 63 65 70  74 65 78 74 2f          0··Accep t: text/
00e0  68 74 6d 6c 2c 61 70 70  6c 69 63 61 74 69 6f 6e  html,app lication
00f0  2f 78 68 74 6d 6c 2b 78  6d 6c 2c 61 70 70 6c 69  /xhtml+x ml,appli
0100  63 61 74 69 6f 6e 2f 78  6d 6c 3b 71 3d 30 2e 39  cation/x ml;q=0.9
0110  2c 2a 2f 2a 3b 71 3d 30  2e 38 0d 0a 41 63 63 65  ,*/*;q=0 .8··Acce
```

图 6 - 18　HTTP 请求首部字段 3

No.	Time	Source	Destination	Protocol	Length	Info
4	3.945724	172.20.10.3	211.87.126.137	HTTP	503	GET /42/00/c406a16896/page.ht
33	4.418300	211.87.126.137	172.20.10.3	HTTP	383	HTTP/1.1 200 OK (text/html)

```
User-Agent: Mozilla/5.0 (Windows NT 10.0; Win64; x64; rv:63.0) Gecko/20100101 Firefox/63.0\r\n
Accept: text/html,application/xhtml+xml,application/xml;q=0.9,*/*;q=0.8\r\n
Accept-Language: zh-CN,zh;q=0.8,zh-TW;q=0.7,zh-HK;q=0.5,en-US;q=0.3,en;q=0.2\r\n
Accept-Encoding: gzip, deflate\r\n
```

```
0110  2c 2a 2f 2a 3b 71 3d 30  2e 38 0d 0a 41 63 63 65  ,*/*;q=0 .8··Acce
0120  70 74 2d 4c 61 6e 67 75  61 67 65 3a 20 7a 68 2d  pt-Langu age: zh-
0130  43 4e 2c 7a 68 3b 71 3d  30 2e 38 2c 7a 68 2d 54  CN,zh;q= 0.8,zh-T
0140  57 3b 71 3d 30 2e 37 2c  7a 68 2d 48 4b 3b 71 3d  W;q=0.7, zh-HK;q=
0150  30 2e 35 2c 65 6e 2d 55  53 3b 71 3d 30 2e 33 2c  0.5,en-U S;q=0.3,
0160  65 6e 3b 71 3d 30 2e 32  0d 0a 41 63 63 65 70 74  en;q=0.2 ··Accept
```

图 6 - 19　HTTP 请求首部字段 4

图 6 - 20 展示的是接收内容编码字段。内容为"Accept-Encoding:gzip,deflate",用来表示所能接受的内容编码格式,以"\r\n"结尾。

```
User-Agent: Mozilla/5.0 (Windows NT 10.0; Win64; x64; rv:63.0) Gecko/20100101 Firefox/63.0\r\n
Accept: text/html,application/xhtml+xml,application/xml;q=0.9,*/*;q=0.8\r\n
Accept-Language: zh-CN,zh;q=0.8,zh-TW;q=0.7,zh-HK;q=0.5,en-US;q=0.3,en;q=0.2\r\n
Accept-Encoding: gzip, deflate\r\n
Connection: keep-alive\r\n
```

```
0160  65 6e 3b 71 3d 30 2e 32  0d 0a 41 63 63 65 70 74  en;q=0.2 ··Accept
0170  2d 45 6e 63 6f 64 69 6e  67 3a 20 67 7a 69 70 2c  -Encodin g: gzip,
0180  20 64 65 66 6c 61 74 65  0d 0a 43 6f 6e 6e 65 63   deflate ··Connec
```

图 6 - 20　HTTP 请求首部字段 5

图 6 - 21 展示的是连接选项字段。内容为"Connection:keep-alive",表示使用持久连接,以"\r\n"结尾。

```
Accept: text/html,application/xhtml+xml,application/xml;q=0.9,*/*;q=0.8\r\n
Accept-Language: zh-CN,zh;q=0.8,zh-TW;q=0.7,zh-HK;q=0.5,en-US;q=0.3,en;q=0.2\r\n
Accept-Encoding: gzip, deflate\r\n
Connection: keep-alive\r\n
> Cookie: JSESSIONID=2C4DB197B5E9C9026C479D9B8F9B3425\r\n
```

```
0180  20 64 65 66 6c 61 74 65  0d 0a 43 6f 6e 6e 65 63   deflate ··Connec
0190  74 69 6f 6e 3a 20 6b 65  65 70 2d 61 6c 69 76 65  tion: ke ep-alive
01a0  0d 0a 43 6f 6f 6b 69 65  3a 20 4a 53 45 53 53 49  ··Cookie : JSESSI
```

图 6 - 21　HTTP 请求首部字段 6

图 6-22 展示的是 Cookie 字段,用来表示一次会话过程。在该报文中此字段内容为"JSESSIONID=2C4DB197B5E9C9026C479D9B8F9B3425",以"\r\n"结尾。

```
Accept-Language: zh-CN,zh;q=0.8,zh-TW;q=0.7,zh-HK;q=0.5,en-US;q=0.3,en;q=0.2\r\n
Accept-Encoding: gzip, deflate\r\n
Connection: keep-alive\r\n
> Cookie: JSESSIONID=2C4DB197B5E9C9026C479D9B8F9B3425\r\n
Upgrade-Insecure-Requests: 1\r\n
```

```
0180   20 64 65 66 6c 61 74 65  0d 0a 43 6f 6e 6e 65 63    deflate ··Connec
0190   74 69 6f 6e 3a 20 6b 65  65 70 2d 61 6c 69 76 65    tion: ke ep-alive
01a0   0d 0a 43 6f 6f 6b 69 65  3a 20 4a 53 45 53 53 49    ··Cookie : JSESSI
01b0   4f 4e 49 44 3d 32 43 34  44 42 31 39 37 42 35 45    ONID=2C4 DB197B5E
01c0   39 43 39 30 32 36 43 34  37 39 44 39 42 38 46 39    9C9026C4 79D9B8F9
01d0   42 33 34 32 35 0d 0a 55  70 67 72 61 64 65 2d 49    B3425··U pgrade-I
```

图 6-22　HTTP 请求首部字段 7

图 6-23 展示的是该 HTTP 请求实例的最后一个首部字段,内容为"Upgrade-Insecure-Requests:1",以"\r\n"结尾。该字段由 Chrome 浏览器发出,起到 HTTPS 和 HTTP 之间的兼容作用。

```
Accept-Encoding: gzip, deflate\r\n
Connection: keep-alive\r\n
> Cookie: JSESSIONID=2C4DB197B5E9C9026C479D9B8F9B3425\r\n
Upgrade-Insecure-Requests: 1\r\n
\r\n
```

```
0180   20 64 65 66 6c 61 74 65  0d 0a 43 6f 6e 6e 65 63    deflate ··Connec
0190   74 69 6f 6e 3a 20 6b 65  65 70 2d 61 6c 69 76 65    tion: ke ep-alive
01a0   0d 0a 43 6f 6f 6b 69 65  3a 20 4a 53 45 53 53 49    ··Cookie : JSESSI
01b0   4f 4e 49 44 3d 32 43 34  44 42 31 39 37 42 35 45    ONID=2C4 DB197B5E
01c0   39 43 39 30 32 36 43 34  37 39 44 39 42 38 46 39    9C9026C4 79D9B8F9
01d0   42 33 34 32 35 0d 0a 55  70 67 72 61 64 65 2d 49    B3425··U pgrade-I
01e0   6e 73 65 63 75 72 65 2d  52 65 71 75 65 73 74 73    nsecure- Requests
01f0   3a 20 31 0d 0a 0d 0a                                : 1····
```

图 6-23　HTTP 请求首部字段 8

从图 6-24 可以看出,HTTP 请求首部字段的结束以一个单独的"\r\n"标识。

```
\r\n
[Full request URI: http://xdxy.xzit.edu.cn/42/00/c406a16896/page.htm]
[HTTP request 1/1]
[Response in frame: 33]
```

```
01e0   6e 73 65 63 75 72 65 2d  52 65 71 75 65 73 74 73    nsecure- Requests
01f0   3a 20 31 0d 0a 0d 0a                                : 1····
```

图 6-24　HTTP 请求首部字段结束

图 6-25 是用 Wireshark 抓取的 HTTP 响应报文。是徐州工程学院信电工程学院服务器向浏览器发回的响应报文,包含了网页信息。

图 6-26 是 HTTP 响应报文的状态行。第一个字段是协议版本号,内容为"HTTP/1.1",状态码为"200",短语是"OK"表示请求被成功处理。这些字段用空格分隔开。状态行以"\r\n"结束。

图 6-27 是 HTTP 响应报文的首部字段。第一行字段内容是日期,以"\r\n"结尾。后续首部字段和 HTTP 请求报文类似。

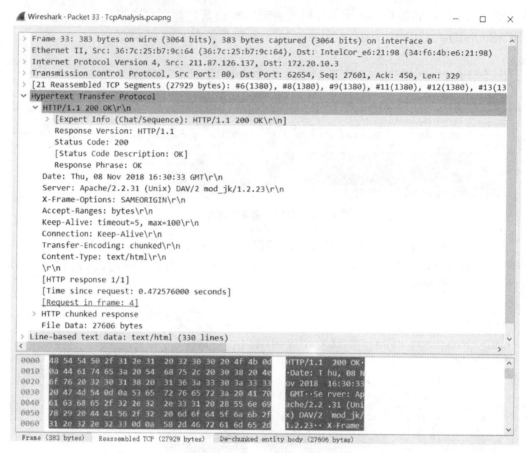

图 6 - 25　HTTP 响应报文

No.	Time	Source	Destination	Protocol	Length	Info
4	3.945724	172.20.10.3	211.87.126.137	HTTP	503	GET /42/00/c406a16896/page.ht
33	4.418300	211.87.126.137	172.20.10.3	HTTP	383	HTTP/1.1 200 OK (text/html)

> [Expert Info (Chat/Sequence): HTTP/1.1 200 OK\r\n]
　Response Version: HTTP/1.1
　Status Code: 200
　[Status Code Description: OK]

```
0000  48 54 54 50 2f 31 2e 31  20 32 30 30 20 4f 4b 0d   HTTP/1.1  200 OK·
0010  0a 44 61 74 65 3a 20 54  68 75 2c 20 30 38 20 4e   ·Date: T hu, 08 N
```

图 6 - 26　HTTP 响应报文状态行

No.	Time	Source	Destination	Protocol	Length	Info
4	3.945724	172.20.10.3	211.87.126.137	HTTP	503	GET /42/00/c406a16896/page.ht
33	4.418300	211.87.126.137	172.20.10.3	HTTP	383	HTTP/1.1 200 OK (text/html)

　[Status Code Description: OK]
　Response Phrase: OK
Date: Thu, 08 Nov 2018 16:30:33 GMT\r\n
Server: Apache/2.2.31 (Unix) DAV/2 mod_jk/1.2.23\r\n

```
0010  0a 44 61 74 65 3a 20 54  68 75 2c 20 30 38 20 4e   ·Date: T hu, 08 N
0020  6f 76 20 32 30 31 38 20  31 36 3a 33 30 3a 33 33   ov 2018  16:30:33
0030  20 47 4d 54 0d 0a 53 65  72 76 65 72 3a 20 41 70   GMT··Se rver: Ap
```

图 6 - 27　HTTP 响应报文首部字段行

图 6-28 是 HTTP 响应报文的响应实体部分。HTTP 响应报文首部字段以 2 个"\r\n"结尾。之后为响应的实体部分。实体部分包含了 HTTP 服务返回的 HTML 文档,即浏览器请求的"page.htm"。

```
Accept-Ranges: bytes\r\n
Keep-Alive: timeout=5, max=100\r\n
Connection: Keep-Alive\r\n
Transfer-Encoding: chunked\r\n
Content-Type: text/html\r\n
\r\n
[HTTP response 1/1]
[Time since request: 0.472576000 seconds]
[Request in frame: 4]
∨ HTTP chunked response
  ∨ Data chunk (4420 octets)
      Chunk size: 4420 octets
    > Data (4420 bytes)
```

```
0100  74 2f 68 74 6d 6c 0d 0a  0d 0a 31 31 34 34 0d 0a   t/html·· ··1144··
0110  3c 21 44 4f 43 54 59 50  45 20 68 74 6d 6c 20 50   <!DOCTYP E html P
0120  55 42 4c 49 43 20 22 2d  2f 2f 57 33 43 2f 2f 44   UBLIC "- //W3C//D
0130  54 44 20 58 48 54 4d 4c  20 31 2e 30 20 54 72 61   TD XHTML  1.0 Tra
0140  6e 73 69 74 69 6f 6e 61  6c 2f 2f 45 4e 22 20 22   nsitiona l//EN" "
0150  68 74 74 70 3a 2f 2f 77  77 77 2e 77 33 2e 6f 72   http://w ww.w3.or
0160  67 2f 54 52 2f 78 68 74  6d 6c 31 2f 44 54 44 2f   g/TR/xht ml1/DTD/
0170  78 68 74 6d 6c 31 2d 74  72 61 6e 73 69 74 69 6f   xhtml1-t ransitio
0180  6e 61 6c 2e 64 74 64 22  3e 0d 0a 3c 68 74 6d 6c   nal.dtd" >··<html
0190  20 78 6d 6c 6e 73 3d 22  68 74 74 3a 2f 2f 77      xmlns=" htt://w
01a0  77 77 2e 77 33 2e 6f 72  2f 2f 31 39 39 39 2f 78   ww.w3.or g/1999/x
01b0  68 74 6d 6c 22 3e 0d 0a  3c 68 65 61 64 3e 0d 0a   html">·· <head>··
01c0  3c 74 69 74 6c 65 3e e5  ad a6 e9 99 a2 e7 ae 80   <title>· ········
01d0  e4 bb 8b 3c 2f 74 69 74  6c 65 3e 0d 0a 3c 6d 65   ···</tit le>··<me
01e0  74 61 20 68 74 74 70 2d  65 71 75 69 76 3d 22 43   ta http- equiv="C
01f0  6f 6e 74 65 6e 74 2d 54  79 70 65 22 20 63 6f 6e   ontent-T ype" con
```

No.	Time	Source	Destination	Protocol	Length Info
4	3.945724	172.20.10.3	211.87.126.137	HTTP	503 GET /42/00/c406a16896/page.ht
33	4.418300	211.87.126.137	172.20.10.3	HTTP	383 HTTP/1.1 200 OK (text/html)

```
Transfer-Encoding: chunked\r\n
Content-Type: text/html\r\n
\r\n
[HTTP response 1/1]
```
```
0100  74 2f 68 74 6d 6c 0d 0a  0d 0a 31 31 34 34 0d 0a   t/html·· ··1144··
```

图 6-28 HTTP 响应报文实体部分

6.5 邮件传输协议

电子邮件是一种异步通信方式,不需要双方同时在线。电子邮件由发件人的邮件服务器发送到收件人的邮件服务器,收件人可以随时上网从自己的邮件服务器中调阅邮件。一封典型的电子邮件由发件人、收件人、标题和邮件内容组成。电子邮件发送流程如图 6-29所示。

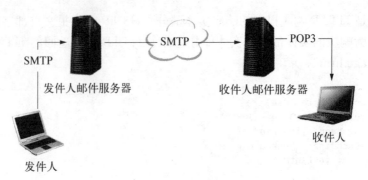

图 6‐29   电子邮件发送流程

发件人终端通过 SMTP 协议将电子邮件发送到自己注册的电子邮件服务器。随后,发件人的邮件服务器根据收件人地址,利用 SMTP 协议将邮件发送到收件人电子邮件服务器。邮件存放在收件人邮件服务器中,待收件人连接到收件人邮件服务器时,采用 POP3 协议将邮件接收到收件人终端。

6.5.1   SMTP 简单邮件传输协议

SMTP(Simple Mail Transfer Protocal,简单邮件传输协议)是向用户提供高效、可靠的电子邮件传输服务的协议,控制两个互相通信的 SMTP 实体进行交换信息。SMTP 采用客户/服务器模式,通信分为三个阶段。

① 连接建立。SMTP 客户机请求与服务器的 25 号端口建立一个 TCP 连接,连接建立后互相交换自己的域名。

② 邮件传递。利用 MAIL、RCPT 和 DATA 命令,SMTP 将邮件的源地址、目的地址和邮件具体内容传送给 SMTP 服务器。

③ 连接释放。SMTP 客户机发送 QUIT 命令,服务器在处理命令后进行响应,关闭 TCP 连接,邮件传输过程结束。

SMTP 工作流程如图 6‐30 所示。发件人根据服务器的反馈,依次向服务器发送登录请求、认证信息、发件人信息、收件人信息和信件正文。其中,状态码含义如表 6‐4 所示。

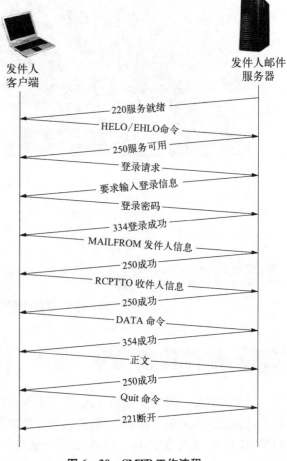

图 6‐30   SMTP 工作流程

表 6 - 4 SMTP 常用状态码

状态码	含 义
501	参数格式错误
502	命令不可实现
503	错误的命令序列
504	命令参数不可实现
211	系统状态或系统帮助响应
214	帮助信息
220	服务器就绪
221	服务关闭
421	服务器未就绪
250	要求的邮件操作完成
251	用户非本地,将转发向如下路径
450	要求的邮件操作未完成,邮箱不可用,可能会尝试重新投递
550	要求的邮件操作未完成,邮箱不可用,不再尝试投递
551	用户非本地,请尝试如下路径
452	系统存储不足,要求的操作未执行
552	存储分配过高,要求的操作未执行
553	邮箱名不可用,要求的操作未执行
354	开始邮件输入,以"."结束
554	操作失败
334	等待用户输入验证消息
235	用户验证成功

采用 Wireshark 抓取的 E-mail 具体数据报分析如下。图 6 - 31 是用 Wireshark 抓取的一次 SMTP 通信完整流程。

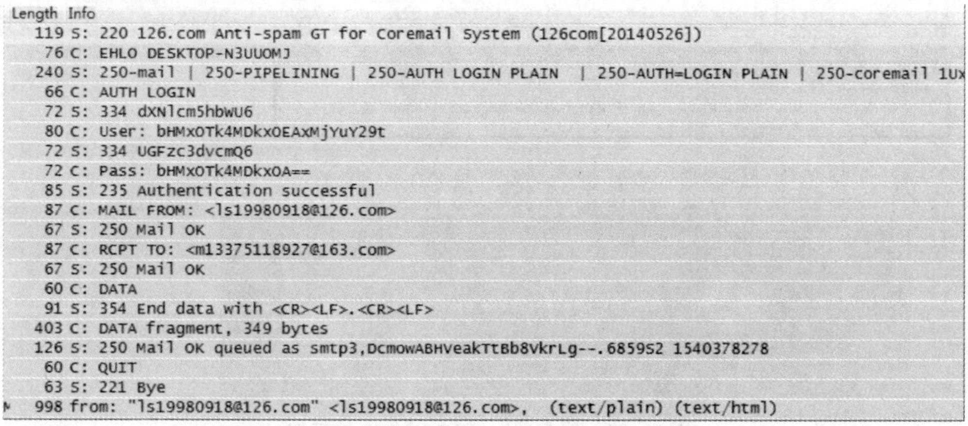

```
Length Info
   119 S: 220 126.com Anti-spam GT for Coremail System (126com[20140526])
    76 C: EHLO DESKTOP-N3UUOMJ
   240 S: 250-mail | 250-PIPELINING | 250-AUTH LOGIN PLAIN  | 250-AUTH=LOGIN PLAIN | 250-coremail 1Ux
    66 C: AUTH LOGIN
    72 S: 334 dxNlcm5hbwU6
    80 C: User: bHMxOTk4MDkxOEAxMjYuY29t
    72 S: 334 UGFzc3dvcmQ6
    72 C: Pass: bHMxOTk4MDkxOA==
    85 S: 235 Authentication successful
    87 C: MAIL FROM: <ls19980918@126.com>
    67 S: 250 Mail OK
    87 C: RCPT TO: <m13375118927@163.com>
    67 S: 250 Mail OK
    60 C: DATA
    91 S: 354 End data with <CR><LF>.<CR><LF>
   403 C: DATA fragment, 349 bytes
   126 S: 250 Mail OK queued as smtp3,DcmowABHveakTtBb8vkrLg--.6859S2 1540378278
    60 C: QUIT
    63 S: 221 Bye
   998 from: "ls19980918@126.com" <ls19980918@126.com>,  (text/plain) (text/html)
```

图 6 - 31 SMTP 通信流程实例

图 6 - 32 是第一条报文,报文的信源口是 25,目的端口是 49856,可以看出该报文是由邮件服务器发向客户端的。命令字为 220,表示服务器已经就绪。

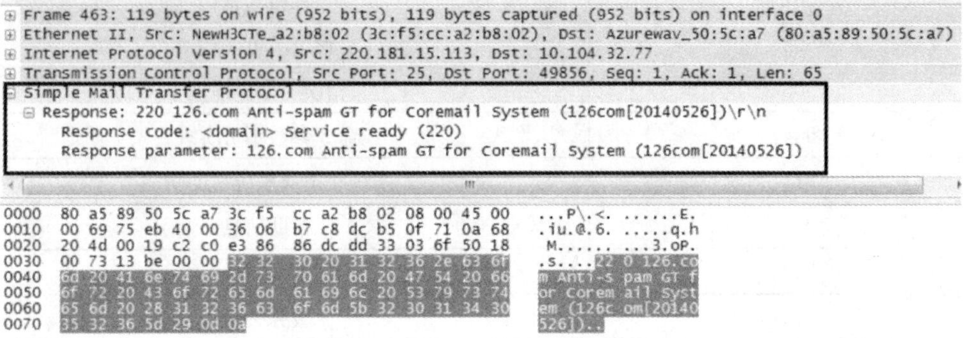

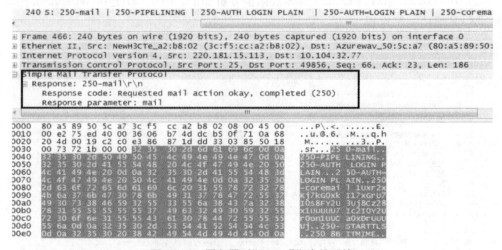

图 6 - 32   SMTP 服务器就绪

图 6 - 33 是客户端向服务器发出的第一条命令。由于需要进行身份验证,所以发出的不是"HELO",而是"EHLO"命令,询问 ESMTP 服务是否可用。"DESKTOP-N3UUOMJ"是主机名,该字段以回车换行"0x0d0a"(即为\r\n)结束。

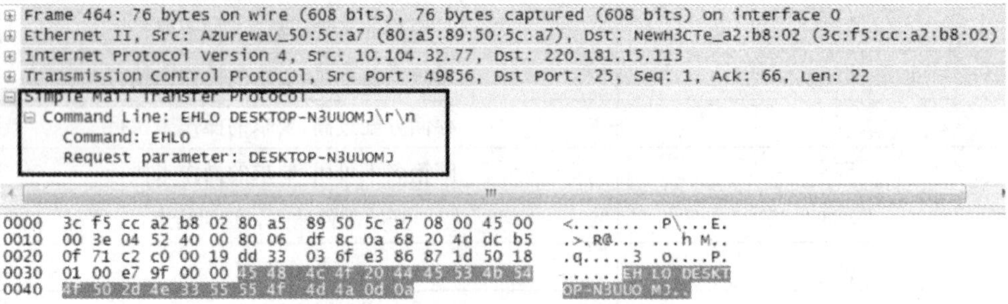

图 6 - 33   客户端发出"EHLO"指令

图 6 - 34 是服务器对"EHLO"指令的反馈,"250"表示服务可用。

图 6 - 34   服务器对"EHLO"指令的反馈

图 6 - 35 是客户端发出的"AUTH LOGIN\r\n",表示登录请求。

```
⊞ Frame 467: 66 bytes on wire (528 bits), 66 bytes captured (528 bits) on interface 0
⊞ Ethernet II, Src: Azurewav_50:5c:a7 (80:a5:89:50:5c:a7), Dst: NewH3CTe_a2:b8:02 (3c:f5:cc:a2:b8:02)
⊞ Internet Protocol Version 4, Src: 10.104.32.77, Dst: 220.181.15.113
⊞ Transmission Control Protocol, Src Port: 49856, Dst Port: 25, Seq: 23, Ack: 252, Len: 12
  Simple Mail Transfer Protocol
  ⊟ Command Line: AUTH LOGIN\r\n
      Command: AUTH
      Request parameter: LOGIN

0000  3c f5 cc a2 b8 02 80 a5  89 50 5c a7 08 00 45 00   <........ .P\...E.
0010  00 34 04 53 40 00 80 06  df 95 0a 68 20 4d dc b5   .4.S@... ...h M..
0020  0f 71 c2 c0 00 19 dd 33  03 85 e3 86 87 d7 50 18   .q.....3 ......P.
0030  00 ff 2d 6c 00 00 41 55  54 48 20 4c 4f 47 49 4e   ..-l..AU TH LOGIN
0040  0d 0a                                               ..
```

图 6 - 35 SMTP 登录命令

图 6 - 36 是服务器发出的"334 dXNlcm5hbWU6\r\n"命令,目的是要求客户端输入用户名。其中"dXNlcm5hbWU6"是 BASE64 编码数据,解码后数据为"username:"。

```
⊞ Frame 474: 72 bytes on wire (576 bits), 72 bytes captured (576 bits) on interface 0
⊞ Ethernet II, Src: NewH3CTe_a2:b8:02 (3c:f5:cc:a2:b8:02), Dst: Azurewav_50:5c:a7 (80:a5:89:50:5c:a7)
⊞ Internet Protocol Version 4, Src: 220.181.15.113, Dst: 10.104.32.77
⊞ Transmission Control Protocol, Src Port: 25, Dst Port: 49856, Seq: 252, Ack: 35, Len: 18
  Simple Mail Transfer Protocol
  ⊟ Response: 334 dXNlcm5hbWU6\r\n
      Response code: AUTH input (334)
      Response parameter: dXNlcm5hbWU6

0000  80 a5 89 50 5c a7 3c f5  cc a2 b8 02 08 00 45 00   ...P\.<. ......E.
0010  00 3a 75 ee 40 00 36 06  b7 f4 dc b5 0f 71 0a 68   .:u.@.6. .....q.h
0020  20 4d 00 19 c2 c0 e3 86  87 d7 dd 33 03 91 50 18    M.....3 ......P.
0030  00 73 11 ea 00 00 33 33  34 20 64 58 4e 6c 63 6d   .s....33 4 dXNlcm
0040  35 68 62 57 55 36 0d 0a                             5hbwU6..
```

图 6 - 36 要求输入用户名

图 6 - 37 是客户端向邮件服务器传输的用户名,报文内容是 "bHMxOTk4MDkxOEAxMjYuY29t",是 BASE64 编码,解码之后为"ls19980918@126.com"。

```
> Frame 475: 80 bytes on wire (640 bits), 80 bytes captured (640 bits) on interface 0
> Ethernet II, Src: Azurewav_50:5c:a7 (80:a5:89:50:5c:a7), Dst: NewH3CTe_a2:b8:02 (3c:f5:cc:a2:b8:02)
> Internet Protocol Version 4, Src: 10.104.32.77, Dst: 220.181.15.113
> Transmission Control Protocol, Src Port: 49856, Dst Port: 25, Seq: 35, Ack: 270, Len: 26
∨ Simple Mail Transfer Protocol
    Username: bHMxOTk4MDkxOEAxMjYuY29t

0000  3c f5 cc a2 b8 02 80 a5  89 50 5c a7 08 00 45 00   <....... .P\...E.
0010  00 42 04 54 40 00 80 06  df 86 0a 68 20 4d dc b5   .B.T@... ...h M..
0020  0f 71 c2 c0 00 19 dd 33  03 91 e3 86 87 e9 50 18   .q.....3 ......P.
0030  00 ff 8e 75 00 00 62 48  4d 78 4f 54 6b 34 4d 44   ...u..bH MxOTk4MD
0040  6b 78 4f 45 41 78 4d 6a  59 75 59 32 39 74 0d 0a   kxOEAxMj YuY29t..
```

图 6 - 37 客户端输入用户名

图 6 - 38 是服务端发出的"334 UGFzc3dvcmQ6\r\n",其中"334"是响应码,"UGFzc3dvcmQ6"是 BASE64 编码,解码后信息为"Password:",表示等待用户输入密码。

图 6 - 39 是客户端发出的登录密码"bHMxOTk4MDkxOA==\r\n",是 BASE64 编码,解码后信息为"ls19980918"。

图 6 - 40 为服务端发出的信息"235 Authentication successful\r\n",表示用户验证成功。

```
⊞ Frame 476: 72 bytes on wire (576 bits), 72 bytes captured (576 bits) on interface 0
⊞ Ethernet II, Src: NewH3CTe_a2:b8:02 (3c:f5:cc:a2:b8:02), Dst: Azurewav_50:5c:a7 (80:a5:89:50:5c:a7)
⊞ Internet Protocol Version 4, Src: 220.181.15.113, Dst: 10.104.32.77
⊞ Transmission Control Protocol, Src Port: 25, Dst Port: 49856, Seq: 270, Ack: 61, Len: 18
⊟ Simple Mail Transfer Protocol
  ⊟ Response: 334 UGFzc3dvcmQ6\r\n
     Response code: AUTH input (334)
     Response parameter: UGFzc3dvcmQ6
```

```
0000   80 a5 89 50 5c a7 3c f5  cc a2 b8 02 08 00 45 00    ...P\.<. ......E.
0010   00 3a 75 ef 40 00 36 06  b7 f3 dc b5 0f 71 0a 68    .:u.@.6. .....q.h
0020   20 4d 00 19 c2 c0 e3 86  87 e9 dd 33 03 ab 50 18     M.......  ...3..P.
0030   00 73 fc d6 00 00 33 33  34 20 55 47 46 7a 63 33    .s....33 4 UGFzc3
0040   64 76 63 6d 51 36 0d 0a                             dvcmQ6..
```

图 6-38　要求输入密码

```
⊞ Frame 477: 72 bytes on wire (576 bits), 72 bytes captured (576 bits) on interface 0
⊞ Ethernet II, Src: Azurewav_50:5c:a7 (80:a5:89:50:5c:a7), Dst: NewH3CTe_a2:b8:02 (3c:f5:cc:a2:b8:02)
⊞ Internet Protocol Version 4, Src: 10.104.32.77, Dst: 220.181.15.113
⊞ Transmission Control Protocol, Src Port: 49856, Dst Port: 25, Seq: 61, Ack: 288, Len: 18
⊟ Simple Mail Transfer Protocol
     Password: bHMxOTk4MDkxOA==
```

```
0000   3c f5 cc a2 b8 02 80 a5  89 50 5c a7 08 00 45 00    <....... .P\...E.
0010   00 3a 04 55 40 00 80 06  df 8d 0a 68 20 4d dc b5    .:.U@... ...h M..
0020   0f 71 c2 c0 00 19 dd 33  03 ab e3 86 87 fb 50 18    .q.....3 ......P.
0030   00 ff cc 16 00 00 62 48  4d 78 4f 54 6b 34 4d 44    ......bH MxOTk4MD
0040   6b 78 4f 41 3d 3d 0d 0a                             kxOA==..
```

图 6-39　用户输入密码

```
⊞ Frame 485: 85 bytes on wire (680 bits), 85 bytes captured (680 bits) on interface 0
⊞ Ethernet II, Src: NewH3CTe_a2:b8:02 (3c:f5:cc:a2:b8:02), Dst: Azurewav_50:5c:a7 (80:a5:89:50:5c:a7)
⊞ Internet Protocol Version 4, Src: 220.181.15.113, Dst: 10.104.32.77
⊞ Transmission Control Protocol, Src Port: 25, Dst Port: 49856, Seq: 288, Ack: 79, Len: 31
⊟ Simple Mail Transfer Protocol
  ⊟ Response: 235 Authentication successful\r\n
     Response code: Authentication successful (235)
     Response parameter: Authentication successful
```

```
0000   80 a5 89 50 5c a7 3c f5  cc a2 b8 02 08 00 45 00    ...P\.<. ......E.
0010   00 47 75 f1 40 00 36 06  b7 e4 dc b5 0f 71 0a 68    .Gu.@.6. .....q.h
0020   20 4d 00 19 c2 c0 e3 86  87 fb dd 33 03 bd 50 18     M.......  ...3..P.
0030   00 73 01 9e 00 00 32 33  35 20 41 75 74 68 65 6e    .s....23 5 Authen
0040   74 69 63 61 74 69 6f 6e  20 73 75 63 63 65 73 73    tication  success
0050   66 75 6c 0d 0a                                      ful..
```

图 6-40　验证成功

　　图 6-41 是客户端发出的"MAIL FROM"命令,用于指明发件人,这里发件人是"ls19980918@126.com"。

```
⊞ Frame 486: 87 bytes on wire (696 bits), 87 bytes captured (696 bits) on interface 0
⊞ Ethernet II, Src: Azurewav_50:5c:a7 (80:a5:89:50:5c:a7), Dst: NewH3CTe_a2:b8:02 (3c:f5:cc:a2:b8:02)
⊞ Internet Protocol Version 4, Src: 10.104.32.77, Dst: 220.181.15.113
⊞ Transmission Control Protocol, Src Port: 49856, Dst Port: 25, Seq: 79, Ack: 319, Len: 33
⊟ Simple Mail Transfer Protocol
  ⊟ Command Line: MAIL FROM: <ls19980918@126.com>\r\n
     Command: MAIL
     Request parameter: FROM: <ls19980918@126.com>
```

```
0000   3c f5 cc a2 b8 02 80 a5  89 50 5c a7 08 00 45 00    <....... .P\...E.
0010   00 49 04 56 40 00 80 06  df 7d 0a 68 20 4d dc b5    .I.V@... .}.h M..
0020   0f 71 c2 c0 00 19 dd 33  03 bd e3 86 88 1a 50 18    .q.....3 ......P.
0030   00 ff 81 30 00 00 4d 41  49 4c 20 46 52 4f 4d 3a    ...0..MA IL FROM:
0040   20 3c 6c 73 31 39 39 38  30 39 31 38 40 31 32 36     <ls1998 0918@126
0050   2e 63 6f 6d 3e 0d 0a                                .com>..
```

图 6-41　指明邮件的发件人

图 6-42 是服务端反馈给客户端的信息，"250 Mail OK\r\n"表示成功接收到客户端指令。

```
⊞ Frame 488: 67 bytes on wire (536 bits), 67 bytes captured (536 bits) on interface 0
⊞ Ethernet II, Src: NewH3CTe_a2:b8:02 (3c:f5:cc:a2:b8:02), Dst: Azurewav_50:5c:a7 (80:a5:89:50:5c:a7)
⊞ Internet Protocol Version 4, Src: 220.181.15.113, Dst: 10.104.32.77
⊞ Transmission Control Protocol, Src Port: 25, Dst Port: 49856, Seq: 319, Ack: 112, Len: 13
⊟ Simple Mail Transfer Protocol
  ⊟ Response: 250 Mail OK\r\n
      Response code: Requested mail action okay, completed (250)
      Response parameter: Mail OK
```

```
0000  80 a5 89 50 5c a7 3c f5  cc a2 b8 02 08 00 45 00   ...P\.<. ......E.
0010  00 35 75 f3 40 00 36 06  b7 f4 dc b5 0f 71 0a 68   .5u.@.6. .....q.h
0020  20 4d 00 19 c2 c0 e3 86  88 1a dd 33 03 de 50 18    M...... ...3..P.
0030  00 73 fa 64 00 00 32 35  30 20 4d 61 69 6c 20 4f   .s.d..25 0 Mail O
0040  4b 0d 0a                                           K..
```

图 6-42　指明邮件发件人成功

图 6-43 是客户端发出的"RCPT TO"命令，用于指明邮件的收件人。这里收件人是
"m13375118927@163.com"。

```
⊞ Frame 488: 67 bytes on wire (536 bits), 67 bytes captured (536 bits) on interface 0
⊞ Ethernet II, Src: NewH3CTe_a2:b8:02 (3c:f5:cc:a2:b8:02), Dst: Azurewav_50:5c:a7 (80:a5:89:50:5c:a7)
⊞ Internet Protocol Version 4, Src: 220.181.15.113, Dst: 10.104.32.77
⊞ Transmission Control Protocol, Src Port: 25, Dst Port: 49856, Seq: 319, Ack: 112, Len: 13
⊟ Simple Mail Transfer Protocol
  ⊟ Response: 250 Mail OK\r\n
      Response code: Requested mail action okay, completed (250)
      Response parameter: Mail OK
```

```
0000  80 a5 89 50 5c a7 3c f5  cc a2 b8 02 08 00 45 00   ...P\.<. ......E.
0010  00 35 75 f3 40 00 36 06  b7 f4 dc b5 0f 71 0a 68   .5u.@.6. .....q.h
0020  20 4d 00 19 c2 c0 e3 86  88 1a dd 33 03 de 50 18    M...... ...3..P.
0030  00 73 fa 64 00 00 32 35  30 20 4d 61 69 6c 20 4f   .s.d..25 0 Mail O
0040  4b 0d 0a                                           K..
```

图 6-43　指明收件人

图 6-44 是服务器发出的"250 Mail OK\r\n"，表示成功接收到指明的收件人信息。

```
⊞ Frame 490: 67 bytes on wire (536 bits), 67 bytes captured (536 bits) on interface 0
⊞ Ethernet II, Src: NewH3CTe_a2:b8:02 (3c:f5:cc:a2:b8:02), Dst: Azurewav_50:5c:a7 (80:a5:89:50:5c:a7)
⊞ Internet Protocol Version 4, Src: 220.181.15.113, Dst: 10.104.32.77
⊞ Transmission Control Protocol, Src Port: 25, Dst Port: 49856, Seq: 332, Ack: 145, Len: 13
⊟ Simple Mail Transfer Protocol
  ⊟ Response: 250 Mail OK\r\n
      Response code: Requested mail action okay, completed (250)
      Response parameter: Mail OK
```

```
0000  80 a5 89 50 5c a7 3c f5  cc a2 b8 02 08 00 45 00   ...P\.<. ......E.
0010  00 35 75 f4 40 00 36 06  b7 f3 dc b5 0f 71 0a 68   .5u.@.6. .....q.h
0020  20 4d 00 19 c2 c0 e3 86  88 27 dd 33 03 ff 50 18    M...... .'.3..P.
0030  00 73 fa 36 00 00 32 35  30 20 4d 61 69 6c 20 4f   .s.6..25 0 Mail O
0040  4b 0d 0a                                           K..
```

图 6-44　指明邮件发件人成功

图 6-45 是客户端发送的"DATA"命令，表示即将发送邮件正文。

```
⊞ Frame 491: 60 bytes on wire (480 bits), 60 bytes captured (480 bits) on interface 0
⊞ Ethernet II, Src: Azurewav_50:5c:a7 (80:a5:89:50:5c:a7), Dst: NewH3CTe_a2:b8:02 (3c:f5:cc:a2:b8:02)
⊞ Internet Protocol Version 4, Src: 10.104.32.77, Dst: 220.181.15.113
⊞ Transmission Control Protocol, Src Port: 49856, Dst Port: 25, Seq: 145, Ack: 345, Len: 6
⊟ Simple Mail Transfer Protocol
  ⊟ Command Line: DATA\r\n
      Command: DATA
```

```
0000  3c f5 cc a2 b8 02 80 a5  89 50 5c a7 08 00 45 00   <....... .P\...E.
0010  00 2e 04 58 40 00 80 06  df 96 0a 68 20 4d dc b5   ...X@... ...h M..
0020  0f 71 c2 c0 00 19 dd 33  03 ff e3 86 88 34 50 18   .q.....3 .....4P.
0030  00 ff e2 97 00 00 44 41  54 41 0d 0a               ......DA TA..
```

图 6 - 45   客户端要求发送正文

图 6 - 46 是服务器发出的"354 End data with \r\n . \r\n",表示可以发送正文,且正文应该以"\r\n . \r\n"结束。

```
⊞ Frame 498: 91 bytes on wire (728 bits), 91 bytes captured (728 bits) on interface 0
⊞ Ethernet II, Src: NewH3CTe_a2:b8:02 (3c:f5:cc:a2:b8:02), Dst: Azurewav_50:5c:a7 (80:a5:89:50:5c:a7)
⊞ Internet Protocol Version 4, Src: 220.181.15.113, Dst: 10.104.32.77
⊞ Transmission Control Protocol, Src Port: 25, Dst Port: 49856, Seq: 345, Ack: 151, Len: 37
⊟ Simple Mail Transfer Protocol
  ⊟ Response: 354 End data with <CR><LF>.<CR><LF>\r\n
      Response code: Start mail input; end with <CRLF>.<CRLF> (354)
      Response parameter: End data with <CR><LF>.<CR><LF>
```

```
0000  80 a5 89 50 5c a7 3c f5  cc a2 b8 02 08 00 45 00   ...P\.<. ......E.
0010  00 4d 75 f5 40 00 36 06  b7 4c dc b5 0f 71 0a 68   .Mu.@.6. .L...q.h
0020  20 4d 00 19 c2 c0 e3 86  88 34 dd 33 04 05 50 18    M.....  .4.3..P.
0030  00 73 57 ae 00 00 33 35  34 20 45 6e 64 20 64 61   .sW...35 4 End da
0040  74 61 20 77 69 74 68 20  3c 43 52 3e 3c 4c 46 3e   ta with  <CR><LF>
0050  2e 3c 43 52 3e 3c 4c 46  3e 0d 0a                  .<CR><LF >..
```

图 6 - 46   服务端同意发送正文

图 6 - 47 是客户端开始发送邮件正文,该例中共使用 2 个 TCP 数据报发送完成。

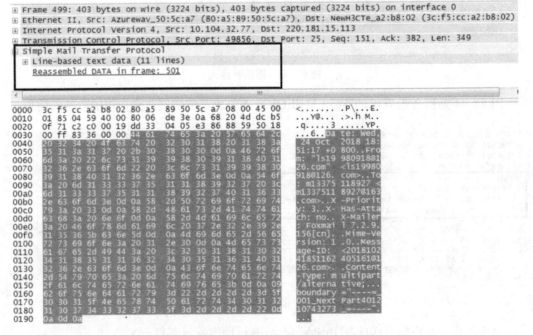

```
⊞ Frame 499: 403 bytes on wire (3224 bits), 403 bytes captured (3224 bits) on interface 0
⊞ Ethernet II, Src: Azurewav_50:5c:a7 (80:a5:89:50:5c:a7), Dst: NewH3CTe_a2:b8:02 (3c:f5:cc:a2:b8:02)
⊞ Internet Protocol Version 4, Src: 10.104.32.77, Dst: 220.181.15.113
⊞ Transmission Control Protocol, Src Port: 49856, Dst Port: 25, Seq: 151, Ack: 382, Len: 349
⊟ Simple Mail Transfer Protocol
  ⊞ Line-based text data (11 lines)
      Reassembled DATA in frame: 501
```

```
0000  3c f5 cc a2 b8 02 80 a5  89 50 5c a7 08 00 45 00   <....... .P\...E.
0010  01 85 04 59 40 00 80 06  de 3e 0a 68 20 4d dc b5   ...Y@... .>.h M..
0020  0f 71 c2 c0 00 19 dd 33  04 05 e3 86 88 59 50 18   .q.....3 .....YP.
0030  00 ff 83 36 00 00 44 61  74 65 3a 20 57 65 64 2c   ...6..Da te: Wed,
0040  20 32 34 20 4f 63 74 20  32 30 31 38 20 31 38 3a    24 Oct  2018 18:
0050  35 31 3a 20 2b 30 38 30  30 0d 0a 46 72 6f 6d 3a   51:17 +0 800..Fro
0060  6d 3a 20 22 6c 73 31 39  39 38 30 38 34 31 40 31   m: "ls19 980841@1
0070  32 36 2e 63 6f 6d 22 20  3c 6c 73 31 39 39 38 30   26.com"  <ls19980
0080  39 38 34 40 31 32 36 2e  63 6f 6d 3e 0d 0a 54 6f   984@126. com>..To
0090  3a 20 6d 31 33 33 37 35  31 31 38 39 32 37 20 3c   : m13375 118927 <
00a0  6d 31 33 37 35 31 31 38  39 32 37 40 31 36 33 0d   m1337511 8927@163.
00b0  2e 63 6f 6d 3e 0d 0a 58  2d 50 72 69 6f 72 69 74   .com>..X -Priorit
00c0  79 3a 20 33 0d 0a 58 2d  48 61 73 2d 41 74 74 61   y: 3..X- Has-Atta
00d0  63 68 3a 20 6e 6f 0d 0a  58 2d 4d 61 69 6c 65 72   ch: no.. X-Mailer
00e0  3a 20 46 6f 78 6d 61 69  6c 20 37 2e 32 2e 39 2e   : Foxmai l 7.2.9.
00f0  31 35 36 5b 63 6e 5d 0d  0a 4d 69 6d 65 2d 56 65   156[cn].. Mime-Ve
0100  72 73 69 6f 6e 3a 20 31  2e 30 0d 0a 4d 65 73 73   rsion: 1 .0..Mess
0110  61 67 65 2d 49 44 3a 20  3c 32 30 31 38 31 30 32   age-ID:  <2018102
0120  34 31 38 35 31 31 36 32  34 30 35 31 36 31 30 31   41851162 40516101
0130  32 36 2e 63 6f 6d 3e 0d  0a 43 6f 6e 74 65 6e 74   26.com>. .Content
0140  2d 54 79 70 65 3a 20 6d  75 6c 74 69 70 61 72 74   -Type: m ultipart
0150  2f 61 6c 74 65 72 6e 61  74 69 76 65 3b 0d 0a 09   /alterna tive;...
0160  62 6f 75 6e 64 61 72 79  3d 22 2d 2d 2d 2d 3d 5f   boundary ="----=_
0170  30 30 31 5f 4e 65 78 74  50 61 72 74 34 30 31 32   001_Next Part4012
0180  31 30 37 34 33 32 37 33  5f 3d 2d 2d 2d 22 0d 22   10743273 _=----"."
0190  0a 0d 0a                                            ...
```

图 6 - 47   客户端发送正文

图6-48是服务器反馈的"250 Mail OK",表示正文接收成功。

```
⊞ Frame 511: 126 bytes on wire (1008 bits), 126 bytes captured (1008 bits) on interface 0
⊞ Ethernet II, Src: NewH3CTe_a2:b8:02 (3c:f5:cc:a2:b8:02), Dst: Azurewav_50:5c:a7 (80:a5:89:50:5c:a7)
⊞ Internet Protocol Version 4, Src: 220.181.15.113, Dst: 10.104.32.77
⊞ Transmission Control Protocol, Src Port: 25, Dst Port: 49856, Seq: 382, Ack: 1444, Len: 72
⊟ Simple Mail Transfer Protocol
  ⊟ Response: 250 Mail OK queued as smtp3,DcmowABHVeakTtBb8vkrLg--.6859S2 1540378278\r\n
       Response code: Requested mail action okay, completed (250)
       Response parameter: Mail OK queued as smtp3,DcmowABHVeakTtBb8vkrLg--.6859S2 1540378278
```

```
0000  80 a5 89 50 5c a7 3c f5  cc a2 b8 02 08 00 45 00   ...P\.<. ......E.
0010  00 70 75 f8 40 00 36 06  b7 b4 dc b5 0f 71 0a 68   .pu.@.6. .....q.h
0020  20 4d 00 19 c2 c0 e3 86  88 59 dd 33 09 12 50 18    M.......Y.3..P.
0030  00 8a 55 61 00 00 32 35  30 20 4d 61 69 6c 20 4f   ..Ua..25 0 Mail O
0040  4b 20 71 75 65 75 65 64  20 61 73 20 73 6d 74 70   K queued  as smtp
0050  33 2c 44 63 6d 6f 77 41  42 48 56 65 61 6b 54 74   3,DcmowA BHVeakTt
0060  42 62 38 56 6b 72 4c 67  2d 2d 2e 36 38 35 39 53   Bb8vkrLg --.6859S
0070  32 20 31 35 34 30 33 37  38 32 37 38 0d 0a         2 154037 8278..
```

图6-48 服务端正文接收成功

图6-49是客户端发送的"QUIT"命令,表示退出。

```
⊞ Frame 512: 60 bytes on wire (480 bits), 60 bytes captured (480 bits) on interface 0
⊞ Ethernet II, Src: Azurewav_50:5c:a7 (80:a5:89:50:5c:a7), Dst: NewH3CTe_a2:b8:02 (3c:f5:cc:a2:b8:02)
⊞ Internet Protocol Version 4, Src: 10.104.32.77, Dst: 220.181.15.113
⊞ Transmission Control Protocol, Src Port: 49856, Dst Port: 25, Seq: 1444, Ack: 454, Len: 6
⊟ Simple Mail Transfer Protocol
  ⊟ Command Line: QUIT\r\n
       Command: QUIT
```

```
0000  3c f5 cc a2 b8 02 80 a5  89 50 5c a7 08 00 45 00   <....... .P\...E.
0010  00 2e 04 5b 40 00 80 06  df 93 0a 68 20 4d dc b5   ...[@... ...h M..
0020  0f 71 c2 c0 00 19 dd 33  09 12 e3 86 88 a1 50 18   .q.....3 ......P.
0030  00 fe da f1 00 00 51 55  49 54 0d 0a               ......QU IT..
```

图6-49 客户端退出

图6-50是服务端发出的"221 Bye",表示服务结束。

```
⊞ Frame 513: 63 bytes on wire (504 bits), 63 bytes captured (504 bits) on interface 0
⊞ Ethernet II, Src: NewH3CTe_a2:b8:02 (3c:f5:cc:a2:b8:02), Dst: Azurewav_50:5c:a7 (80:a5:89:50:5c:a7)
⊞ Internet Protocol Version 4, Src: 220.181.15.113, Dst: 10.104.32.77
⊞ Transmission Control Protocol, Src Port: 25, Dst Port: 49856, Seq: 454, Ack: 1450, Len: 9
⊟ Simple Mail Transfer Protocol
  ⊟ Response: 221 Bye\r\n
       Response code: <domain> Service closing transmission channel (221)
       Response parameter: Bye
```

```
0000  80 a5 89 50 5c a7 3c f5  cc a2 b8 02 08 00 45 00   ...P\.<. ......E.
0010  00 31 75 f9 40 00 36 06  b7 f2 dc b5 0f 71 0a 68   .1u.@.6. .....q.h
0020  20 4d 00 19 c2 c0 e3 86  88 a1 dd 33 09 18 50 18    M.......3..P.
0030  00 8a 6e 37 00 00 32 32  31 20 42 79 65 0d 0a      ..n7..22 1 Bye..
```

图6-50 服务结束

6.5.2 POP3邮件读取协议

POP3是当前常用的邮件读取协议,被用户代理软件用于从服务器上收取邮件。其工作流程如图6-51所示。

① 用户运行用户代理(如Foxmail, Outlook Express)。

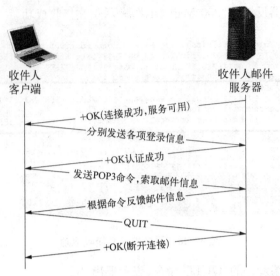

图 6‒51　POP3 协议时序图

② 用户代理(以下简称客户端)与邮件服务器(以下简称服务器端)的 110 端口建立 TCP 连接,当客户端发送连接请求后,服务器会反馈一个信息给客户端,"＋OK"表示连接成功且服务可用,"－ERR"表示连接失败。

③ 用户输入用户名和密码,客户端发送用户名和密码给服务器。

④ 若用户名密码(口令)正确,则认证成功,转入处理状态。

⑤ 客户端向服务器端发出各种命令,来请求各种服务(如查询邮箱信息,下载某封邮件等),服务端解析用户的命令,做出相应动作并返回给客户端一个响应。POP3 常用命令如表 6‒5 所示。

⑥ 用户代理操作完毕,退出连接。

表 6‒5　POP3 常用命令

命　令	含　义
user＜SP＞username＜CRLF＞	user 命令是 POP3 客户端程序与 POP3 邮件服务器建立连接后通常发送的第一条命令,参数 username 表示收件人的帐户名称。
pass＜SP＞password＜CRLF＞	pass 命令是在 user 命令成功通过后,POP3 客户端程序接着发送的命令,它用于传递帐户的密码,参数 password 表示帐户的密码。
stat＜CRLF＞	stat 命令用于查询邮箱中的统计信息,邮箱中的邮件数量和邮件占用的字节大小等。
uidl＜SP＞msg♯＜CRLF＞	uidl 命令用于查询某封邮件的唯一标志符,参数 msg♯ 表示邮件的序号,是一个从 1 开始编号的数字。
list＜SP＞[MSG♯]＜CRLF＞	list 命令用于列出邮箱中的邮件信息,参数 msg♯ 是一个可选参数,表示邮件的序号。当不指定参数时,POP3 服务器列出邮箱中所有的邮件信息;当指定参数 msg♯ 时,POP3 服务器只返回序号对应的邮件信息。
retr＜SP＞msg♯＜CRLF＞	retr 命令用于获取某封邮件的内容,参数 msg♯ 表示邮件的序号。

续　表

命　令	含　义
dele<SP>msg#<CRLF>	dele 命令用于在某封邮件上设置删除标记,参数 msg# 表示邮件的序号。POP3 服务器执行 dele 命令时,只是为邮件设置了删除标记,并没有真正把邮件删除掉,只有 POP3 客户端发出 quit 命令后,POP3 服务器才会真正删除所有设置了删除标记的邮件。
rest<CRLF>	rest 命令用于清除所有邮件的删除标记。
top<SP>msg#<SP>n<CRLF>	top 命令用于获取某封邮件的邮件头和邮件体中的前 n 行内容,参数 msg# 表示邮件的序号,参数 n 表示要返回邮件的前几行内容。使用这条命令以提高 Web Mail 系统(通过 Web 站点上收发邮件)中的邮件列表显示的处理效率,因为这种情况下不需要获取每封邮件的完整内容,而是仅仅需要获取每封邮件的邮件头信息。
noop<CRLF>	noop 命令用于检测 POP3 客户端与 POP3 服务器的连接情况。
quit<CRLF>	quit 命令表示要结束邮件接收过程,POP3 服务器接收到此命令后,将删除所有设置了删除标记的邮件,并关闭与 POP3 客户端程序的网络连接。
POP3 回复	+OK　　　正向符号"+"表示成功 —ERR　　负向符号"—"表示失败

图 6-52 是用 Wireshark 抓取的一次 POP3 协议通信过程。

```
Length Info
   141 S: +OK Welcome to coremail Mail Pop3 Server (126coms[753e2252bd59b8c4a1c2eb6d5fe57cb3s])
    79 C: USER ls19980918@126.com
    69 S: +OK core mail
    71 C: PASS ls19980918
    87 S: +OK 1 message(s) [1445 byte(s)]
    60 C: STAT
    66 S: +OK 1 1445
    60 C: LIST
    77 S: +OK 1 1445
    60 C: UIDL
    95 S: +OK 1 1445
    60 C: QUIT
    69 S: +OK core mail
```

图 6-52　Wireshark 抓取的 POP3 数据报

图 6-53 是客户端与服务器连接成功之后,服务器向客户端发出的响应信息。"+OK"代表命令成功,之后的信息则随服务器的不同而不同。

```
⊞ Frame 2285: 141 bytes on wire (1128 bits), 141 bytes captured (1128 bits) on interface 0
⊞ Ethernet II, Src: NewH3CTe_a2:b8:02 (3c:f5:cc:a2:b8:02), Dst: Azurewav_50:5c:a7 (80:a5:89:50:5c:a7)
⊞ Internet Protocol Version 4, Src: 123.125.50.23, Dst: 10.104.32.77
⊞ Transmission Control Protocol, Src Port: 110, Dst Port: 49842, Seq: 1, Ack: 1, Len: 87
⊟ Post Office Protocol
  ⊟ +OK Welcome to coremail Mail Pop3 Server (126coms[753e2252bd59b8c4a1c2eb6d5fe57cb3s])\r\n
       Response indicator: +OK
       Response description: Welcome to coremail Mail Pop3 Server (126coms[753e2252bd59b8c4a1c2eb6d5fe5
```

```
0000  80 a5 89 50 5c a7 3c f5  cc a2 b8 02 08 00 45 00   ...P\.<. ......E.
0010  00 7f 3f 19 40 00 33 06  30 17 7b 7d 32 17 0a 68   ..?.@.3. 0.{}2..h
0020  20 4d 00 6e c2 b2 15 37  87 39 00 ee 0b 3d 50 18    M.n...7 .9...=P.
0030  00 73 ab 31 00 00 2b 4f  4b 20 57 65 6c 63 6f 6d   .s.1..+O K Welcom
0040  65 20 74 6f 20 63 6f 72  65 6d 61 69 6c 20 4d 61   e to cor email Ma
0050  69 6c 20 50 6f 70 33 20  53 65 72 76 65 72 20 28   il Pop3  Server (
0060  31 32 36 63 6f 6d 73 5b  37 35 33 65 32 32 35 32   126coms[ 753e2252
0070  62 64 35 39 62 38 63 34  61 31 63 32 65 62 36 64   bd59b8c4 a1c2eb6d
0080  35 66 65 35 37 63 62 33  73 5d 29 0d 0a            5fe57cb3 s])..
```

图 6-53　POP3 服务器响应连接成功

图 6-54 是客户端发送给服务器的登录信息,包含命令字"USER",以及用户名"ls19980918@126.com"。

```
⊞ Frame 2286: 79 bytes on wire (632 bits), 79 bytes captured (632 bits) on interface 0
⊞ Ethernet II, Src: Azurewav_50:5c:a7 (80:a5:89:50:5c:a7), Dst: NewH3CTe_a2:b8:02 (3c:f5:cc:a2:b8:02)
⊞ Internet Protocol Version 4, Src: 10.104.32.77, Dst: 123.125.50.23
⊞ Transmission Control Protocol, Src Port: 49842, Dst Port: 110, Seq: 1, Ack: 88, Len: 25
⊟ Post Office Protocol
  ⊞ USER ls19980918@126.com\r\n

0000  3c f5 cc a2 b8 02 80 a5  89 50 5c a7 08 00 45 00   <.........P\...E.
0010  00 41 73 b9 40 00 80 06  ae b4 0a 68 20 4d 7b 7d   .As.@... ...h M{}
0020  32 17 c2 b2 00 6e 00 ee  0b cc 37 87 90 50 18      2....n.....7..P.
0030  01 00 16 e6 00 00 55 53  45 52 20 6c 73 31 39 39   ......US ER ls199
0040  38 30 39 31 38 40 31 32  36 2e 63 6f 6d 0d 0a      80918@12 6.com..
```

图 6-54   客户端发送登录用户名

图 6-55 是服务器发出的响应信息,"+OK"表示接收成功,是对客户端发送用户名的响应。

```
⊞ Frame 2299: 69 bytes on wire (552 bits), 69 bytes captured (552 bits) on interface 0
⊞ Ethernet II, Src: NewH3CTe_a2:b8:02 (3c:f5:cc:a2:b8:02), Dst: Azurewav_50:5c:a7 (80:a5:89:50:5c:a7)
⊞ Internet Protocol Version 4, Src: 123.125.50.23, Dst: 10.104.32.77
⊞ Transmission Control Protocol, Src Port: 110, Dst Port: 49842, Seq: 88, Ack: 26, Len: 15
⊟ Post Office Protocol
  ⊟ +OK core mail\r\n
     Response indicator: +OK
     Response description: core mail

0000  80 a5 89 50 5c a7 3c f5  cc a2 b8 02 08 00 45 00   ...P\.<. ......E.
0010  00 37 3f 1b 40 00 33 06  30 5d 7b 7d 32 17 0a 68   .7?.@.3. 0]{}2..h
0020  20 4d 00 6e c2 b2 15 37  87 90 00 ee 0b cc 50 18    M.n...7 ......P.
0030  00 73 26 37 00 00 2b 4f  4b 20 63 6f 72 65 20 6d   .s&7..+O K core m
0040  61 69 6c 0d 0a                                     ail..
```

图 6-55   服务器接收用户名成功

图 6-56 是客户端发送给服务器的登录密码,以命令字"PASS"开头,密码为"ls19980918",以"\r\n"结束。

```
⊞ Frame 2300: 71 bytes on wire (568 bits), 71 bytes captured (568 bits) on interface 0
⊞ Ethernet II, Src: Azurewav_50:5c:a7 (80:a5:89:50:5c:a7), Dst: NewH3CTe_a2:b8:02 (3c:f5:cc:a2:b8:02)
⊞ Internet Protocol Version 4, Src: 10.104.32.77, Dst: 123.125.50.23
⊞ Transmission Control Protocol, Src Port: 49842, Dst Port: 110, Seq: 26, Ack: 103, Len: 17
⊟ Post Office Protocol
  ⊟ PASS ls19980918\r\n
     Request command: PASS
     Request parameter: ls19980918

0000  3c f5 cc a2 b8 02 80 a5  89 50 5c a7 08 00 45 00   <.........P\...E.
0010  00 39 73 ba 40 00 80 06  ae bb 0a 68 20 4d 7b 7d   .9s.@... ...h M{}
0020  32 17 c2 b2 00 6e 00 ee  0b cc 15 37 87 9f 50 18   2....n.....7..P.
0030  01 00 45 e7 00 00 50 41  53 53 20 6c 73 31 39 39   ..E...PA SS ls199
0040  38 30 39 31 38 0d 0a                               80918..
```

图 6-56   客户端发送登录密码

图 6-57 是服务器发送给客户端的消息"+OK",表示认证成功,转入处理状态。

图 6-58 是客户端发送的命令"STAT",表示查询邮箱中的邮件数量和邮件占用的字节大小等统计信息。

图 6-59 是服务器反馈的邮箱状态信息,以"+OK"开头,表示对"STAT"命令接收成功。之后用空格符分割第 2 和第 3 个字段。这里第 2 字段为"1",表示有 1 封邮件。第 3 字段为"1445",表示邮件大小为 1445 字节。

```
⊞ Frame 2302: 87 bytes on wire (696 bits), 87 bytes captured (696 bits) on interface 0
⊞ Ethernet II, Src: NewH3CTe_a2:b8:02 (3c:f5:cc:a2:b8:02), Dst: Azurewav_50:5c:a7 (80:a5:89:50:5c:a7)
⊞ Internet Protocol Version 4, Src: 123.125.50.23, Dst: 10.104.32.77
⊞ Transmission Control Protocol, Src Port: 110, Dst Port: 49842, Seq: 103, Ack: 43, Len: 33
⊟ Post Office Protocol
  ⊟ +OK 1 message(s) [1445 byte(s)]\r\n
       Response indicator: +OK
       Response description: 1 message(s) [1445 byte(s)]
```

```
0000  80 a5 89 50 5c a7 3c f5  cc a2 b8 02 08 00 45 00   ...P\.<. ......E.
0010  00 49 3f 1d 40 00 33 06  30 49 7b 7d 32 17 0a 68   .I?.@.3. 0I{}2..h
0020  20 4d 00 6e c2 b2 15 37  87 9f 00 ee 0b dd 50 18    M.n...7 ......P.
0030  00 73 49 11 00 00 2b 4f  4b 20 31 20 6d 65 73 73   .SI...+O K 1 mess
0040  61 67 65 28 73 29 20 5b  31 34 34 35 20 62 79 74   age(s) [ 1445 byt
0050  65 28 73 29 5d 0d 0a                               e(s)]..
```

图 6-57 服务器接收密码成功

```
⊞ Frame 2303: 60 bytes on wire (480 bits), 60 bytes captured (480 bits) on interface 0
⊞ Ethernet II, Src: Azurewav_50:5c:a7 (80:a5:89:50:5c:a7), Dst: NewH3CTe_a2:b8:02 (3c:f5:cc:a2:b8:02)
⊞ Internet Protocol Version 4, Src: 10.104.32.77, Dst: 123.125.50.23
⊞ Transmission Control Protocol, Src Port: 49842, Dst Port: 110, Seq: 43, Ack: 136, Len: 6
⊟ Post Office Protocol
  ⊟ STAT\r\n
       Request command: STAT
```

```
0000  3c f5 cc a2 b8 02 80 a5  89 50 5c a7 08 00 45 00   <....... .P\...E.
0010  00 2e 73 bb 40 00 80 06  ae c5 0a 68 20 4d 7b 7d   ..s.@... ...h M{}
0020  32 17 c2 b2 00 6e 00 ee  0b dd 15 37 c0 50 18   2....n.. ...7..P.
0030  01 00 c7 e7 00 00 53 54  41 54 0d 0a              ......ST AT..
```

图 6-58 客户端请求邮箱状态信息

```
⊞ Frame 2306: 66 bytes on wire (528 bits), 66 bytes captured (528 bits) on interface 0
⊞ Ethernet II, Src: NewH3CTe_a2:b8:02 (3c:f5:cc:a2:b8:02), Dst: Azurewav_50:5c:a7 (80:a5:89:50:5c:a7)
⊞ Internet Protocol Version 4, Src: 123.125.50.23, Dst: 10.104.32.77
⊞ Transmission Control Protocol, Src Port: 110, Dst Port: 49842, Seq: 136, Ack: 49, Len: 12
⊟ Post Office Protocol
  ⊟ +OK 1 1445\r\n
       Response indicator: +OK
       Response description: 1 1445
```

```
0000  80 a5 89 50 5c a7 3c f5  cc a2 b8 02 08 00 45 00   ...P\.<. ......E.
0010  00 34 3f 1f 40 00 33 06  30 5c 7b 7d 32 17 0a 68   .4?.@.3. 0\{}2..h
0020  20 4d 00 6e c2 b2 15 37  87 c0 00 ee 0b e3 50 18    M.n...7 ......P.
0030  00 73 50 18 00 00 2b 4f  4b 20 31 20 31 34 34 35   .SP...+O K 1 1445
0040  0d 0a                                             ..
```

图 6-59 服务器反馈邮箱状态信息

图 6-60 是客户端发送的命令"LIST",要求服务器列出邮箱中的邮件信息。

```
⊞ Frame 2307: 60 bytes on wire (480 bits), 60 bytes captured (480 bits) on interface 0
⊞ Ethernet II, Src: Azurewav_50:5c:a7 (80:a5:89:50:5c:a7), Dst: NewH3CTe_a2:b8:02 (3c:f5:cc:a2:b8:02)
⊞ Internet Protocol Version 4, Src: 10.104.32.77, Dst: 123.125.50.23
⊞ Transmission Control Protocol, Src Port: 49842, Dst Port: 110, Seq: 49, Ack: 148, Len: 6
⊟ Post Office Protocol
  ⊟ LIST\r\n
       Request command: LIST
```

```
0000  3c f5 cc a2 b8 02 80 a5  89 50 5c a7 08 00 45 00   <....... .P\...E.
0010  00 2e 73 bc 40 00 80 06  ae c4 0a 68 20 4d 7b 7d   ..s.@... ...h M{}
0020  32 17 c2 b2 00 6e 00 ee  0b e3 15 37 87 cc 50 18   2....n.. ...7..P.
0030  01 00 bc e0 00 00 4c 49  53 54 0d 0a              ......LI ST..
```

图 6-60 客户端要求服务器列出全部邮件信息

图 6-61 是服务器的反馈,第 1 行以"+OK"开头,然后是邮件总量和邮件总大小,这些字段用空格分隔,从第 2 行开始是每封邮件序号和大小。最后以"\r\n. \r\n"结束。本例中只有一封邮件。

```
⊞ Frame 2308: 77 bytes on wire (616 bits), 77 bytes captured (616 bits) on interface 0
⊞ Ethernet II, Src: NewH3CTe_a2:b8:02 (3c:f5:cc:a2:b8:02), Dst: Azurewav_50:5c:a7 (80:a5:89:50:5c:a7)
⊞ Internet Protocol Version 4, Src: 123.125.50.23, Dst: 10.104.32.77
⊞ Transmission Control Protocol, Src Port: 110, Dst Port: 49842, Seq: 148, Ack: 55, Len: 23
⊟ Post Office Protocol
  ⊟ +OK 1 1445\r\n
      Response indicator: +OK
      Response description: 1 1445
  1 1445\r\n
  .\r\n

0000  80 a5 89 50 5c a7 3c f5  cc a2 b8 02 08 00 45 00   ...P\.<. ......E.
0010  00 3f 3f 20 40 00 33 06  30 50 7b 7d 32 17 0a 68   .?? @.3. 0P{}2..h
0020  20 4d 00 6e c2 b2 15 37  87 cc 00 ee 0b e9 50 18    M.n...7 ......P.
0030  00 73 74 5a 00 00 2b 4f  4b 20 31 20 31 34 34 35   .stZ..+O K 1 1445
0040  0d 0a 31 20 31 34 34 35  0d 0a 2e 0d 0a            ..1 1445 .....
```

图 6-61 服务器全部邮件信息

图 6-62 是客户端发送的命令"UIDL",标识索取第一封邮件的标识。

```
⊞ Frame 2309: 60 bytes on wire (480 bits), 60 bytes captured (480 bits) on interface 0
⊞ Ethernet II, Src: Azurewav_50:5c:a7 (80:a5:89:50:5c:a7), Dst: NewH3CTe_a2:b8:02 (3c:f5:cc:a2:b8:02)
⊞ Internet Protocol Version 4, Src: 10.104.32.77, Dst: 123.125.50.23
⊞ Transmission Control Protocol, Src Port: 49842, Dst Port: 110, Seq: 55, Ack: 171, Len: 6
⊟ Post Office Protocol
  ⊟ UIDL\r\n
      Request command: UIDL

0000  3c f5 cc a2 b8 02 80 a5  89 50 5c a7 08 00 45 00   <....... .P\...E.
0010  00 2e 73 bd 40 00 80 06  ae c3 0a 68 20 4d 7b 7d   ..s.@... ...h M{}
0020  32 17 c2 b2 00 6e 00 ee  0b e9 15 37 87 e3 50 18   2....n.. ...7..P.
0030  00 ff c2 cc 00 00 55 49  44 4c 0d 0a               ......UI DL..
```

图 6-62 客户端索取邮件标识

图 6-63 是服务器的反馈信息,以"+OK"开始,并携带第 1 封邮件的标识返回。

```
⊞ Frame 2310: 95 bytes on wire (760 bits), 95 bytes captured (760 bits) on interface 0
⊞ Ethernet II, Src: NewH3CTe_a2:b8:02 (3c:f5:cc:a2:b8:02), Dst: Azurewav_50:5c:a7 (80:a5:89:50:5c:a7)
⊞ Internet Protocol Version 4, Src: 123.125.50.23, Dst: 10.104.32.77
⊞ Transmission Control Protocol, Src Port: 110, Dst Port: 49842, Seq: 171, Ack: 61, Len: 41
⊟ Post Office Protocol
  ⊟ +OK 1 1445\r\n
      Response indicator: +OK
      Response description: 1 1445
  1 1tbiJg3n8lpD6REtwwAASx\r\n
  .\r\n

0000  80 a5 89 50 5c a7 3c f5  cc a2 b8 02 08 00 45 00   ...P\.<. ......E.
0010  00 51 3f 21 40 00 33 06  30 3d 7b 7d 32 17 0a 68   .Q?!@.3. 0={}2..h
0020  20 4d 00 6e c2 b2 15 37  87 e3 00 ee 0b ef 50 18    M.n...7 ......P.
0030  00 73 77 39 00 00 2b 4f  4b 20 31 20 31 34 34 35   .sw9..+O K 1 1445
0040  0d 0a 31 20 31 74 62 69  4a 67 33 6e 38 6c 70 44   ..1 1tbi Jg3n8lpD
0050  36 52 45 74 77 77 41 41  53 78 0d 0a 2e 0d 0a      6REtwwAA Sx.....
```

图 6-63 服务器返回邮件标识

客户端在获得全部邮件信息之后,发出"QUIT"命令,断开和服务器的连接,如图 6-64 所示。

```
⊞ Frame 2311: 60 bytes on wire (480 bits), 60 bytes captured (480 bits) on interface 0
⊞ Ethernet II, Src: Azurewav_50:5c:a7 (80:a5:89:50:5c:a7), Dst: NewH3CTe_a2:b8:02 (3c:f5:cc:a2:b8:02)
⊞ Internet Protocol Version 4, Src: 10.104.32.77, Dst: 123.125.50.23
⊞ Transmission Control Protocol, Src Port: 49842, Dst Port: 110, Seq: 61, Ack: 212, Len: 6
⊟ Post Office Protocol
  ⊟ QUIT\r\n
       Request command: QUIT

0000  3c f5 cc a2 b8 02 80 a5  89 50 5c a7 08 00 45 00   <........P\...E.
0010  00 2e 73 be 40 00 80 06  ae c2 0a 68 20 4d 7b 7d   ..s.@... ...h M{}
0020  32 17 c2 b2 00 6e 00 ee  0b ef 15 37 88 0c 50 18   2....n.....7..P.
0030  00 ff c1 89 00 00 51 55  49 54 0d 0a               ......QU IT..
```

图 6-64 客户端断开连接

如图 6-65 所示,服务器在收到"QUIT"命令之后,反馈"+OK"表示命令接收成功,并断开连接。

```
⊞ Frame 2322: 69 bytes on wire (552 bits), 69 bytes captured (552 bits) on interface 0
⊞ Ethernet II, Src: NewH3CTe_a2:b8:02 (3c:f5:cc:a2:b8:02), Dst: Azurewav_50:5c:a7 (80:a5:89:50:5c:a7)
⊞ Internet Protocol Version 4, Src: 123.125.50.23, Dst: 10.104.32.77
⊞ Transmission Control Protocol, Src Port: 110, Dst Port: 49842, Seq: 212, Ack: 67, Len: 15
⊟ Post Office Protocol
  ⊟ +OK core mail\r\n
       Response indicator: +OK
       Response description: core mail

0000  80 a5 89 50 5c a7 3c f5  cc a2 b8 02 08 00 45 00   ...P\.<. ......E.
0010  00 37 3f 22 40 00 33 06  30 56 7b 7d 32 17 0a 68   .7?"@.3. 0V{}2..h
0020  20 4d 00 6e c2 b2 15 37  88 0c 00 ee 0b f5 50 18    M.n...7 ......P.
0030  00 73 25 92 00 00 2b 4f  4b 20 63 6f 72 65 20 6d   .s%...+O K core m
0040  61 69 6c 0d 0a                                     ail..
```

图 6-65 服务器反馈并断开连接

6.5.3 MIME 通用互联网邮件扩充

1. MIME

多用途互联网邮件扩展(Multipurpose Internet Mail Extensions,MIME)是一种电子邮件技术规范。MIME 没有改动或取代 SMTP,在使用原来邮件格式的同时增加了邮件主体的结构,并定义了传送非 ASCII 码的编码规则。

2. MIME 编码方式

对邮件进行编码是因为 Internet 上的很多网关不能正确传输 8 bit 内码的字符。通过编码把 8 bit 的内容转换成 7 bit 的形式进行正确传输,接收方收到后再将其还原成 8 bit 的内容。

为了能够在邮件内容中包含中文、图像等非 ASCII 字符的数据,采用 MIME 编码方式将非 ASCII 字符的数据转换成可打印的 ASCII 字符后再发送,然后邮件阅读程序再按照相应的解码方式从邮件中还原出原始数据,比较常用的两种邮件编码方式为 BASE64 和 Quoted-printable。

(1) BASE64 编码

它是将一组连续的字节数据按 6 个 bit 进行分组,对每组数据用一个 ASCII 字符来表示。6 个 bit 位最多能表示 64 个数值,因此使用 64 个 ASCII 字符来表示,这 64 个 ASCII 字符为:{'A'—'Z', 'a'—'z', '0'—'9', '+', '/'}。其中每个字符表示的数值就是该字符在上面的排列中的索引号,索引号从 0 开始编号。

【例 6.2】 在内存中有三个连续的字节数据:[0100,0101] [0100,0110] [0100,0111],对其进行 BASE64 编码。

首先将它们按 6 个 bit 位进行分组,分组结果为:[0100,01] [01,0100,] [0110,01] [00,0111]。

分组后得到了四组数据,对应的十进制数值为 17、20、25、7,分别对应 R、U、Z、H 这四个字符,所以,对[0100,0101] [0100,0110] [0100,0111]这三个字节的数据进行 BASE64 编码后的结果是"RUZH"。

BASE64 编码原理是把 3 个 8 位字节的数据转化为 4 个 6 位字节的数据,如果原来的 8 位字节数据的字节个数不能被 3 整除,对余下的 1 个或 2 个 8 位字节数据,对其仍按 6 个 bit 位进行分组,后面不足 6 个 bit 位内容通过添加为 0 的 bit 位来凑足 6 个 bit 位。如果编码后的整个结果文本的字符个数不是 4 的整数倍,还需要在最后填充"="字符来凑成 4 的倍数。

【例 6.3】 最后剩下的一个 8 位字节数据内容为[0100,0101],对其进行 BASE64 编码。按 6 个 bit 位进行分组后的结果为:[0100,01] [01,0000]。

其中后 4 个 bit 位为填充的 bit 位,对应的十进制数值分别为 17、16,BASE64 编码结果为"RQ"。由于编码后的字符个数不是 4 的整数倍,在后面添加两个"="字符,最终 BASE64 编码结果为:"RQ=="。

(2) Quote-Printable 编码

它对 ASCII 字符不进行转换,只对非 ASCII 字符的数据进行编码转化。其原理是把一个 8 bit 的字符用两个 16 进制数值表示,然后在前面加"="。根据输入的字符串或字节范围进行编码,若是不需编码的字符,直接输出。若需编码,则先输出"=",后面跟着以 2 个字符表示的十六进制字节值。

6.6 动态主机配置协议

动态主机配置协议(Dynamic Host Configuration Protocol,DHCP)是 TCP/IP 网络上使客户机获得配置信息的协议。DHCP 服务器为主机分配 IP 地址和提供主机配置参数。

DHCP 有 3 种分配机制:

① 自动分配,DHCP 给客户机分配永久性的 IP 地址。

② 动态分配,DHCP 给客户机分配一段时间后会过期的 IP 地址。

③ 手工配置,管理员可以通过 DHCP 将指定的 IP 地址发给客户机。

DHCP 的工作过程如下:

① DHCP 客户机发送 DHCPDISCOVER 消息(IP 地址租用申请),这个消息是通过广播方式发送出去的,所有网络中的 DHCP 服务器都将接收到这个消息。

② 网络中的 DHCP 服务器会回应 DHCPOFFER 消息。由于这个时候客户机还没有网络地址,所以 DHCPOFFER 也是通过广播的方式发送出去的。由于网络中可能存在不

止一台 DHCP 服务器,客户端可能接收到不止一条 DHCPOFFER 消息,客户端会选择它接收到的第一条 DHCPOFFER 消息作为获取配置的服务器。

③ 向该服务器发送 DHCPREQUEST 消息。虽然这个时候客户机已经明确知道选择的 DHCP 服务器的地址所在,但仍采用广播的方式发送 DHCPREQUEST 消息,这样做不仅可以通知选中的服务器向客户机分配 IP 地址,同时也可以通知其他没有选中的 DHCP 服务器不需要再响应它的请求。在 DHCPREQUEST 消息中将包含客户机申请到的 IP 地址。

④ DHCP 服务器将回送 DHCPACK 的响应消息来通知客户机可以使用该 IP 地址,该确认里面包含了分配的 IP 地址和该地址的一个稳定期限的租约,并同时更新 DHCP 数据库。

6.7 远程登录协议

远程登录协议(Telnet)的基本功能是允许用户登录远程主机系统。Telnet 在运输层使用 TCP,默认端口为 23。Telnet 使用客户机/服务器工作方式。使用 Telnet 进行远程登录的过程如下:

① 本地主机与远程主机建立连接。Telnet 在运输层使用 TCP,用户必须在知道远程主机的 IP 或域名的前提下,与远程主机建立 TCP 连接。

② 本地终端输入的用户名密码及其他信息以 NVT(Network Virtual Terminal)格式传送到远程主机。

③ 把远程主机送回的 NVT 格式的数据转化为本地格式送回本地终端。

④ 撤销 TCP 连接。

为了适应计算机和操作系统的差异,Telnet 对网络中通过的数据和命令的格式进行了统一的定义,这些定义就是 NVT。这些定义包括:所有的通信都使用 8 位一个字节,其中最高位为标志位,该位为 0 时低 7 位用于数据传送,该位为 1 时低 7 位用于控制命令传送,所有信息都以 ASCII 码编码,ASCII 码共有 95 个可打印字符(如字母、数字、标点符号)和 33 个控制字符,并规定用"回车—换行"("\r\n")表示行结束。

6.8 简单网络管理协议

简单网络管理协议(Simple Network Management Protocol,SNMP)是专门用于管理网络结点的标准协议。其主要功能包括网络性能监视、网络差错检测和网络设备管理。

基于 TCP/IP 的网络管理包含两个部分:网络管理站和被管的网络设备。被管的设备种类繁多,例如:路由器、终端、服务器和打印机等。这些被管设备的共同点就是都运行 TCP/IP 协议。被管设备端运行代理进程,管理站和代理进程通信完成管理功能。

管理进程和代理进程之间的通信可以有两种方式。一种是管理进程向代理进程发出请求,询问一个具体的参数值或者修改参数值。另外一种方式是代理进程主动向管理进程报告有某些重要的事件发生。基于 TCP/IP 的网络管理包含 3 个组成部分。

① 一个管理信息库 MIB(Management Information Base)。管理信息库包含所有代理

进程的所有可被查询和修改的参数。

② 关于 MIB 的一套共用的结构和表示符号,叫作管理信息结构 SMI(Structure of Management Information)。

③ 管理进程和代理进程之间的通信协议,叫作简单网络管理协议 SNMP(Simple Network Management Protocol)。SNMP 包括数据报交换的格式等。尽管可以在运输层采用各种各样的协议,但是在 SNMP 中,用得最多的协议还是 UDP。SNMP 定义了 5 种报文:

① GET-REQUEST 操作,从代理进程处提取一个或多个参数值。

② GET-NEXT-REQUEST 操作,从代理进程处提取一个或多个参数的下一个参数值。

③ SET-REQUEST 操作,设置代理进程的一个或多个参数值。

④ GET-RESPONSE 操作,返回的一个或多个参数值。这个操作是由代理进程发出的。它是前面 3 种操作的响应操作。

⑤ TRAP 操作,代理进程主动发出的报文,通知管理进程有某些事情发生。SNMP 协议格式如图 6-66 所示。

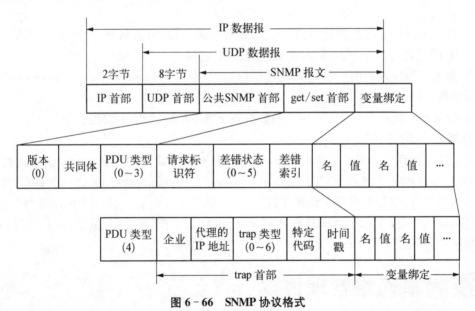

图 6-66　SNMP 协议格式

习　题

6-1　电子邮件发送与接收使用不同的协议,一般地,发送邮件使用_____协议,接收邮件使用_____协议。

6-2　在进行文件传输时,FTP 客户机和服务器之间建立两个并行的连接:_____和_____。

6-3　某人申请一个电子邮箱:Zxk@xzit.edu.cn,请问 xzit.edu.cn 是:(　　)。
　　A. 学校名　　　B. 用户名　　　C. 教师名　　　D. 邮件服务器名

6-4 每个网络协议都由( )三个要素构成。
    A. 语法、语义与体系结构　　　　　　　B. 语法、语义与时序
    C. 软件、硬件和数据　　　　　　　　　D. 协议、服务与服务访问点

6-5 实时聊天视频业务应该使用运输层协议( )。
    A. UDP　　　　B. TCP　　　　C. IP　　　　D. HTTP

6-6 关于TCP确保传输可靠性的手段,下列说法中不正确的是( )。
    A. 利用报文的序号和确认号可以明确发送信息和确认信息之间的对应关系
    B. 发送方如果长时间没有接收到接收方的确认则重传相关信息
    C. 发送方如果连续收到三次接收方的重复确认则重传相关信息
    D. 接收方如果未收到发送方发出的报文,则会发出消息要求发送方重新发送

6-7 DNS共有递归和迭代两种查询过程,下列叙述正确的是( )。
    A. 迭代查询产生的消息数量较少,因此比递归查询有优势
    B. 采用迭代查询时,本地域名服务器的负担较小
    C. 采用递归查询时,本地域名服务器的负担较小
    D. 采用递归查询时,根域名服务的负担相对较大

6-8 如图6-67左侧图所示是正常访问百度的页面。然而,某日有同学发现打开百度时浏览器显示的是图6-67的右侧图。在该局域网中,默认网关和本地DNS服务器都是192.168.1.3,该同学计算机网络配置完全正确,从该同学计算机上抓包分析,该计算机和192.168.1.3的通信正常。但是从192.168.1.3抓包,却几乎看不到网关和这台计算机之间的数据报。请问:

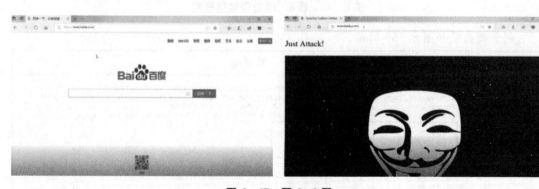

图6-67　题6-8图

    (1) 哪些协议的工作可能出了问题?
    (2) 攻击者如何实施了该次攻击,简述其流程。

6-9 某公司设计车载语音云测试系统。成员在研发过程中发现在不算拥挤的路况下服务响应时间就可达到1.2秒,影响了交互体验。美国思杰系统公司和蒙大拿州立大学联合研究发现TCP协议相对于UDP在处理语音识别业务时带来较大时延。团队成员调研后认为基于UDP协议也可以实现可靠传输。请同学们尝试设计基于UDP的车载语音云应用层协议,并考虑以下因素:
    (1) 协议负责把车载终端的一段语音数据传输到云端服务器,并把识别结果回传到车载终端。

(2) 语音数据较大，需要分包传输，接收端要考虑乱序达到问题。

(3) 考虑丢包重传，同时为了避免网络拥塞，不能无限次重传。

(4) 应该比 TCP 有更高的效率。

(5) 以及你认为需要考虑的因素。

请进行应用层协议设计，并回答以下问题：

(1) 你的总体设计思想是什么？

(2) 请给出协议的消息类型并描述完整传输过程。

(3) 尝试定义各个消息的语法语义。

(4) 粗略绘制车载终端和云服务器的程序流程图。

6-10　用 Wireshark 抓取的电子邮件某协议的首条报文如图 6-68 所示。

```
⊞ Frame 463: 119 bytes on wire (952 bits), 119 bytes captured (952 bits) on interface 0
⊞ Ethernet II, Src: NewH3CTe_a2:b8:02 (3c:f5:cc:a2:b8:02), Dst: Azurewav_50:5c:a7 (80:a5:89:50:5c:a7)
⊞ Internet Protocol Version 4, Src: 220.181.15.113, Dst: 10.104.32.77
⊞ Transmission Control Protocol, Src Port: 25, Dst Port: 49856, Seq: 1, Ack: 1, Len: 65
⊟ Simple Mail Transfer Protocol
  ⊟ Response: 220 126.com Anti-spam GT for Coremail System (126com[20140526])\r\n
      Response code: <domain> Service ready (220)
      Response parameter: 126.com Anti-spam GT for Coremail System (126com[20140526])

0000  80 a5 89 50 5c a7 3c f5  cc a2 b8 02 08 00 45 00   ...P\.<. ......E.
0010  00 69 75 eb 40 00 36 06  b7 c8 dc b5 0f 71 0a 68   .iu.@.6. .....q.h
0020  20 4d 00 19 c2 c0 e3 86  86 dc dd 03 6f 50 18        M...... ..3.oP.
0030  00 73 13 be 00 00 32 32  30 20 31 32 36 2e 63 6f   .s....22 0 126.co
0040  6d 20 41 6e 74 69 2d 73  70 61 6d 20 47 54 20 66   m Anti-s pam GT f
0050  6f 72 20 43 6f 72 65 6d  61 69 6c 20 53 79 73 74   or Corem ail Syst
0060  65 6d 20 28 31 32 36 63  6f 6d 5b 32 31 34 30      em (126c om[20140
0070  35 32 36 5d 29 0d 0a                                526]).
```

图 6-68　题 6-10 首条数据报图

剩余数据报如图 6-69 所示。

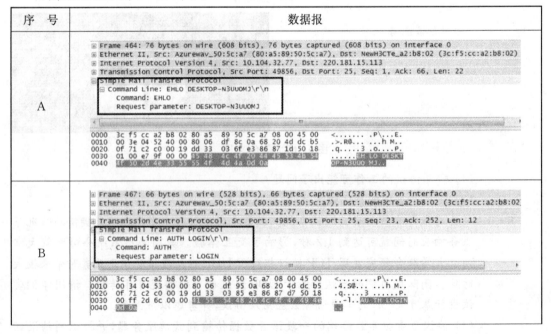

序　号	数据报
A	⊞ Frame 464: 76 bytes on wire (608 bits), 76 bytes captured (608 bits) on interface 0 ⊞ Ethernet II, Src: Azurewav_50:5c:a7 (80:a5:89:50:5c:a7), Dst: NewH3CTe_a2:b8:02 (3c:f5:cc:a2:b8:02) ⊞ Internet Protocol Version 4, Src: 10.104.32.77, Dst: 220.181.15.113 ⊞ Transmission Control Protocol, Src Port: 49856, Dst Port: 25, Seq: 1, Ack: 66, Len: 22 ⊟ Simple Mail Transfer Protocol 　⊟ Command Line: EHLO DESKTOP-N3UUOMJ\r\n 　　Command: EHLO 　　Request parameter: DESKTOP-N3UUOMJ 0000 3c f5 cc a2 b8 02 80 a5 89 50 5c a7 08 00 45 00 <....... .P\...E. 0010 00 3e 04 52 40 00 80 06 df 8c 0a 68 20 4d dc b5 .>.R@... ...h M.. 0020 0f 71 c2 c0 00 19 dd 33 03 6f e3 86 87 1d 50 18 .q.....3 .o....P. 0030 01 00 e7 9f 00 00 45 48 4c 4f 20 44 45 53 4b 54 ......EH LO DESKT 0040 4f 50 2d 4e 33 55 55 4f 4d 4a 0d 0a OP-N3UUO MJ..
B	⊞ Frame 467: 66 bytes on wire (528 bits), 66 bytes captured (528 bits) on interface 0 ⊞ Ethernet II, Src: Azurewav_50:5c:a7 (80:a5:89:50:5c:a7), Dst: NewH3CTe_a2:b8:02 (3c:f5:cc:a2:b8:02) ⊞ Internet Protocol Version 4, Src: 10.104.32.77, Dst: 220.181.15.113 ⊞ Transmission Control Protocol, Src Port: 49856, Dst Port: 25, Seq: 23, Ack: 252, Len: 12 ⊟ Simple Mail Transfer Protocol 　⊟ Command Line: AUTH LOGIN\r\n 　　Command: AUTH 　　Request parameter: LOGIN 0000 3c f5 cc a2 b8 02 80 a5 89 50 5c a7 08 00 45 00 <....... .P\...E. 0010 00 34 04 53 40 00 80 06 df 95 0a 68 20 4d dc b5 .4.S@... ...h M.. 0020 0f 71 c2 c0 00 19 dd 33 03 85 e3 86 87 d7 50 18 .q.....3 ......P. 0030 00 ff 2d 6c 00 00 41 55 54 48 20 4c 4f 49 47 ..-l..AU TH LOGIN 0040 0d 0a

续　表

序　号	数据报
C	⊞ Frame 512: 60 bytes on wire (480 bits), 60 bytes captured (480 bits) on interface 0 ⊞ Ethernet II, Src: Azurewav_50:5c:a7 (80:a5:89:50:5c:a7), Dst: NewH3CTe_a2:b8:02 (3c:f5:cc:a2:b8:02) ⊞ Internet Protocol Version 4, Src: 10.104.32.77, Dst: 220.181.15.113 ⊞ Transmission Control Protocol, Src Port: 49856, Dst Port: 25, Seq: 1444, Ack: 454, Len: 6 ⊟ Simple Mail Transfer Protocol 　⊟ Command Line: QUIT\r\n 　　Command: QUIT 0000 3c f5 cc a2 b8 02 80 a5 89 50 5c a7 08 00 45 00 <........ .P\...E. 0010 00 2e 04 5b 40 00 80 06 df 93 0a 68 20 4d dc b5 ...[@... ...h M. 0020 0f 71 c2 c0 00 19 dd 33 09 12 e3 86 88 a1 50 18 .q.....3 ......P. 0030 00 fe da f1 00 00 51 55 49 54 0d 0a ......QU IT..
D	⊞ Frame 474: 72 bytes on wire (576 bits), 72 bytes captured (576 bits) on interface 0 ⊞ Ethernet II, Src: NewH3CTe_a2:b8:02 (3c:f5:cc:a2:b8:02), Dst: Azurewav_50:5c:a7 (80:a5:89:50:5c:a7) ⊞ Internet Protocol Version 4, Src: 220.181.15.113, Dst: 10.104.32.77 ⊞ Transmission Control Protocol, Src Port: 25, Dst Port: 49856, Seq: 252, Ack: 35, Len: 18 ⊟ Simple Mail Transfer Protocol 　⊟ Response: 334 dxNlcm5hbwU6\r\n 　　Response code: AUTH input (334) 　　Response parameter: dxNlcm5hbwU6 0000 80 a5 89 50 5c a7 3c f5 cc a2 b8 02 08 00 45 00 ...P\.<. ......E. 0010 00 3a 75 ee 40 00 36 06 b7 f4 dc b5 0f 71 0a 68 .:u.@.6. ...q.h 0020 20 4d 00 19 c2 c0 e3 86 87 d7 dd 33 03 91 50 18 M.....3..P. 0030 00 73 11 ea 00 00 33 33 34 20 64 58 4e 6c 63 6d .s....33 4 dXNlcm 0040 35 68 62 57 55 36 0d 0a 5hbwU6..
E	› Frame 475: 80 bytes on wire (640 bits), 80 bytes captured (640 bits) on interface 0 › Ethernet II, Src: Azurewav_50:5c:a7 (80:a5:89:50:5c:a7), Dst: NewH3CTe_a2:b8:02 (3c:f5:cc:a2:b8:02) › Internet Protocol Version 4, Src: 10.104.32.77, Dst: 220.181.15.113 › Transmission Control Protocol, Src Port: 49856, Dst Port: 25, Seq: 35, Ack: 270, Len: 26 ⌄ Simple Mail Transfer Protocol 　Username: bHMxOTk4MDkxOEAxMjYuY29t 0000 3c f5 cc a2 b8 02 80 a5 89 50 5c a7 08 00 45 00 <........ .P\...E. 0010 00 42 04 54 40 00 80 06 df 86 0a 68 20 4d dc b5 .B.T@... ...h M. 0020 0f 71 c2 c0 00 19 dd 33 03 91 e3 86 87 e9 50 18 .q.....3 ......P. 0030 00 ff 8e 75 00 00 62 48 4d 78 4f 54 6b 34 4d 44 ...u..bH MxOTk4MD 0040 6b 78 4f 45 41 78 4d 6a 59 75 59 32 39 74 0d 0a kxOEAxMj YuY29t..
F	⊞ Frame 476: 72 bytes on wire (576 bits), 72 bytes captured (576 bits) on interface 0 ⊞ Ethernet II, Src: NewH3CTe_a2:b8:02 (3c:f5:cc:a2:b8:02), Dst: Azurewav_50:5c:a7 (80:a5:89:50:5c:a7) ⊞ Internet Protocol Version 4, Src: 220.181.15.113, Dst: 10.104.32.77 ⊞ Transmission Control Protocol, Src Port: 25, Dst Port: 49856, Seq: 270, Ack: 61, Len: 18 ⊟ Simple Mail Transfer Protocol 　⊟ Response: 334 UGFzc3dvcmQ6\r\n 　　Response code: AUTH input (334) 　　Response parameter: UGFzc3dvcmQ6 0000 80 a5 89 50 5c a7 3c f5 cc a2 b8 02 08 00 45 00 ...P\.<. ......E. 0010 00 3a 75 ef 40 00 36 06 b7 f3 dc b5 0f 71 0a 68 .:u.@.6. ...q.h 0020 20 4d 00 19 c2 c0 e3 86 87 e9 dd 33 03 ab 50 18 M.....3..P. 0030 00 73 fc d6 00 00 33 33 34 20 55 47 46 7a 63 33 .s....33 4 UGFzc3 0040 64 76 63 6d 51 36 0d 0a dvcmQ6..
G	⊞ Frame 489: 87 bytes on wire (696 bits), 87 bytes captured (696 bits) on interface 0 ⊞ Ethernet II, Src: Azurewav_50:5c:a7 (80:a5:89:50:5c:a7), Dst: NewH3CTe_a2:b8:02 (3c:f5:cc:a2:b8:02) ⊞ Internet Protocol Version 4, Src: 10.104.32.77, Dst: 220.181.15.113 ⊞ Transmission Control Protocol, Src Port: 49856, Dst Port: 25, Seq: 112, Ack: 332, Len: 33 ⊟ Simple Mail Transfer Protocol 　⊟ Command Line: RCPT TO: <m13375118927@163.com>\r\n 　　Command: RCPT 　　Request parameter: TO: <m13375118927@163.com> 0000 3c f5 cc a2 b8 02 80 a5 89 50 5c a7 08 00 45 00 <........ .P\...E. 0010 00 49 04 57 40 00 80 06 df 7c 0a 68 20 4d dc b5 .I.W@... .|.h M. 0020 0f 71 c2 c0 00 19 dd 33 03 de e3 86 88 27 50 18 .q.....3 .....'P. 0030 00 ff 86 57 00 00 52 43 50 54 20 54 4f 3a 20 3c ...W..RC PT TO: < 0040 6d 31 33 33 37 35 31 31 38 39 32 37 40 31 36 33 m1337511 8927@163 0050 2e 63 6f 6d 3e 0d 0a .com>..

序 号	数据报

H	⊞ Frame 488: 67 bytes on wire (536 bits), 67 bytes captured (536 bits) on interface 0
	⊞ Ethernet II, Src: NewH3CTe_a2:b8:02 (3c:f5:cc:a2:b8:02), Dst: Azurewav_50:5c:a7 (80:a5:89:50:5c:a7)
	⊞ Internet Protocol Version 4, Src: 220.181.15.113, Dst: 10.104.32.77
	⊞ Transmission Control Protocol, Src Port: 25, Dst Port: 49856, Seq: 319, Ack: 112, Len: 13
	⊟ Simple Mail Transfer Protocol
	  ⊟ Response: 250 Mail OK\r\n
	    Response code: Requested mail action okay, completed (250)
	    Response parameter: Mail OK
	
	0000 80 a5 89 50 5c a7 3c f5 cc a2 b8 02 08 00 45 00 ...P\.<. ......E.
	0010 00 35 75 f3 40 00 36 06 b7 f4 dc b5 0f 71 0a 68 .5u.@.6. .....q.h
	0020 20 4d 00 19 c2 c0 e3 86 88 1a dd 33 03 de 50 18 M...... ..3..P.
	0030 00 73 fa 64 00 00 32 35 30 20 4d 61 69 6c 20 4f .s.d..25 0 Mail O
	0040 4b 0d 0a K..

I	⊞ Frame 485: 85 bytes on wire (680 bits), 85 bytes captured (680 bits) on interface 0
	⊞ Ethernet II, Src: NewH3CTe_a2:b8:02 (3c:f5:cc:a2:b8:02), Dst: Azurewav_50:5c:a7 (80:a5:89:50:5c:a7)
	⊞ Internet Protocol Version 4, Src: 220.181.15.113, Dst: 10.104.32.77
	⊞ Transmission Control Protocol, Src Port: 25, Dst Port: 49856, Seq: 288, Ack: 79, Len: 31
	⊟ Simple Mail Transfer Protocol
	  ⊟ Response: 235 Authentication successful\r\n
	    Response code: Authentication successful (235)
	    Response parameter: Authentication successful
	
	0000 80 a5 89 50 5c a7 3c f5 cc a2 b8 02 08 00 45 00 ...P\.<. ......E.
	0010 00 47 75 f1 40 00 36 06 b7 e4 dc b5 0f 71 0a 68 .Gu.@.6. .....q.h
	0020 20 4d 00 19 c2 c0 e3 86 87 fb dd 33 03 bd 50 18 M...... ..3..P.
	0030 00 73 01 9e 00 00 32 33 35 20 41 75 74 68 65 6e .s....23 5 Authen
	0040 74 69 63 61 74 69 6f 6e 20 73 75 63 63 65 73 73 tication success
	0050 66 75 6c 0d 0a ful..

J	⊞ Frame 486: 87 bytes on wire (696 bits), 87 bytes captured (696 bits) on interface 0
	⊞ Ethernet II, Src: Azurewav_50:5c:a7 (80:a5:89:50:5c:a7), Dst: NewH3CTe_a2:b8:02 (3c:f5:cc:a2:b8:02)
	⊞ Internet Protocol Version 4, Src: 10.104.32.77, Dst: 220.181.15.113
	⊞ Transmission Control Protocol, Src Port: 49856, Dst Port: 25, Seq: 79, Ack: 319, Len: 33
	⊟ Simple Mail Transfer Protocol
	  ⊟ Command Line: MAIL FROM: <ls19980918@126.com>\r\n
	    Command: MAIL
	    Request parameter: FROM: <ls19980918@126.com>
	
	0000 3c f5 cc a2 b8 02 80 a5 89 50 5c a7 08 00 45 00 <....... .P\...E.
	0010 00 49 04 56 40 00 80 06 df 7d 0a 68 20 4d dc b5 .I.V@... .}.h M..
	0020 0f 71 c2 c0 00 19 dd 33 03 bd e3 86 88 1a 50 18 .q.....3 ......P.
	0030 00 ff 81 30 00 00 4d 41 49 4c 20 46 52 4f 4d 3a ...0..MA IL FROM:
	0040 20 3c 6c 73 31 39 39 38 30 39 31 38 40 31 32 36 <ls1998 0918@126
	0050 2e 63 6f 6d 3e 0d 0a .com..

K	⊞ Frame 477: 72 bytes on wire (576 bits), 72 bytes captured (576 bits) on interface 0 ⊞ Ethernet II, Src: Azurewav_50:5c:a7 (80:a5:89:50:5c:a7), Dst: NewH3CTe_a2:b8:02 (3c:f5:cc:a2:b8:02) ⊞ Internet Protocol Version 4, Src: 10.104.32.77, Dst: 220.181.15.113 ⊞ Transmission Control Protocol, Src Port: 49856, Dst Port: 25, Seq: 61, Ack: 288, Len: 18 ⊟ Simple Mail Transfer Protocol Password: bHMxOTk4MDkxOA== 0000 3c f5 cc a2 b8 02 80 a5 89 50 5c a7 08 00 45 00 <....... .P\...E. 0010 00 3a 04 55 40 00 80 06 df 8d 0a 68 20 4d dc b5 .:.U@... .h M.. 0020 0f 71 c2 c0 00 19 dd 33 03 ab e3 86 87 fb 50 18 .q.....3 ......P. 0030 00 ff cc 16 00 00 62 48 4d 78 4f 54 6b 34 4d 44 ......bH MxOTk4MD 0040 6b 78 4f 41 3d 3d 0d 0a kxOA==..

L	⊞ Frame 490: 67 bytes on wire (536 bits), 67 bytes captured (536 bits) on interface 0
	⊞ Ethernet II, Src: NewH3CTe_a2:b8:02 (3c:f5:cc:a2:b8:02), Dst: Azurewav_50:5c:a7 (80:a5:89:50:5c:a7)
	⊞ Internet Protocol Version 4, Src: 220.181.15.113, Dst: 10.104.32.77
	⊞ Transmission Control Protocol, Src Port: 25, Dst Port: 49856, Seq: 332, Ack: 145, Len: 13
	⊟ Simple Mail Transfer Protocol
	  ⊟ Response: 250 Mail OK\r\n
	    Response code: Requested mail action okay, completed (250)
	    Response parameter: Mail OK
	
	0000 80 a5 89 50 5c a7 3c f5 cc a2 b8 02 08 00 45 00 ...P\.<. ......E.
	0010 00 35 75 f4 40 00 36 06 b7 f3 dc b5 0f 71 0a 68 .5u.@.6. .....q.h
	0020 20 4d 00 19 c2 c0 e3 86 88 27 dd 33 03 ff 50 18 M...... .'.3..P.
	0030 00 73 fa 36 00 00 32 35 30 20 4d 61 69 6c 20 4f .s.6..25 0 Mail O
	0040 4b 0d 0a K..

续 表

序 号	数据报

M	⊞ Frame 513: 63 bytes on wire (504 bits), 63 bytes captured (504 bits) on interface 0
	⊞ Ethernet II, Src: NewH3CTe_a2:b8:02 (3c:f5:cc:a2:b8:02), Dst: Azurewav_50:5c:a7 (80:a5:89:50:5c:a7)
	⊞ Internet Protocol Version 4, Src: 220.181.15.113, Dst: 10.104.32.77
	⊞ Transmission Control Protocol, Src Port: 25, Dst Port: 49856, Seq: 454, Ack: 1450, Len: 9
	⊟ Simple Mail Transfer Protocol
	  ⊟ Response: 221 Bye\r\n
	    Response code: \<domain\> Service closing transmission channel (221)
	    Response parameter: Bye
	
	0000 80 a5 89 50 5c a7 3c f5 cc a2 b8 02 08 00 45 00 ...P\.<. ......E.
	0010 00 31 75 f9 40 00 36 06 b7 f2 dc b5 0f 71 0a 68 .1u.@.6. .....q.h
	0020 20 4d 00 19 c2 c0 e3 86 88 a1 dd 33 09 18 50 18 M.......3..P.
	0030 00 8a 6e 37 00 00 32 32 31 20 42 79 65 0d 0a ..n7..221 Bye..

N	⊞ Frame 491: 60 bytes on wire (480 bits), 60 bytes captured (480 bits) on interface 0
	⊞ Ethernet II, Src: Azurewav_50:5c:a7 (80:a5:89:50:5c:a7), Dst: NewH3CTe_a2:b8:02 (3c:f5:cc:a2:b8:02)
	⊞ Internet Protocol Version 4, Src: 10.104.32.77, Dst: 220.181.15.113
	⊞ Transmission Control Protocol, Src Port: 49856, Dst Port: 25, Seq: 145, Ack: 345, Len: 6
	⊟ Simple Mail Transfer Protocol
	  ⊟ Command Line: DATA\r\n
	    Command: DATA
	
	0000 3c f5 cc a2 b8 02 80 a5 89 50 5c a7 08 00 45 00 <....... .P\...E.
	0010 00 2e 04 58 40 00 80 06 df 96 0a 68 20 4d dc b5 ...X@... ..h M..
	0020 0f 71 c2 c0 00 19 dd 33 03 ff e3 86 88 34 50 18 .q.....3 .....4P.
	0030 00 ff e2 97 00 00 44 41 54 41 0d 0a ......DA TA..

O	⊞ Frame 498: 91 bytes on wire (728 bits), 91 bytes captured (728 bits) on interface 0
	⊞ Ethernet II, Src: NewH3CTe_a2:b8:02 (3c:f5:cc:a2:b8:02), Dst: Azurewav_50:5c:a7 (80:a5:89:50:5c:a7)
	⊞ Internet Protocol Version 4, Src: 220.181.15.113, Dst: 10.104.32.77
	⊞ Transmission Control Protocol, Src Port: 25, Dst Port: 49856, Seq: 345, Ack: 151, Len: 37
	⊟ Simple Mail Transfer Protocol
	  ⊟ Response: 354 End data with \<CR\>\<LF\>.\<CR\>\<LF\>\r\n
	    Response code: Start mail input; end with \<CRLF\>.\<CRLF\> (354)
	    Response parameter: End data with \<CR\>\<LF\>.\<CR\>\<LF\>
	
	0000 80 a5 89 50 5c a7 3c f5 cc a2 b8 02 08 00 45 00 ...P\.<. ......E.
	0010 00 4d 75 f5 40 00 36 06 b7 da dc b5 0f 71 0a 68 .Mu.@.6. .....q.h
	0020 20 4d 00 19 c2 c0 e3 86 88 34 dd 33 04 05 50 18 M.......4.3..P.
	0030 00 73 57 ae 00 00 33 35 34 20 45 6e 64 20 64 61 .sW...35 4 End da
	0040 74 61 20 77 69 74 68 20 3c 43 52 3e 3c 4c 46 3e ta with <CR><LF>
	0050 2e 3c 43 52 3e 3c 4c 46 3e 0d 0a .<CR><LF >..

P	⊞ Frame 511: 126 bytes on wire (1008 bits), 126 bytes captured (1008 bits) on interface 0
	⊞ Ethernet II, Src: NewH3CTe_a2:b8:02 (3c:f5:cc:a2:b8:02), Dst: Azurewav_50:5c:a7 (80:a5:89:50:5c:a7)
	⊞ Internet Protocol Version 4, Src: 220.181.15.113, Dst: 10.104.32.77
	⊞ Transmission Control Protocol, Src Port: 25, Dst Port: 49856, Seq: 382, Ack: 1444, Len: 72
	⊟ Simple Mail Transfer Protocol
	  ⊟ Response: 250 Mail OK queued as smtp3,DcmowABHVeakTtBb8VkrLg--.6859S2 1540378278\r\n
	    Response code: Requested mail action okay, completed (250)
	    Response parameter: Mail OK queued as smtp3,DcmowABHVeakTtBb8VkrLg--.6859S2 1540378278
	
	0000 80 a5 89 50 5c a7 3c f5 cc a2 b8 02 08 00 45 00 ...P\.<. ......E.
	0010 00 70 75 f8 40 00 36 06 b7 b4 dc b5 0f 71 0a 68 .pu.@.6. .....q.h
	0020 20 4d 00 19 c2 c0 e3 86 88 59 dd 33 09 12 50 18 M.......Y.3..P.
	0030 00 8a 55 61 00 00 32 35 30 20 4d 61 69 6c 20 4f ..Ua..25 0 Mail O
	0040 4b 20 71 75 65 75 65 64 20 61 73 20 73 6d 74 70 K queued as smtp
	0050 33 2c 44 63 6d 6f 77 41 42 48 56 65 61 6b 54 74 3,DcmowA BHVeakTt
	0060 42 62 38 56 6b 72 4c 67 2d 2d 2e 36 38 35 39 53 Bb8VkrLg --.6859S
	0070 32 20 31 35 34 30 33 37 38 32 37 38 0d 0a 2 154037 8278..

Q	⊞ Frame 466: 240 bytes on wire (1920 bits), 240 bytes captured (1920 bits) on interface 0
	⊞ Ethernet II, Src: NewH3CTe_a2:b8:02 (3c:f5:cc:a2:b8:02), Dst: Azurewav_50:5c:a7 (80:a5:89:50:5c:a7)
	⊞ Internet Protocol Version 4, Src: 220.181.15.113, Dst: 10.104.32.77
	⊞ Transmission Control Protocol, Src Port: 25, Dst Port: 49856, Seq: 66, Ack: 23, Len: 186
	⊟ Simple Mail Transfer Protocol
	  ⊟ Response: 250-mail\r\n
	    Response code: Requested mail action okay, completed (250)
	    Response parameter: mail
	
	0000 80 a5 89 50 5c a7 3c f5 cc a2 b8 02 08 00 45 00 ...P\.<. ......E.
	0010 00 e2 75 ed 40 00 36 06 b7 4d dc b5 0f 71 0a 68 ..u.@.6. .M...q.h
	0020 20 4d 00 19 c2 c0 e3 86 87 1d dd 33 03 85 50 18 M.......3..P.
	0030 00 73 72 1b 00 00 32 35 30 2d 6d 61 69 6c 0d 0a .sr...25 0-mail..
	0040 32 35 30 2d 50 49 50 45 4c 49 4e 49 4e 47 0d 0a 250-PIPE LINING..
	0050 32 35 30 2d 41 55 54 48 20 4c 4f 47 49 4e 20 50 250-AUTH LOGIN P
	0060 4c 41 49 4e 20 0d 0a 32 35 30 2d 41 55 54 48 3d LAIN ..2 50-AUTH=
	0070 4c 4f 47 49 4e 20 50 4c 41 49 4e 0d 0a 32 35 30 LOGIN PL AIN..250
	0080 2d 63 6f 72 65 6d 61 69 6c 20 31 55 78 72 32 78 -coremai l 1Uxr2x
	0090 4b 6a 37 6b 47 30 78 6b 49 31 37 78 47 72 55 37 Kj7kG0xk I17xGrU7
	00a0 49 30 73 38 46 59 32 55 33 55 6a 38 43 7a 32 38 I0s8FYZU 3Uj8Cz28
	00b0 78 31 55 55 55 55 55 37 49 63 32 49 30 59 32 55 x1UUUUU7 Ic2I0Y2U
	00c0 72 30 6f 6e 31 55 55 55 43 61 30 78 44 72 55 55 r0on1UUC a0xDrUUU
	00d0 55 6a 2e 0d 0a 32 35 30 2d 53 54 41 52 54 54 4c Uj...250 -STARTTL
	00e0 0d 0a 32 35 30 20 38 42 49 54 4d 49 4d 45 0d 0a ..250 8B ITMIME..

续　表

序　号	数据报
R	⊞ Frame 499: 403 bytes on wire (3224 bits), 403 bytes captured (3224 bits) on interface 0 ⊞ Ethernet II, Src: Azurewav_50:5c:a7 (80:a5:89:50:5c:a7), Dst: NewH3CTe_a2:b8:02 (3c:f5:cc:a2:b8:02) ⊞ Internet Protocol Version 4, Src: 10.104.32.77, Dst: 220.181.15.113 ⊞ Transmission Control Protocol, Src Port: 49856, Dst Port: 25, Seq: 151, Ack: 382, Len: 349 ⊟ Simple Mail Transfer Protocol 　⊞ Line-based text data (11 lines) 　Reassembled DATA in frame: 501 0000 3c f5 cc a2 b8 02 80 a5 89 50 5c a7 08 00 45 00 <....... .P\...E. 0010 01 85 04 59 40 00 80 06 de 3e 0a 68 20 4d dc b5 ...Y@... .>.h M. 0020 0f 71 c2 c0 00 19 dd 33 04 05 e3 86 88 59 50 18 .q.....3 .....YP. 0030 00 ff 83 36 00 00 44 61 74 65 3a 20 65 64 20 ...6..Da te: wed 0040 20 32 34 20 4f 63 74 20 32 30 31 38 20 31 38 3a 24 Oct 2018 18: 0050 35 31 3a 31 37 20 2b 30 38 30 30 0a 46 72 6f 51:17 +0 800..Fro 0060 6d 3a 20 22 6c 73 31 39 39 38 30 39 31 40 31 m: "1s19 980918@1 0070 32 36 2e 63 6f 6d 22 20 3c 6c 73 31 39 39 38 30 26.com" <1s19980 0080 39 31 38 40 31 32 36 2e 63 6f 6d 3e 0d 0a 54 6f 918@126. com>..To 0090 3a 20 6d 31 33 37 35 31 31 38 39 32 37 20 3c : m13375 118927 < 00a0 6d 31 33 37 35 31 31 38 39 32 37 40 31 36 3 m1337511 8927@163 00b0 2e 63 6f 6d 3e 0d 0a 58 2d 50 72 69 6f 72 74 .com>..X -Priorit 00c0 79 3a 20 33 0d 0a 58 2d 48 61 73 2d 41 74 74 y: 3..X- Has-Att 00d0 63 68 3a 20 6e 6f 0d 0a 58 2d 4d 61 69 6c 65 72 ch: no.. X-Mailer 00e0 3a 20 46 6f 78 6d 61 69 6c 20 37 2e 32 2e 39 2e : Foxmai l 7.2.9. 00f0 31 35 36 5b 63 6e 5d 0d 0a 4d 69 6d 65 2d 76 65 156[cn].. Mime-ve 0100 72 73 69 6f 6e 3a 20 31 2e 30 0d 0a 4d 65 73 rsion: 1 .0..Mess 0110 61 67 65 2d 49 44 3a 20 3c 32 30 31 38 31 30 32 age-ID: <2018102 0120 34 31 38 35 31 31 36 32 34 30 35 31 36 31 41851162 40516@1 0130 32 36 2e 63 6f 6d 3e 0d 0a 43 6f 6e 74 65 6e 74 26.com>.. Content 0140 2d 54 79 70 65 3a 20 6d 75 6c 74 69 70 61 72 -Type: m ultipart 0150 2f 61 6c 74 65 72 6e 61 74 69 76 65 3b 0d 0a 20 /alterna tive;... 0160 62 6f 75 6e 64 61 72 79 3d 22 2d 2d 2d 2d 5f boundary ="----_ 0170 30 30 31 5f 4e 65 78 74 50 61 72 74 30 31 32 001_Next Part012 0180 31 30 37 34 33 32 37 33 5f 3d 22 0d 0a 22 20 20 10743273 _="... 0190 0a 0d 0a ...

图 6-69　题 6-10 剩余数据报图

请完成以下问题：

（1）该会话的应用层协议是什么？

（2）数据报中包含一个邮件，发件人的邮箱地址是什么？收件人的邮箱地址是什么？

（3）A-R 数据报是乱序排放的，请根据协议会话流程将这些数据报进行排序，并补充完整下表。

1		10	H
2	Q	11	
3		12	L
4	D	13	N
5	E	14	
6	F	15	R
7	K	16	
8	I	17	
9		18	

【微信扫码】
相关资源

第7章

路由技术

在因特网中,IP 路由是 IP 协议的重要功能之一,它用来实现在源网络和目标网络之间传送 IP 数据报。本章首先介绍路由器和路由的基本概念,然后分别介绍在 IPv4 和 IPv6 环境下的静态路由和动态路由的原理及配置方法。最后通过具体的实例讲解不同路由协议的配置过程和方法,以及常用的测试方法。

本章主要内容:

(1) 直接交付和间接交付。

(2) 路由器的结构。

(3) 路由表的匹配算法。

(4) 路由协议的分类。

(5) IPv4 环境下的静态路由及配置命令。

(6) IPv4 环境下的动态路由的报文格式及配置命令。

(7) IPv6 环境下的静态路由及配置命令。

(8) IPv6 环境下的动态路由的报文格式及配置命令。

7.1 路由选择技术概述

路由选择是网络层的核心功能之一,路由选择就是从信源到信宿选择一条"最优"路径。这里所说的最优不是绝对的最优,所谓的最优只是针对某种路由协议下的最优。路由选择也可简称为路由。

路由选择是实现分组转发的基础,路由选择算法生成路由器的路由表。路由表存在于主机和路由器中,主机和路由器通过查找路由表实现对分组的转发。

7.1.1 直接交付与间接交付

信源向信宿发送分组的方式分为直接交付和间接交付两种方式。

直接交付就是信源直接向信宿传送分组。在图 7-1 中,主机 A 需要发送分组给主机 B,主机 A 首先查看自己的路由表,发现主机 B 与自己处在同一个网络中,就把分组直接发送给主机 B,这种传送分组的方式就是直接交付。图中主机 C 与主机 D、主机 B 与路由器

R1、路由器 R1 与路由器 R2、路由器 R2 与主机 C 等之间的通信也是直接交付。

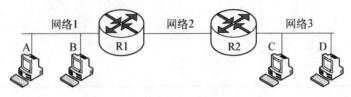

网络1   网络2   网络3

图 7-1 直接交付、间接交付示意图

间接交付就是信源向信宿发送分组时需要经过一系列路由器。在图 7-1 中,主机 A 需要发送分组给主机 C,主机 A 首先查看自己的路由表,发现主机 C 与自己不在同一个网络中,就把分组发送给自己的网关即路由器 R1。路由器 R1 再把分组转发给路由器 R2,分组最后由路由器 R2 交付给主机 C,这种交付方式就是间接交付。

从图中可以得出,间接交付是由两个及两个以上的直接交付组成的。

【例 7.1】 在图 7-1 所示网络中,主机 A 的 IP 地址为 172.16.1.10/24,主机 B 的 IP 地址为 172.16.1.20/24,主机 C 的 IP 地址为 192.168.10.10/24,判断主机 A 与主机 B、主机 C 通信时所采用的交付方式各是什么?

解:由题意可得主机 A 的 IP 地址为 172.16.1.10,其所在网络的子网掩码为 255.255.255.0。则把主机 A 的 IP 地址和其子网掩码进行逻辑与运算可得网络 1 的网络号为 172.16.1.0。运算过程如图 7-2(a)所示。当主机 A 与主机 B 通信时,把主机 B 的 IP 地址与网络 1 的子网掩码相与得到:172.16.1.0,计算步骤如图 7-2(b)所示。与网络 1 的网络号相同,则主机 A 与主机 B 之间的通信采用直接交付的方式。

当主机 A 与主机 C 通信时,把主机 C 的 IP 地址与网络 1 的子网掩码进行逻辑与运算得到:192.168.10.0,计算步骤如图 7-2(c)所示。与网络 1 的网络号不同,则主机 A 与主机 C 之间的通信采用间接交付的方式。主机 A 就把数据报发送给路由器 R1,再由 R1 转发,最终到达主机 C。

```
     172.16. 1. 10          172.16. 1. 20          192.168. 10. 10
And) 255.255.255.0      And) 255.255.255.0      And) 255.255.255.0
─────────────────       ─────────────────       ─────────────────
     172.16. 1.  0          172.16. 1.  0          192.168. 10.  0
        (a)                    (b)                    (c)
```

图 7-2 例 7.1 所涉及的计算

说明:在上图进行逻辑与运算时,需要把 IP 地址及子网掩码转换成二进制再进行与运算,本例为了简单省略了这个步骤。

7.1.2 路由器

路由器是一种专用计算机,它具有 CPU、存储器、多个输入/输出接口等硬件。存储器又分为 ROM、RAM、FLASH、NVRAM 等类型,不同类型的存储器在路由器中存放不同的内容。路由器的软件包括 IOS 和配置文件,IOS 全称为 Internetwork Operating System,即互联网操作系统,用户通过 IOS 实现对路由器等网络设备进行管理、维护。具体到路由器,通过 IOS 用户可以实现命令的执行、配置路由、修改路由、管理各种网络、设备间的数据传输等功能。路由器的配置文件中存放着路由器的配置信息,它又分为启动配置文件(Startup-config)及运行配置文件(Running-config)。启动配置文件中存放的是路由器启动时所需要的配置信息,运行配置文件中存放的是路由器在运行过程中对路由器的配置信息。如果要让运行时的配置信息在下次启动路由器时生效,就需要把运行配置文件的配置信息复制到启动配置文件中去。

路由器的功能结构框图如图7-3所示。从图中可以看出,路由器的功能结构由两部分组成:路由选择单元和分组转发单元。路由选择是由路由选择处理机实现的,路由表是由路由器执行某种路由协议生成,或者由静态路由命令得到。

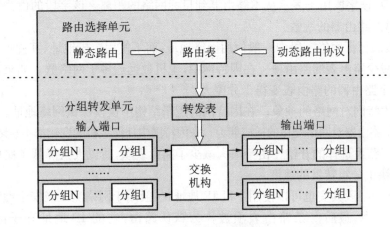

图7-3 路由器功能结构图

除了路由器外,主机里也存在一个路由表,当主机要把分组发往网络,也要查找其路由表,把分组发往下一跳的路由器。与路由器的路由表能够自动更新不同,主机里的路由表不是由路由协议进行更新,而是通过ICMP协议的路由改变报文来更新。

路由器的另一个功能就是实现分组转发,即从其某个端口接收到分组,按照分组的目的地址查找路由表,该目的地址一般是目标网络。然后把该分组从适当的端口转发出去,到达下一跳路由器。下一跳路由器也采用同样方法对分组进行处理。通过这种接力转发的方法,分组最终能够到达目标主机。

路由表是一个二维表,其存在于主机和路由器中,分组转发是在路由表的基础上实现的。路由表中有若干个路由项,每个路由项由多个字段组成。路由表的一般结构如图7-4所示。

目标网络	子网掩码	下一跳地址	输出接口	度量值
172.16.1.0	255.255.255.0	172.16.1.1	E0	0
172.16.2.0	255.255.255.0	172.16.2.1	E1	0
172.16.3.0	255.255.255.0	172.16.1.1	E0	1
172.16.4.0	255.255.255.0	172.16.2.2	E1	1
0.0.0.0	0.0.0.0	172.16.2.2	E1	1

图7-4 路由表结构图

在图 7-4 所示路由表各字段含义如下：

① 目标网络，该字段用于与路由器接收到的分组的目标网络相匹配。

② 子网掩码，路由器将分组中的目的 IP 地址与该字段进行逻辑与运算后得到该分组的目标网络。

③ 下一跳地址，该字段决定将分组从路由器的哪个端口转发出去。当目标主机不在该路由器的直连网络上时，该字段值是另一个路由器的某接口的 IP 地址。当目标主机在路由器的直连网络时，该字段值为该路由器的一个接口。

④ 输出接口，该字段是通往下一跳的本地接口，一般使用该接口的 IP 地址。

⑤ 度量值，该字段用于表示从本路由器到目标网络的距离。该字段的值为从本地到目标主机所经过的路由器的跳数。

在路由表的目标网络字段中一般使用网络地址，而不使用主机地址，其优点是：

① 大大减少路由表的路由项。在因特网中，主机数远远多于网络数。如果使用主机地址，会使得每个路由器的路由表变得十分庞大。

② 符合因特网对网络的抽象。在因特网的逻辑结构中仅仅保留网络地址。

③ 增加了路由器对网络变化的适应能力。在因特网中任何主机的变化都不会影响路由表。

④ 降低了路由选择的开销。由于大大减少了路由表项，所以大大降低了路由选择的时间，极大地加快了分组转发的速度。

在网络地址字段其实也可以使用主机 IP 地址，一般用于网络测试或安全性考虑。

在图 7-4 中，最后一条路由表项被称为默认路由，它的 IP 地址和子网掩码都是 0.0.0.0，它一般出现在路由表的最后一项。当前面所有的路由项和分组中的目的 IP 地址的网络号都不匹配时，路由器会把分组转发至默认路由所指的下一跳路由器。这时如果没有默认路由，该分组就会被丢弃。默认路由能够隐藏网络的细节，并进一步减少路由表项。它的使用方法是把多项下一跳相同的路由项合并为一项，即默认路由。需要强调的是，在路由器中默认路由根据需要设置，也可以不设置。

单个路由器的路由表存放的不是整个路由，而仅仅是局部的路由信息，网络中所有的路由表的集合才能反映整个网络的路由信息。如图 7-5 所示网络中，路由器 R2 的路由表如图 7-4 所示，路由器 R1 的路由表如图 7-6 所示。现在网络 3 中某主机向网络 4 中某主机发送数据报，该数据报被发送到路由器 R1，查找路由器 R1 的路由表得知发往网络 4 的数据报的下一跳为路由器 R2（根据下一跳的 IP 地址可以得出），在此路由表中查不出下下跳是哪个路由器。当数据报传输到路由器 R2 时，再查路由器 R2 的路由表可知，到达目标主机所在的网络 4 的下一跳是路由器 R3。该数据报被继续转发到 R3，路由器 R3 通过查其路由表得知网络 4 是其直连网络，数据报需从端口 E1 转发。从上例可以看出，单个路由器的路由表仅仅反映整个网络的局部路由信息。

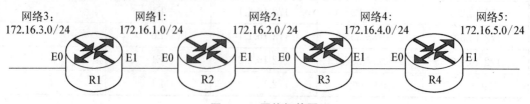

图 7-5　网络拓扑图

目标网络	子网掩码	下一跳地址	输出接口	度量值
172.16.1.0	255.255.255.0	172.16.1.1	E1	0
172.16.3.0	255.255.255.0	172.16.3.1	E0	0
172.16.2.0	255.255.255.0	172.16.1.2	E1	1
172.16.4.0	255.255.255.0	172.16.1.2	E1	2
0.0.0.0	0.0.0.0	172.16.1.2	E1	0

图 7-6   图 7-5 中路由器 R1 的路由表

当路由器收到一个分组时,如何把其从相应的端口中转发出去,就需要和路由表的路由项进行匹配。当和某路由项匹配成功时,就从该路由项中的输出端口列指示的端口把该分组转发出去。具体的过程是先把该分组的目的 IP 地址与路由表的第一个路由项中的子网掩码相与,把计算结果与该路由项中的目标网络列进行比较,如果相等,则匹配成功,从该路由项中的输出端口列指示的端口把该分组转发出去,并不再与剩余表项进行匹配。否则与第二项路由项进行匹配,具体过程与上述过程一致,如果匹配成功,则按指定端口转发,并停止后面的匹配,如果匹配不成功,则与第三项路由项进行匹配。其余路由项依此类推,直到最后一项,如果最后一项是默认路由,则按默认路由指示的输出端口转发。如果路由表的最后一项不是默认路由,并且分组与所有的路由项都没有匹配成功,则该路由器把该分组丢弃,并返回一个 ICMP 的网络不可达的报文,路由器的路由表匹配分组的算法如图 7-7 所示。

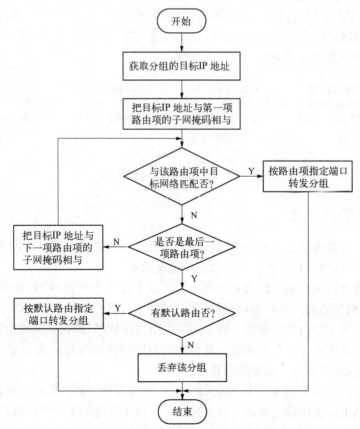

图 7-7   路由表与分组匹配算法流程图

【例 7.2】 在如图 7－5 所示的网络中，路由器 R2 的路由表如图 7－4 所示。当其接收到的 4 个分组的目的地址如表 7－1 所示，分别计算出其输出端口。

表 7－1 例 7.2 分组及目的地址表

分组	分组 1	分组 2	分组 3	分组 4
目的地址	172.16.1.12	172.16.3.28	172.16.4.72	198.62.88.73

解：① 把分组 1 的目的地址 172.16.1.12 与 255.255.255.0 进行逻辑与运算得：172.16.1.0。然后把结果依次与各路由项中的目标网络列进行匹配，匹配的结果是与第一项匹配成功，则该分组的输出端口为：E0。逻辑与运算过程如图 7－8(a)所示。

② 把分组 2 的目的地址 172.16.3.28 与 255.255.255.0 进行逻辑与运算得：172.16.3.0。然后把结果依次与各路由项中的目标网络列进行匹配，匹配的结果是与第三项匹配成功，则该分组的输出端口为：E0。逻辑与运算过程如图 7 8(b)所示。

③ 把分组 3 的目的地址 172.16.4.72 与 255.255.255.0 进行逻辑与运算得：172.16.4.0。然后结果其依次与各路由项中的目标网络列进行匹配，匹配的结果是与第四项匹配成功，则该分组的输出端口为：E1。其逻辑与运算过程如图 7－8(c)所示。

④ 把分组 4 的目的地址 198.62.88.73 与 255.255.255.0 进行逻辑与运算得：198.62.88.0。然后把结果依次与各路由项中的目标网络列进行匹配，匹配的结果是与前 4 项都不匹配，则执行默认路由，该分组的输出端口为：E1。其逻辑与运算过程如图 7－8(d)所示。

说明：本例中由于所有路由项的子网掩码都是 255.255.255.0，为了简便起见，在例中直接让分组的 IP 地址与 255.255.255.0 进行逻辑与的运算。其实在查找路由表的过程中应该是与每一项的子网掩码分别进行逻辑与的运算。

```
      172.16. 1. 12           172.16. 3. 28           172.16. 4. 72           198. 62 .88 .73
 And) 255.255.255.0      And) 255.255.255.0      And) 255.255.255.0      And) 255.255.255.0
 ──────────────────      ──────────────────      ──────────────────      ──────────────────
      172.16. 1. 0            172.16. 3. 0            172.16. 4.0             198. 62 .88 .0
          (a)                      (b)                     (c)                     (d)
```

图 7－8 例 7.2 中逻辑与运算图

7.1.3 路由协议分类

路由就是从信源到信宿找到一条"最优"的路径。需要指出的是，这里的最优只是针对某种路由协议而言，对另外的协议该路由不一定是最优。

路由是由路由器执行某种路由算法得出的。这个过程十分复杂，需要网络中的所有路由器共同参与、相互协调。同时当网络环境发生变化时，路由器要能够对网络的变化做出反应，修改路由表，保证路由的正确性。例如当某网络出现故障，路由器需要及时调整路由表，使路由能够绕开故障点。根据路由算法是否能够对网络环境变化做出自动反应，可以将路由算法分为两大类，即静态路由和动态路由。

静态路由是由网络管理人员手工输入的，它不能根据网络拓扑的改变而自动更新。

动态路由是由路由协议实现的。路由协议根据路由器之间交换网络信息时是否包含子网掩码可以分为两大类：有类路由协议和无类路由协议。

有类路由协议是指路由器在交换路由信息时,路由信息里只包含网络地址,不包含子网掩码。无类路由协议则是路由器在交换路由信息时,路由信息里包含网络地址及子网掩码,这种路由协议支持子网划分及 VLSM。

因特网发展到今天其规模已十分巨大,其中的路由器数量已达数百万台之多。如果每个路由器都有到达每个网络的路由,则其路由表的将十分庞大。后果是一方面对硬件的要求非常高,另一方处理效率非常低。

为了克服上述缺点,将整个因特网划分为很多较小的自治系统(Autonomous System,AS)。在 AS 内部对路由器的管理采用同一技术,即同一种路由协议,并在这个协议的作用下实现路由表的建立、维护及分组的转发。在 AS 之间使用另外的路由协议来确定 AS 之间的路由。因特网采用 AS 的管理策略还有利于有关单位隐藏自己的网络结构及所使用的路由协议等细节。根据运行在自治系统的不同位置可以把路由协议划分为以下两类:

① 内部网关协议(IGP)。运行在一个 AS 内部的路由协议,在同一个 AS 内的路由器交换路由信息,而与其他的 AS 无关。内部网络协议有很多,比如 RIP 及 OSPF 协议等。

② 外部网关协议(EGP)。实现 AS 之间路由的路由协议,它的实现机制及策略与内部网络协议有很大的不同。目前常用的外部网关协议为 BGP－4。

AS 互联的示意图如图 7－9 所示。在图中可以看出,每个自治系统都可以根据自己的需要选择自己的路由协议,而与其他的 AS 无关。在 AS 之间的路由器称为边界路由器,它除了要运行 AS 内部的路由协议外,还要运行外部网关协议,以实现 AS 之间的路由。在图 7－9 中路由器 R1 和 R2 就是边界路由器。

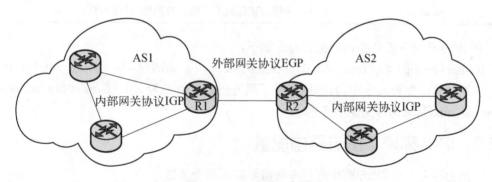

图 7－9　AS 互联示意图

7.2　静态路由配置

静态路由就是通过手工配置的方式实现对路由表中路由项的配置,这种路由不能自动更新。静态路由的优点是节约路由器和网络的资源。它的缺点是当网络拓扑发生改变时,必须由网络管理员手工修改受影响的路由。静态路由适用于规模小的网络环境。

7.2.1　IPv4 环境下静态路由配置

在路由器上进行 IPv4 路由配置需要以下两个步骤:

① 路由器的基础配置。主要完成接口 IPv4 地址的配置,命令格式如下:

Router♯configure terminal;进入全局模式。

Router(config)♯interface *interface_type interface_number*;进入接口配置模式。

Router(config-if)♯ ip address *ipv4_address netmask*;配置该接口的 IPv4 地址。

Router(config-if)♯no shutdown;启动该接口。

② 配置静态路由,其命令格式如下:

Router(config)♯ip route *destination mask* { *next-hop-address* |*outgoing_interface*} [*distance*]

[tag *tag_value*][*permanent*]

配置静态路由命令中各参数的含义如表 7-2 所示。

表 7-2　配置 IPv4 静态路由命令的各参数含义表

参　数	含　义
destination	目标网络的网络号
mask	目标网络的子网掩码
next-hop-address	到达目标网络的下一跳路由器的 IP 地址
outgoing_interface	到达目标网络的出口端口,与上一参数二选一
distance	可管理距离(可选参数),默认为"1"
tag tag_value	用作"match"的标记值,可用在高级应用 router-map(可选参数)
permanent	在端口关闭后该路由不会随之被删除(可选参数)

在 IPv4 环境下默认路由的配置命令如下:

Router(config)♯ip route 0.0.0.0 0.0.0.0 {*next-hop-address* |*outgoing_interface*}

在默认路由配置命令中,目标网络及子网掩码的取值都为 0.0.0.0,next-hop-address 及 outgoing_interface 的含义见表 7-2。

7.2.2　IPv6 环境下静态路由配置

在路由器上进行 IPv6 路由配置一般需要以下两个步骤:

(1) 路由器的基础配置,主要完成接口 IPv6 地址的配置及启动 IPv6 路由功能。其命令格式如下:

Router♯configure terminal;进入全局模式。

Router(config)♯ipv6 unicast-routing;启用 IPv6 路由功能。

Router(config)♯interface *interface_type/interface_number*;进入接口配置模式。

Router(config-if)♯ ipv6 address *ipv6_address/prefix_length*;配置该接口的 IPv6 地址。

Router(config-if)♯no shutdown;启动该接口。

(2) 配置静态路由,其命令格式如下:

Router(config)♯ ipv6 route *prefix/length* {*outgoing-interface*|*next-hop-address*}

［*admin-distance*］［*multicast*］［tag *tag-value*］［*unicast*］

在该命令中只有 3 个参数与 IPv4 静态路由配置命令不同,其余都和 IPv4 静态路由配置命令相同,其含义请参考表 7 - 2,不相同的 3 个参数含义如下:

- prefix/length,该参数为目标网络,在此命令中用网络前缀表示。
- multicast,该参数可选,表示该路由只用于多播。
- unicast,该参数可选,表示该路由只用于单播。

在 IPv6 环境下默认路由的配置命令如下:

Router(config)♯ ipv6 route ::/0 {*outgoing-interface* | *next-hop-address*}［*admin-distance*］［*multicast*］［tag *tag-value*］［*unicast*］

该命令与 IPv4 的静态路由配置命令格式基本相同,除了目标网络用::/0 表示外,其他参数与后者完全一致。

7.2.3　静态路由配置举例

【例 7.3】　网络拓扑图如图 7 - 10 所示,请在图中配置 IPv4 静态路由,实现网络的互联互通。其中:

网段 1:192.168.10.0/24
网段 2:192.168.20.0/24
网段 3:192.168.30.0/24

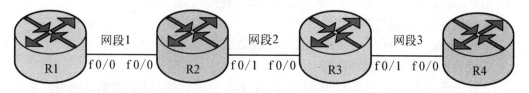

图 7 - 10　例 7.3 网络拓扑图

解:1. 各路由器在 IPv4 环境下的基础配置
(1) 路由器 R1 的基础配置

　　R1♯configure terminal
　　R1(config)♯interface fastEthernet 0/0
　　R1(config-if)♯ip address 192.168.10.1 255.255.255.0
　　R1(config-if)♯no shut
(2) 路由器 R2 的基础配置
　　R2♯configure terminal
　　R2(config)♯interface fastEthernet 0/0
　　R2(config-if)♯ip address 192.168.10.2 255.255.255.0
　　R2(config-if)♯no shut
　　R2(config)♯interface fastEthernet 0/1
　　R2(config-if)♯ip address 192.168.20.1 255.255.255.0
　　R2(config-if)♯no shut

（3）路由器 R3 的基础配置

R3＃configure terminal

R3（config）＃interface fastEthernet 0/0

R3（config-if）＃ip address 192.168.20.2 255.255.255.0

R3（config-if）＃no shut

R3（config）＃interface fastEthernet 0/1

R3（config-if）＃ip address 192.168.30.1 255.255.255.0

R3（config-if）＃no shut

（4）路由器 R4 的基础配置

R4＃configure terminal

R4（config）＃interface fastEthernet 0/0

R4（config-if）＃ip address 192.168.30.2 255.255.255.0

R4（config-if）＃no shut

2. 各路由器的 IPv4 静态路由配置

（1）路由器 R1 的静态路由配置

R1（config）＃ip route 192.168.20.0 255.255.255.0 192.168.10.2

R1（config）＃ip route 192.168.30.0 255.255.255.0 192.168.10.2

（2）路由器 R2 的静态路由配置

R2（config）＃ip route 192.168.30.0 255.255.255.0 192.168.20.2

（3）路由器 R3 的静态路由配置

R3（config）＃ip route 192.168.10.0 255.255.255.0 192.168.20.1

（4）路由器 R4 的静态路由配置

R4（config）＃ip route 0.0.0.0 0.0.0.0 192.168.30.1；此处配置的为默认路由。

当上述配置结束后，可以在各路由器上用 show ip route 命令查看静态路由的配置情况。该命令在路由器 R1 执行结果如图 7-11 所示。在其他路由器执行该命令的结果与图 7-11 类似。

```
R1#show ip route
Codes: C - connected, S - static, R - RIP, M - mobile, B - BGP
       D - EIGRP, EX - EIGRP external, O - OSPF, IA - OSPF inter area
       N1 - OSPF NSSA external type 1, N2 - OSPF NSSA external type 2
       E1 - OSPF external type 1, E2 - OSPF external type 2
       i - IS-IS, su - IS-IS summary, L1 - IS-IS level-1, L2 - IS-IS level-2
       ia - IS-IS inter area, * - candidate default, U - per-user static route
       o - ODR, P - periodic downloaded static route

Gateway of last resort is not set

S    192.168.30.0/24 [1/0] via 192.168.10.2
C    192.168.10.0/24 is directly connected, FastEthernet0/0
S    192.168.20.0/24 [1/0] via 192.168.10.2
```

图 7-11　路由器 R1 的 IPv4 静态路由配置图

当所有 IPv4 静态路由配置正确后，可以通过 ping 命令测试其连通性。在路由器 R1 上 ping 路由器 R4，结果如图 7-12 所示，表明静态路由配置正确。

```
R1#ping 192.168.30.2

Type escape sequence to abort.
Sending 5, 100-byte ICMP Echos to 192.168.30.2, timeout is 2 seconds:
!!!!!
Success rate is 100 percent (5/5), round-trip min/avg/max = 56/70/104 ms
```

图 7 - 12　网络连通性测试图

【例 7.4】　网络拓扑图如图 7 - 10 所示,请在图中配置 IPv6 静态路由,实现网络的互联互通。其中:

网段 1:2001:DA01:1:: /64

网段 2:2001:DA01:2:: /64

网段 3:2001:DA01:3:: /64

解:1. 各路由器在 IPv6 环境下的基础配置

(1) 路由器 R1 的基础配置

R1♯configure terminal

R1(config)♯ipv6 unicast-routing

R1(config)♯interface fastEthernet 0/0

R1(config-if)♯ipv6 address 2001:da01:1::1/64

R1(config-if)♯no shut

(2) 路由器 R2 的基础配置

R2♯configure terminal

R2(config)♯ipv6 unicast-routing

R2(config)♯interface fastEthernet 0/0

R2(config-if)♯ipv6 address 2001:da01:1::2/64

R2(config-if)♯no shut

R2(config)♯interface fastEthernet 0/1

R2(config-if)♯ipv6 address 2001:da01:2::1/64

R2(config-if)♯no shut

(3) 路由器 R3 的基础配置

R3♯configure terminal

R3(config)♯ipv6 unicast-routing

R3(config)♯interface fastEthernet 0/0

R3(config-if)♯ipv6 address 2001:da01:2::2/64

R3(config-if)♯no shut

R3(config)♯interface fastEthernet 0/1

R3(config-if)♯ipv6 address 2001:da01:3::1/64

R3(config-if)♯no shut

(4) 路由器 R4 的基础配置

R4♯configure terminal

R4(config)♯ipv6 unicast-routing

R4(config)♯interface fastEthernet 0/0

R4(config-if)♯ipv6 address 2001:da01:3::2/64

R4(config-if)♯no shut

2. 各路由器的 IPv6 静态路由配置

（1）路由器 R1 的 IPv6 静态路由配置

R1(config)♯ipv6 route 2001:da01:2::/64 2001:da01:1::2

R1(config)♯ipv6 route 2001:da01:3::/64 2001:da01:1::2

（2）路由器 R2 的 IPv6 静态路由配置

R2(config)♯ipv6 route 2001:da01:3:: /64 2001:da01:2::2

（3）路由器 R3 的 IPv6 静态路由配置

R3(config)♯ipv6 route 2001:da01:1:: /64 2001:da01:2::1

（4）路由器 R4 的 IPv6 静态路由配置

R4(config)♯ipv6 route ::/0 2001:da01:3::1;此处配置的为默认路由。

当上述配置结束后,可以在各路由器上用 show ipv6 route 命令查看静态路由的配置情况。该命令在路由器 R1 执行结果如图 7 - 13 所示。在其他路由器执行该命令的结果与图 7 - 13 类似。

```
R1#show ipv6 route
IPv6 Routing Table - 5 entries
Codes: C - Connected, L - Local, S - Static, R - RIP, B - BGP
       U - Per-user Static route, M - MIPv6
       I1 - ISIS L1, I2 - ISIS L2, IA - ISIS interarea, IS - ISIS summary
       O - OSPF intra, OI - OSPF inter, OE1 - OSPF ext 1, OE2 - OSPF ext 2
       ON1 - OSPF NSSA ext 1, ON2 - OSPF NSSA ext 2
       D - EIGRP, EX - EIGRP external
C   2001:DA01:1::/64 [0/0]
     via ::, FastEthernet0/0
L   2001:DA01:1::1/128 [0/0]
     via ::, FastEthernet0/0
S   2001:DA01:2::/64 [1/0]
     via 2001:DA01:1::2
S   2001:DA01:3::/64 [1/0]
     via 2001:DA01:1::2
L   FF00::/8 [0/0]
     via ::, Null0
```

图 7 - 13　路由器 R1 的 IPv6 静态路由表

当所有 IPv6 静态路由配置正确后,可以用 ping 命令测试其连通性。在路由器 R1 上 ping 路由器 R4,其结果如图 7 - 14 所示,表明静态路由配置正确。

```
R1#ping 2001:da01:3::2

Type escape sequence to abort.
Sending 5, 100-byte ICMP Echos to 2001:DA01:3::2, timeout is 2 seconds:
!!!!!
Success rate is 100 percent (5/5), round-trip min/avg/max = 48/57/68 ms
```

图 7 - 14　网络连通性测试

7.3　RIP 路由协议及配置

路由信息协议(Router Information Protol,RIP)是一种基于距离向量的路由协议。它的度量值采用路由器的跳数,允许最大的跳数为 15 跳,跳数为 16 就认为网络不可达。运行 RIP 协议的路由器每过一段时间就向它的邻居发送自己的路由更新信息,更新信息就是它的路由表,邻居从收到的路由表中学习新的路由。通过这种方式,经过一段时间,网络中所有路由器都学习到了到达任何网络的路由。这个时间称为收敛时间,这个过程叫作收敛。RIP 协议目前有两个版本 RIPv1 和 RIPv2。其中 RIPv1 属于有类路由协议,RIPv2 属于无类路由协议。

7.3.1　RIP 协议概述

1. RIP 协议的定时器

在 RIP 协议的工作过程中,RIP 协议使用了 4 个定时器控制路由信息的交换、无效路由的确定及删除,来保障各路由器之间有条不紊地交换路由信息,并能根据网络拓扑的变化及时更新路由表。这 4 个定时器介绍如下:

● 路由更新定时器。该定时器时间为 30 秒。每个路由器每经过 30 秒就会把它的路由表发送给它的邻居路由器。邻居路由器根据收到的路由信息更新自己的路由表。

● 路由失效定时器。该定时器时间为 180 秒。如果路由器在 180 秒的时间内没有收到一条路由的更新信息,路由器就认为该路由已经失效,就把该路由的跳数修改为 16,标记该路由为不可达,而不是将其立即删除。

● 路由保持定时器。该定时器时间为 180 秒。在一条路由被路由器标记为无效时,就进入到保持时间,如果在这段时间内,收到了该路由的更新信息,该路由将被更新。状态也从保持改变为更新状态。

● 删除定时器。该定时器为 120 秒。当保持状态结束后,如果仍然没有收到该失效路由的更新,再经过 120 秒,该路由将从该路由器中删除。

2. RIP 协议的执行过程

在路由器上启动 RIP 路由协议后,最初它只知道与它直连的网络,而非直连网络的路由需要通过学习获得,这个学习过程就是 RIP 算法的执行过程。在此过程中,路由器通过和相邻的 RIP 路由器交换路由信息,学习到新的路由,进而更新自己的路由表。不相邻的路由器不能直接交换路由信息,而要通过它们之间的路由器完成路由信息的交换。

在 RIP 协议中每过 30 秒钟,路由器就把它的路由表以路由器通告报文的方式进行广播,该路由器的所有邻居就可以学习到它的路由信息。再过 30 秒钟,它的邻居也把自己路由表进行广播,前者的路由信息就传送到邻居的邻居。经过若干个周期,一个路由器的路由信息就可以扩散到整个网络。在运行 RIP 协议的 AS 中,所有的路由器都是每 30 秒钟广播自己的路由信息。通过相互之间的学习,所有的路由器都可以获得到达每个网络的路由表。

除了周期性地广播路由信息外,路由器还可以向它的邻居发送路由请求报文,以获得对方的整个路由表或者特定网络的路由。

路由器 X 获得邻居路由器 Y 的路由信息后,通过以下步骤更新自己的路由表:

(1) 修改获得的 Y 发送来的路由信息,把每个路由的跳数加 1,并把下一跳设为 Y。

(2) 把修改过的路由中的网络地址与 X 中原来的路由表中网络地址进行比较,这里分

3 种情况:

① 若原来路由表中没有该网络地址,就把该路由项添加到 X 的路由表中。

② 若原来路由表中存在该网络地址,并且下一跳是 Y,就把该路由项替换原来的路由项。

③ 若原来路由表中存在该网络地址,并且下一跳是不是 Y,就比较两个路由项的距离字段,若 X 中原来的路由项的距离小于等于新的路由项,保留原路由项。若新的路由项的距离更小,则用新的路由项替换原来的路由。

RIP 协议的路由更新流程图如图 7-15 所示。

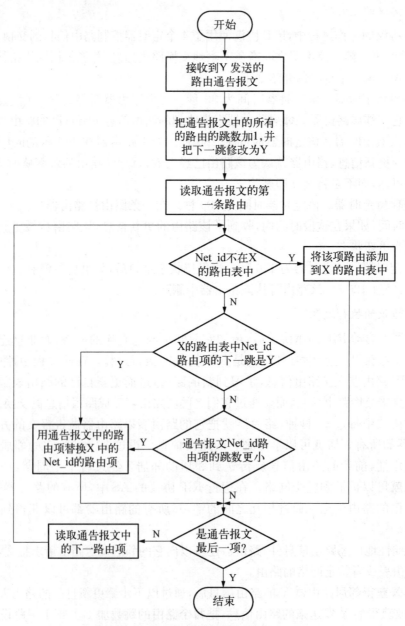

图 7-15 RIP 协议的路由更新算法流程图

3. RIP 协议的优缺点

RIP 路由协议是一种应用较为广泛的路由协议。它的主要优点是配置简单、易于理解、易于实现。

RIP 协议的缺点主要是收敛速度慢,对网络拓扑的变化反应时间较长。RIP 协议中规定路由的最大跳数为 15,不能适用于较大规模的网络。另外路由选择仅仅根据路由的跳数的多少来选择,不能综合考虑带宽、时延等网络参数,服务质量好、带宽高的链路可能不会被选中。

【例 7 - 5】 路由器 R1 的路由表如表 7 - 3 所示,其接收到路由器 R3 的路由通告报文如表 7 - 4 所示,根据 RIP 路由协议的更新算法,求路由器 R1 更新过后的路由表。

解:第一步,当路由器 R1 收到路由器 R3 的路由通告报文后,先把通告报文的路由信息进行修改,把下一跳统一修改为 R3,把所有跳数都加 1,修改后的路由信息如表 7 - 5 所示。

第二步,按照路由更新算法,把表 7 - 5 的中的各路由项与表 7 - 3 的路由项进行比较,得到如表 7 - 6 所示的更新后的路由表。其步骤如下:

(1) 表 7 - 5 中路由项(NET3,R3,5)与表 7 - 3 中(NET3,R3,3)目标网络相同,符合更新算法中的条件②,虽然新的路由项的跳数更多,也要用(NET3,R3,5)替换(NET3,R3,3)。

(2) 表 7 - 5 中路由项(NET4,R3,7),在表 7 - 3 中没有目标网络为 NET4 的路由项,符合更新算法中的条件①,直接把该路由项追加到路由器 R1 的路由表中。

(3) 表 7 - 5 中路由项(NET5,R3,4),与表 7 - 3 中(NET5,R6,7)目标网络相同,符合更新算法中的条件③,新的路由项的跳数更小,所以用(NET5,R3,4)替换(NET5,R6,7)。

(4) 表 7 - 5 中路由项(NET7,R3,7),与表 7 - 3 中(NET7,R8,6)目标网络相同,符合更新算法中的条件③,新的路由项的跳数更大,原路由项保留。

最终路由器更新后的路由表如表 7 - 6 所示。

表 7 - 3 路由器 R1 的路由表

目标网络	下一跳	跳数
NET2	R2	2
NET3	R3	3
NET5	R6	7
NET7	R8	6

表 7 - 4 收到的 R3 的路由通告信息

目标网络	下一跳	跳数
NET3	R1	4
NET4	R4	6
NET5	R5	3
NET7	R7	6

表 7 - 5 路由器 R1 修改 R3 的路由表

目标网络	下一跳	跳数
NET3	R3	5
NET4	R3	7
NET5	R3	4
NET7	R3	7

表 7 - 6 路由器 R1 更新后的路由表

目标网络	下一跳	跳数	操作
NET2	R2	2	保留
NET3	R3	5	替换
NET5	R3	4	替换
NET4	R3	7	追加
NET7	R8	6	保留

7.3.2 RIP 协议的报文格式及其封装

RIP 协议要实现其功能,需要在路由器之间交换路由信息,这些信息以 RIP 报文的形式存在。在 IPv4 网络中,RIP 协议分为 RIPv1 及 RIPv2 两个版本。相应的报文格式也分为两种。

1. RIPv1 报文格式

RIPv1 的报文格式如图 7-16 所示,它分为首部及数据两部分。其中首部有 32 个字节,分为 5 个字段。数据为路由信息。

命令	版本	保留
协议类型		保留
目标网络地址		
全 0		
全 0		
距离		
......		

图 7-16   RIPv1 报文格式

RIPv1 报文各字段的长度及含义如下:

(1) 命令字段。长度为 8 位,该字段定义了 RIP 报文的类型,"1"表示为 RIPv1 的请求报文,"2"表示为 RIPv1 的响应报文。

(2) 版本字段。长度为 8 位,该字段定义了 RIP 的版本号,此处为"1"。

(3) 保留字段。共两个字段,长度都为 16 位,此处全 0,留作以后扩展 RIP 协议的功能。

(4) 协议类型字段。长度为 16 位,该字段表示使用 RIP 协议的协议栈,对于 TCP/IP 协议栈,该字段值为"2"。

(5) 路由信息字段。RIP 报文最多可以包含 25 个路由信息字段,每个字段包括 20 个字节,它又可分为以下的子字段:

① 目标网络地址:长度为 12 个字节,目前使用了 4 字节,表示信宿的 IPv4 网络地址,其余位全为"0"。

② 距离:长度为 32 位,该字段表示从本路由器到信宿网络的路由器跳数。

RIPv1 的请求报文是路由器发给它的邻居路由器,请求对方发送有关的路由信息。在请求报文中距离子字段全为"0"。信宿地址子字段分为两种情况:

① 信宿地址为全"0",则请求对方发送全部路由信息。

② 信宿地址为特定的网络地址,则请求对方发送该网络地址的路由信息。一个请求报文中可以有多个网络地址。

RIPv1 的应答报文也分为两种报文:

① 对请求报文的应答。在这种报文给出的路由信息是请求报文中出现的网络地址的。

可能是部分路由信息,也可能是整个路由表。

② 周期性(30 秒)地广播路由更新信息。这种情况下,应答报文中的数据是整个路由表。

2. RIPv2 的报文格式

为了克服 RIPv1 的不足,对 RIPv1 报文的保留字段进行了一些定义,使其功能得到进一步扩展,就得到了 RIPv2 报文。RIPv2 的报文格式如图 7－17 所示。

命令	版本	保留
协议类型		路由标记
目标网络地址		
子网掩码		
下一跳地址		
距离		
……		

图 7－17 RIPv2 报文格式

RIPv2 报文的各字段说明如下:

(1) 命令字段。长度为 8 位,该字段定义 RIPv2 报文的类型,该字段"1"表示为 RIPv2 的请求报文,"2"表示为 RIPv2 的响应报文。

(2) 版本字段。长度为 8 位,该字段定义了 RIP 的版本号,此处字段值为"2"。

(3) 保留字段。长度为 16 位,该字段为全"0",留作以后扩展 RIP 协议的功能。

(4) 协议类型字段。长度为 16 位,该字段表示使用 RIP 协议的协议栈,对于 TCP/IP 协议栈,该字段值为"2"。

(5) 路由标记字段。长度为 16 位,用来对外部路由做标志,以区分内部 RIP 路由和外部 RIP 路由。

(6) 路由信息字段。RIP 报文最多可以包含 25 个路由信息字段,每个字段包括 20 个字节,它又可分为以下的子字段:

① 目标网络地址。长度为 32 位,表示信宿的网络地址。

② 子网掩码。长度为 32 位,对应于上述的网络地址。

③ 下一跳地址。长度为 32 位,指明把分组转发到目标网络的下一跳路由器的逻辑地址。

④ 距离。长度为 32 位,表示从本路由器到信宿需要经过路由器的跳数。

RIPv2 协议的特点:

(1) RIPv2 在发布路由信息时,可以指定网络地址的子网掩码。即它是一种无类路由协议,它支持 VLSM 及 CIDR。

(2) RIPv2 提供一种简单的鉴别机制。RIPv2 报文的密码如果和要求的密码不一致,该报文将被拒收。

(3) RIPv2 支持多播,可以减少网络及路由器的处理开销。

3. RIP 协议报文的封装

RIP 报文在传输过程中被封装在 UDP 数据报中,其使用 UDP 的端口号为 520。其封装格式如图 7 - 18 所示。

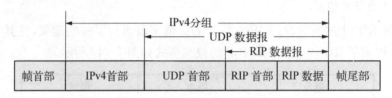

图 7 - 18   RIP 数据报封装格式

7.3.3   RIP 路由协议配置

RIP 路由协议配置与静态路由配置一致,也分为两个步骤:

(1) 路由器基础配置

与 IPv4 静态路由的基础配置完全相同,在此不再赘述。

(2) RIP 路由协议配置命令

① 启动 RIP 路由协议,其命令格式如下:

Router(config)♯router rip

② 在接口上启动 RIP 路由协议,其命令格式如下:

Router(config-router)♯network *network-id*

在该命令中 *network-id* 为该路由器直连网络的网络 ID,如果该路由器需要在多个接口上启动 RIP 协议,则该命令需要执行多次。

【例 7.6】   对例 7.3 所示网络,配置 RIP 路由协议,实现网络的互联互通。

解:1. 对各路由器的基础配置与例 7.3 一致,不再赘述。

2. 在各路由器配置 RIP 路由协议

(1) 路由器 R1 的 RIP 路由配置

    R1(config)♯router rip

    R1(config-router)♯network 192.168.10.0

(2) 路由器 R2 的 RIP 路由配置

    R2(config)♯router rip

    R2(config-router)♯network 192.168.10.0

    R2(config-router)♯network 192.168.20.0

(3) 路由器 R3 的 RIP 路由配置

    R3(config)♯router rip

    R3(config-router)♯network 192.168.20.0

    R3(config-router)♯network 192.168.30.0

(4) 路由器 R4 的 RIP 路由配置

    R4(config)♯router rip

    R4(config-router)♯network 192.168.30.0

当 RIP 路由协议正确配置后,就可以在各个路由器上使用 show ip route 命令查看学习到的路由,如图 7-19 所示为路由器 R1 执行该命令的结果图。从图中可以看出,本路由器从其邻居处学到了两条路由:192.168.30.0 与 192.168.20.0,标记为"R",表示这两条路由是通过 RIP 路由协议学习到的。

```
R1#show ip route
Codes: C - connected, S - static, R - RIP, M - mobile, B - BGP
       D - EIGRP, EX - EIGRP external, O - OSPF, IA - OSPF inter area
       N1 - OSPF NSSA external type 1, N2 - OSPF NSSA external type 2
       E1 - OSPF external type 1, E2 - OSPF external type 2
       i - IS-IS, su - IS-IS summary, L1 - IS-IS level-1, L2 - IS-IS level-2
       ia - IS-IS inter area, * - candidate default, U - per-user static route
       o - ODR, P - periodic downloaded static route

Gateway of last resort is not set

R    192.168.30.0/24 [120/1] via 192.168.10.2, 00:00:06, FastEthernet0/0
C    192.168.10.0/24 is directly connected, FastEthernet0/0
R    192.168.20.0/24 [120/1] via 192.168.10.2, 00:00:06, FastEthernet0/0
```

图 7-19 路由器 R1 的 RIP 路由表

当所有路由器上启动了 RIP 协议,经过一段时间,各个路由器都学习到了到达任意网络的路由,网络处于收敛状态。整个网络是互联互通的。如图 7-20 为路由器 R1 测试路由器 R4 的可达性的结果。从图中可以看出,两个路由器是互通的。

```
R1#ping 192.168.30.2

Type escape sequence to abort.
Sending 5, 100-byte ICMP Echos to 192.168.30.2, timeout is 2 seconds:
!!!!!
Success rate is 100 percent (5/5), round-trip min/avg/max = 56/68/96 ms
```

图 7-20 网络连通性测试

7.4 RIPng 路由协议及配置

7.4.1 RIPng 路由协议概述

RIPng 路由协议是在 RIP 协议的基础上发展而来的,是在 IPv6 环境下的运行的 RIP 协议。RIPng 的意思是下一代 RIP,它对 RIP 协议进行了一些改进,使它能够在 IPv6 环境下运行。其基本原理和 RIP 路由协议是一致的。

RIPng 协议与 RIP 协议的相同点:

① 两者都是距离向量路由协议。

② 最大跳数都为 15,两者都适用于小规模网络。

③ 默认的可管理距离都为 120 跳。

④ 两者的路由更新算法完全相同。

⑤ 两者都是每 30 秒钟自动发送路由信息。

RIPng 协议与 RIP 协议的不同点:

① RIPng 仅支持 TCP/IP 协议栈,而 RIP 除了支持 TCP/IP 协议栈,还支持其他的协议栈。

② RIPng 使用 IPv6 的安全策略来保证路由选择的安全性,不再使用鉴别报文保证安全性。而 RIPv2 使用鉴别报文保证安全性。

③ RIPng 使用多播方式发送路由信息报文,RIP 协议使用广播方式发送路由报文。

④ 与 IPv6 地址一样,RIPng 不再使用子网掩码。

⑤ 虽然两者都使用运输层协议 UDP,但 RIPng 协议使用 UDP 协议的 521 端口。RIP 协议使用 UDP 协议的 520 端口。

⑥ RIPng 报文中的路由项数量不受限制,而 RIP 报文中的路由项不能超过 25 个。

7.4.2 RIPng 的报文格式

与 RIP 协议一样,RIPng 协议也是通过 RIPng 报文实现其功能。RIPng 报文同样也分为两大类:请求报文与响应报文,两种报文的格式完全一样。其报文格式由首部及路由表项(RTE)组成,其中 RTE 可以有若干项。RIPng 报文的报文格式如图 7-21 所示。

图 7-21 RIPng 报文格式

RIPng 各字段长度及含义如下:

(1) 命令字段。长度为 8 位,该字段表示 RIPng 报文类型,"1"表示该报文为 RIPng 的请求报文,"2"表示该报文为 RIPng 的响应报文。

(2) 版本字段。长度为 8 位,该字段表示 RIPng 报文的版本,目前该字段值为"1"。

(3) 保留字段。长度为 8 位,目前该字段值为"0"。

(4) 路由表项(Router Table Entry,RTE)。长度为 20 字节。一个 RIPng 报文中可以带有多个路由表项。每个路由表项由 IPv6 地址前缀、路由标记、前缀长度和到目标网络的代价(即度量值)等 4 部分组成。其格式如图 7-22 所示。

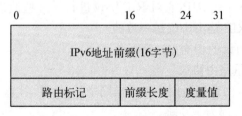

图 7-22 RTE 的格式

RTE 各部分长度及含义如下:

(1) IPv6 地址前缀。长度为 128 位,表示信宿地址。

（2）路由标记。长度为 16 位，用于区分外部或内部的 RIPng 路由。

（3）前缀长度。长度为 8 位，用于表示 IPv6 前缀中的有效长度。

（4）度量值。长度为 8 位，用于表示该路由到信宿的跳数。

7.4.3　RIPng 报文中下一跳的表示方式

在 RIP 报文中，每一个路由表项都包括下一跳字段。但在 RIPng 报文中如果每个 RTE 也都包括下一跳字段，会使 RTE 的长度几乎为原来的 2 倍，这是因为在 IPv6 环境下，下一跳的地址是 128 位的 IPv6 地址。为了节约报文长度，在 RIPng 中采用了把目标网络和下一跳字段分离的方法，即两者都用 RTE 来实现。表示下一跳的 RTE 是一种特殊的 RTE，其路由标记字段为 0，前缀长度为 0，度量值字段为 0xFF。其格式如图 7 - 23 所示。

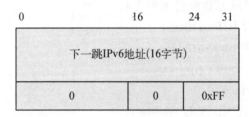

图 7 - 23　下一跳的 RTE 格式

综上所述，RIPng 报文有两种 RTE，一种表示下一跳，另一种表示路由表项。下一跳 RTE 放在所有以该 RTE 为下一跳的 RTE 之前，直到出现新的下一跳 RTE。其格式如图 7 - 24 所示。

图 7 - 24　RTE 的出现顺序

7.4.4　RIPng 报文的封装

与 RIP 路由协议一样，RIPng 的数据报也是封装在 UDP 数据报中的，其使用 UDP 协议的端口号为 521。其封装格式如图 7 - 25 所示。

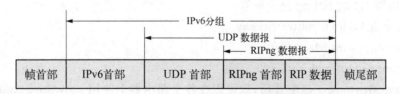

图 7 - 25　RIPng 报文封装格式

7.4.5　RIPng 配置命令

与 IPv6 静态路由配置类似，RIPng 路由配置首先要完成 IPv6 路由的基础配置。与 7.2.2 所介绍的 IPv6 静态路由的基础配置命令完全一样。在此不再赘述。RIPng 协议的配置命令如下：

（1）启动 RIPng 进程

该命令格式如下：

Router(config)♯ipv6 router rip *process-name*

其中 *process-name* 为 RIPng 的进程名，用来区分不同的 RIPng 进程。该进程名只具有本地意义。

（2）在接口启动 RIPng 协议

该命令格式如下：

Router(config-if)♯ipv6   rip *process-name* enable

与 RIP 协议一样，如果路由器需要在多个接口上启动 RIPng 协议，该命令需要执行多次。

【例 7.6】 对例 7.3 所示网络，配置 RIPng 路由协议，实现网络的互联互通。

解：1. 各路由器的 IPv6 基础配置见例 7.4。

2. 在各路由器上配置 RIPng 协议

（1）路由器 R1 的 RIPng 路由配置

   R1(config)♯ipv6 router rip jsjxy

   R1(config)♯interface f0/0

   R1(config-if)♯ipv6 rip jsjxy enable

（2）路由器 R2 的 RIPng 路由配置

   R2(config)♯ipv6 router rip xxxy

   R2(config)♯interface f0/0

   R2(config-if)♯ipv6 rip xxxy enable

   R2(config)♯interface f0/1

   R2(config-if)♯ipv6 rip xxxy enable

（3）路由器 R3 的 RIPng 路由配置

   R3(config)♯ipv6 router rip dzxy

   R3(config)♯interface f0/0

   R3(config-if)♯ipv6 rip dzxy enable

   R3(config)♯interface f0/1

   R3(config-if)♯ipv6 rip dzxy enable

（4）路由器 R4 的 RIPng 路由配置

   R4(config)♯ipv6 router rip sxy

   R4(config)♯interface f0/0

   R4(config-if)♯ipv6 rip sxy enable

当 RIPng 路由协议正确配置后，就可以在各个路由器上使用 show ipv6 route 命令查看学习到的路由，如图 7-26 为路由器 R1 执行该命令的结果图。从图中可以看出，本路由器从其邻居处学到了两条路由：2001:DA01:2::/64 与 2001:DA01:3::/64，标记为"R"，表示这两条路由是通过 RIPng 路由协议学习到的。

当所有路由器上启动了 RIPng 协议，经过一段时间，各个路由器都学习到了到达任意网络的路由，网络处于收敛状态，整个网络是互联互通的。如图 7-27 为路由器 R1 测试路由器 R4 的可达性的结果。从图中可以看出，两个路由器是互通的。

```
R1#show ipv6 route
IPv6 Routing Table - 5 entries
Codes: C - Connected, L - Local, S - Static, R - RIP, B - BGP
       U - Per-user Static route, M - MIPv6
       I1 - ISIS L1, I2 - ISIS L2, IA - ISIS interarea, IS - ISIS summary
       O - OSPF intra, OI - OSPF inter, OE1 - OSPF ext 1, OE2 - OSPF ext 2
       ON1 - OSPF NSSA ext 1, ON2 - OSPF NSSA ext 2
       D - EIGRP, EX - EIGRP external
C   2001:DA01:1::/64 [0/0]
     via ::, FastEthernet0/0
L   2001:DA01:1::1/128 [0/0]
     via ::, FastEthernet0/0
R   2001:DA01:2::/64 [120/2]
     via FE80::CE02:6FF:FE30:0, FastEthernet0/0
R   2001:DA01:3::/64 [120/3]
     via FE80::CE02:6FF:FE30:0, FastEthernet0/0
L   FF00::/8 [0/0]
     via ::, Null0
```

图 7-26　路由器 R1 的 RIPng 路由表

```
R1#ping 2001:da01:3::2

Type escape sequence to abort.
Sending 5, 100-byte ICMP Echos to 2001:DA01:3::2, timeout is 2 seconds:
!!!!!
Success rate is 100 percent (5/5), round-trip min/avg/max = 48/57/68 ms
```

图 7-27　网络连通性测试

7.5　OSPF 路由协议及配置

7.5.1　OSPF 概述

为了克服 RIP 协议不能适用于大型网络的缺点,在 1989 年开发了最短路径优先(Open Shortest Path first,OSPF)路由协议。为了能够适应大规模网络,OSPF 协议把一个 AS 划分为若干个区域,每个区域由位于同一 AS 中的一组网络、主机和路由器组成。区域的组成如图 7-28 所示。

每个区域都有一个区域 ID,区域 ID 与 IPv4 地址标识方法一样,也采用点分法十进制的方式来标识。其中有一个主干区域,其区域 ID 为 0.0.0.0,其他的区域都要与主干区域物理连接,主干区域里的路由器称为主干路由器。在图 7-28 中,路由器 R1、R2、R4 都是主干路由器,R1 同时还是 AS 边界路由器,负责与其他 AS 交换路由信息。

连接两个区域的路由器称为边界路由器,其作用是汇总该区域的路由信息,并将其发送到其他区域,在图 7-28 中,路由器 R2、R4 都是边界路由器。

路由器 R3、R5 为区域内路由器,只能与本区域内的其他路由器交换路由信息。

OSPF 是一种链路状态路由协议,在每个 OSPF 路由器中都有一个链路状态数据库(Link State DataBase,LSDB),LSDB 中存放整个区域的链路状态(Link State,LS),OSPF 路由器采用洪泛法将其链路状态以链路状态通告(Link State Advertisement,LSA)的形式向区域内的所有路由器发送。

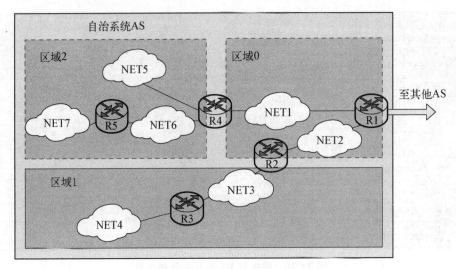

图 7 - 28   OSPF 区域示意图

洪泛法是一种可靠的数据交换方法,其工作方式如图 7 - 29 所示。当路由器 R1 发出 LSA 更新报文时,在①时刻将此报文发给它的三个邻居路由器 R2、R3、R4。在②时刻路由器 R2、R3、R4 再将上述 LSA 更新报文向其他接口转发,到达路由器 R5、R6、R7,转发时不会向该 LSA 的来源接口转发。在③时刻路由器 R5、R6 还会将上述的 LSA 更新报文转发到路由器 R7。收到 LSA 更新报文的路由器会与自己 LSDB 中的 LSA 进行比较,当新接收到的 LSA 的序号更大时,该 LSA 就为最新的 LSA,路由器就用它替换 LSDB 中原来的 LSA。当路由器收到 LSA 更新报文时,会向上游路由器发送 LSA 报文,在图中黑色箭头表示路由器 R2、R3、R4 收到 LSA 后向 R1 发回的确认报文。其他路由器收到 LSA 后同样向上游路由器发确认报文,为简便起见,在图中就不再一一展示了。

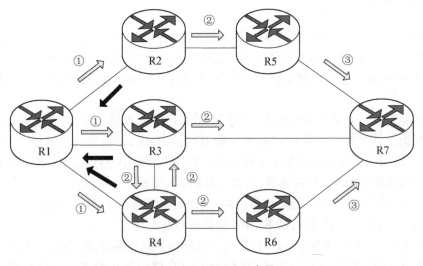

图 7 - 29   洪泛法示意图

同样的,图中的其他路由器也会向其邻居发送其 LSA,并由邻居通过洪泛方式转发,最终所有路由器的 LSDB 达到同步状态。

链路状态就是与该路由器相邻的路由器及其"度量",度量值包括费用、时延、带宽等,是一个综合值。区域中的所有路由器都接收这些链路状态,并写到自己的链路状态数据库(LSDB)中去,LSDB 中存放的其实就是该区域的网络拓扑。当区域中的所有路由器的 LSDB 达到同步时,该区域就处于收敛状态。这时每个路由器根据最短路径优先(Shortest Path First,SPF)算法构造一棵以自己为根的 SPF 树,并由该树计算出自己的路由表。当某网络发生改变时,与该链路相邻的路由器会立即把改变的链路状态进行洪泛,当所有的路由器都收到此状态时,区域又重新归于收敛状态,所有的路由器再重新计算路由表。为了保证 OSPF 的可靠性,在网络拓扑没有变化的情况下,路由器也会周期性的洪泛其链路状态。为了节约网络带宽,这个周期定的时间比较长,在 30 分钟以上。

7.5.2　OSPF 报文格式及封装

在 OSPF 网络中,路由器之间的信息交互是通过 5 种类型的报文来进行的,报文仅在建立了邻居关系的路由器之间进行。这 5 种类型报文包括:Hello 报文、数据库描述(Database Description,DD)报文、链路状态请求(Link State Request,LSR)报文、链路状态更新(Link State Update,LSU)报文、链路状态确认(Link State Acknowledgment,LSA)报文。所有的报文都有一个 24 字节的首部,其报文的一般格式如图 7-30 所示。

版本	类型	报文长度
路由器 ID		
区域 ID		
检验和		认证类型
认证数据		
数据		

图 7-30　OSPF 报文的一般格式

OSPF 报文的各字段长度及含义说明如下:

(1) 版本字段。长度为 8 位,该字段定义了 OSPF 协议的版本,在 IPv4 环境下目前的版本为"2"。

(2) 类型字段。长度为 8 位,该字段定义了 OSPF 报文的类型。目前共定义了 5 种类型:

① Hello 报文。类型值为"1",Hello 报文负责在路由器之间建立邻居关系,并在邻居关系确定之后周期性地测试邻居是否可达。邻居关系的确立是 OSPF 协议的基础,因为 OSPF 路由器是通过邻居交换链路状态的。Hello 报文同时还负责选举指定路由器与备份指定路由器。

② 数据库描述(Database Description,DD)报文。类型值为"2",数据库描述报文用于在邻居关系建立过程中交互路由信息。当路由器初次连接到 OSPF 网络中,或者发生故障重新连接到 OSPF 网络中时,该路由器会向邻居路由器发送 Hello 报文,其邻居第一次收到该路由器的信息时,就会向其发送数据库描述报文。DD 报文中仅包含数据库的概要。

③ 链路状态请求(Link State Request,LSR)报文。类型值为"3",链路状态请求报文用于路由器向其邻居请求需要更新的链路状态。当某路由器收到 DD 报文后,从数据库的概要中

检查出自己还没有的链路状态信息,就会发送链路状态请求报文,以获得该链路的完整信息。

④ 链路状态更新(Link State Update,LSU)报文。类型值为"4",路由器使用链路状态更新报文来通告自己的链路状态,该报文是 OSPF 协议的核心。该报文通过洪泛方式进行传送。当对 LSR 进行回复时,用单播方式发送 LSU。

⑤ 链路状态确认(Link State Acknowledgment,LSA)报文。类型值为"5",链路状态确认报文是对链路状态更新报文的确认,OSPF 路由器会对每一个收到的 LSU 进行确认,可以保证路由选择更加可靠。

(3) 报文长度字段。长度为 16 位,该字段表示了整个 OSPF 报文的长度。

(4) 路由器 ID 字段。长度为 32 位,该字段表示发送该 OSPF 报文的路由器的 ID 号。

(5) 区域 ID 字段。长度为 32 位,该字段表示该 OSPF 报文参与路由更新所在的区域的 ID 号。

(6) 校验和字段。长度为 16 位,该字段用于对整个 OSPF 报文进行校验,但不包括认证类型和认证数据字段。

(7) 认证类型字段。长度为 16 位,该字段定义了该数据报所在区域的认证方法,"0"表示没有认证,"1"表示使用口令认证。

(8) 认证数据字段。长度为 32 位,该字段用于存放认证的数据,当认证类型为"0"时,该字段数据为"0"。当认证类型为"1"时,该字段数据为报文认证所需要的口令。

(9) 数据字段。是各种 OSPF 报文的数据部分,由各种不同的字段及不同的 LSA 构成。LSA 主要有以下几种:

① 路由器 LSA,由某个路由器产生的链路状态。

② 网络 LSA,由某链路的指定路由器产生链路状态。

③ 区域内 LSA,区域内部网络的摘要信息。

OSPF 数据报被直接封装在 IPv4 数据报中,其封装格式如图 7-31 所示,此时 IPv4 首部协议字段值为 89。

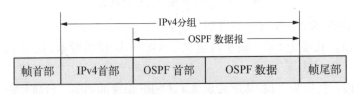

图 7-31 OSPF 报文封装

7.5.3 OSPF 中的指定路由器与备份指定路由器

为了减少路由信息的传播量,在每个广播网络或非广播多路访问网络(Non-Broadcast Multiple Access,NBMA)中需要一个指定路由器(Designated Router,DR)和备份指定路由器(Backup Designated Router,BDR)。DR 的作用是在该网络生成网络 LSA,并与网络中的其他路由器形成邻居关系。

DR 是通过选举产生的,当网络中存在优先级最高的路由器,该路由器自动成为 DR。当所有路由器的优先级都相同时,路由器 ID 最大的路由器成为 DR。BDR 的产生方法与 DR 相同。

由于 DR 与网络中的所有路由器之间都存在邻居关系,网络中的路由器只需与 DR 进行 LS 的交换。在进行 LSDB 同步时,这种方式比普通的洪泛方式具有很大的优势,能够大量减少交互的 OSPF 报文的数量,极大地节约网络带宽。

BDR 与 DR 一样也与网络中的所有路由器之间存在邻居关系。当网络中的 DR 失效时,BDR 自动升级为 DR,这样就避免了网络中的所有路由器出现震荡,同时网络中还需要根据选举规则选举出新的 BDR。

7.5.4　OSPF 路由协议配置

在路由器上配置 OSPF 路由协议与静态路由配置相同,也分为两个步骤:

(1) 路由器的基础配置,与 IPv4 静态路由的基础配置相同,在此不再赘述。

(2) OSPF 路由协议的配置。

① 启动 OSPF 路由协议,其命令格式如下:

Router(config)♯router ospf *process-id*

在命令中 *process-id* 为进程号,该进程号只具有本地含义,进程号的取值范围为 1~65535。

② 指定运行 OSPF 路由协议的接口,其命令格式如下:

Router(config-router)♯network *network-id mask* area *area-id*

在命令中 *network-id* 为该路由器的直连网络的网络 ID,*mask* 为该网络子网掩码的反码,也称反掩码,*area-id* 为该网络所在的 OSPF 区域的区域号。如果要在多个接口上启动 OSPF 进程,该命令需要多次执行。

【例 7.8】　网络拓扑图如图 7-32 所示,配置 OSPF 路由协议,实现网络的互联互通。其各网段地址分配如下:

网段 1:192.168.10.0/24

网段 2:192.168.20.0/24

网段 3:192.168.30.0/24

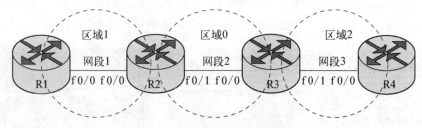

图 7-32　例 7.8 网络拓扑图

解:1. 各路由器的基础配置与例 7.3 相同,在此不再赘述。

2. 在各路由器上配置 OSPF 路由协议。

(1) 路由器 R1 的 OSPF 路由配置

　R1(config)♯router ospf 100

　R1(config-router)♯network 192.168.10.0 0.0.0.255 area 1

(2) 路由器 R2 的 OSPF 路由配置

　R2(config)♯router ospf 100

R2(config-router)♯ network 192.168.10.0 0.0.0.255 area 1

R2(config-router)♯network 192.168.20.0 0.0.0.255 area 0

（3）路由器 R3 的 OSPF 路由配置

R3(config)♯router ospf 100

R3(config-router)♯network 192.168.20.0 0.0.0.255 area 0

R3(config-router)♯network 192.168.30.0 0.0.0.255 area 2

（4）路由器 R4 的 OSPF 路由配置

R4(config)♯router ospf 100

R4(config-router)♯network 192.168.30.0 0.0.0.255 area 2

当 OSPF 路由协议正确配置后，就可以在各个路由器上使用 show ip route 命令查看学习到的路由，如图 7-33 为路由器 R1 执行该命令的结果图。从图中可以看出，本路由器学习到了两条路由：192.168.30.0 与 192.168.20.0，标记为"O"，表示这两条路由是路由器通过交换链路状态，再由 SPF 算法计算得来的。

```
R1#show ip route
Codes: C - connected, S - static, R - RIP, M - mobile, B - BGP
       D - EIGRP, EX - EIGRP external, O - OSPF, IA - OSPF inter area
       N1 - OSPF NSSA external type 1, N2 - OSPF NSSA external type 2
       E1 - OSPF external type 1, E2 - OSPF external type 2
       i - IS-IS, su - IS-IS summary, L1 - IS-IS level-1, L2 - IS-IS level-2
       ia - IS-IS inter area, * - candidate default, U - per-user static route
       o - ODR, P - periodic downloaded static route

Gateway of last resort is not set

O IA 192.168.30.0/24 [110/3] via 192.168.10.2, 00:07:18, FastEthernet0/0
C    192.168.10.0/24 is directly connected, FastEthernet0/0
O IA 192.168.20.0/24 [110/2] via 192.168.10.2, 00:29:05, FastEthernet0/0
```

图 7-33　例 7.8 中路由器 R1 的路由表

当所有路由器上启动了 OSPF 协议后，经过一段时间，各个路由器都学习到了到达任意网络的路由，网络处于收敛状态，整个网络是互联互通的。如图 7-34 为路由器 R1 测试路由器 R4 的可达性的结果。从图中可以看出，两个路由器是互通的。

```
R1#ping 192.168.30.2

Type escape sequence to abort.
Sending 5, 100-byte ICMP Echos to 192.168.30.2, timeout is 2 seconds:
!!!!!
Success rate is 100 percent (5/5), round-trip min/avg/max = 64/89/100 ms
```

图 7-34　网络连通性测试

7.6　OSPFv3 路由协议及配置

OSPFv3 是在 IPv6 环境使用的链路状态路由协议，它是对 IPv4 环境下的 OSPFv2 路由协议进行了扩展，以适应 IPv6 的网络环境。它的工作原理和路由算法与 OSPFv2 保持一致，比如区域划分、主干区域、洪泛、SPF 计算等等。在 OSPFv3 中邻居路由器使用 32 位的路由器 ID 进行标识,路由器之间交换链路状态,并使用 LSDB。

由于 IPv6 没有子网的概念,在 OSPFv3 中路由器接口连接的是链路而非子网。OSPFv3 使用链路本地地址来发现邻居。

7.6.1 OSPFv3 的报文格式

与 OSPFv2 协议一样,OSPFv3 协议也是通过使用 5 种报文来实现链路状态数据库 LSDB 的同步,然后再通过 SPF 算法计算出各路由器的路由表。这 5 种报文的名称与功能与 OSPFv2 协议一样,在此就不再赘述了。

OSPFv3 报文格式如图 7-35 所示,各种 OSPFv3 报文也有相同的首部,其首部各字段与 OSPFv2 基本一致。不同的是认证字段在 OSPFv3 报文中换成了实例 ID 字段与保留字段。实例 ID 字段长度为 8 位,当路由器上有多个 OSPFv3 实例时,每个实例都被分配一个实例 ID。

版本	类型	报文长度
路由器 ID		
区域 ID		
检验和	实例 ID	保留
数据		

图 7-35 OSPFv3 报文格式

OSPFv3 报文在传输过程中直接使用 IPv6 协议进行封装。当 IPv6 首部中下一个首部字段的值为 89 时表明其数据部分为 OSPFv3 数据,OSPFv3 报文的封装格式如图 7-36 所示。

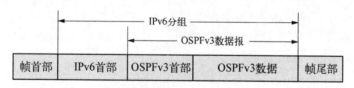

图 7-36 OSPFv3 报文的封装

7.6.2 OSPFv3 路由协议配置

与 IPv6 静态路由配置一下,OSPFv3 路由配置首先要完成 IPv6 路由的基本配置。与 7.2.2 的基础配置命令完全一样。在此不再赘述。OSPFv3 路由协议的配置命令如下:

(1) 启动 OSPFv3 进程,该命令格式如下:

Router(config)♯ipv6 router ospf *process-id*

其中 process-*id* 为 OSPFv3 的进程号,用来区分不同的 OSPFv3 进程,进程号的取值范围为 1~65535,该进程号只具有本地意义。

(2) 设置 Router-ID,该命令格式如下:

Router(config-rtf)♯router-id *router-id*

在命令中 *router-id* 为该路由器的 ID 号,其格式与 IPv4 地址格式相同,为点分法十进制。不同路由器的 router-id 也不相同。

（3）在接口启动 OSPFv3 进程，该命令格式如下：

Router(config-if)♯ipv6 ospf *process-id* area *area-id*[*instance instance-id*]

在命令中 *process-id* 为 OSPFv3 进程的进程号，*area-id* 为该接口所在的 OSPF 区域的区域号，*instance* 参数为可选项，用来声明其使用的实例号。

【例 7.9】 对图 7-32 所示网络，配置 OSPFv3 路由协议，实现网络的互联互通。其各网段地址分配如下：

网段 1：2001：DA01：1：：/64

网段 2：2001：DA01：2：：/64

网段 3：2001：DA01：3：：/64

解：1. 各路由器的 IPv6 基础配置见例 7.4。

2. 在各路由器上配置 OSPFv3 协议。

（1）在路由器 R1 上配置 OSPFv3 路由协议

  R1(config)♯ipv6 router ospf 100

  R1(config-rtr)♯router-id 1.1.1.1

  R1(config)♯int f0/0

  R1(config-if)♯ipv6 ospf 100 area 1

（2）在路由器 R2 上配置 OSPFv3 路由协议

  R2(config)♯ipv6 router ospf 100

  R2(config-rtr)♯router-id 2.2.2.2

  R2(config-rtr)♯int f0/0

  R2(config-if)♯ipv6 ospf 100 area 1

  R2(config-if)♯int f0/1

  R2(config-if)♯ipv6 ospf 100 area 0

（3）在路由器 R3 上配置 OSPFv3 路由协议

  R3(config)♯ipv6 router ospf 100

  R3(config-rtr)♯router-id 3.3.3.3

  R3(config-rtr)♯int f0/0

  R3(config-if)♯ipv6 ospf 100 area 0

  R3(config-if)♯int f0/1

  R3(config-if)♯ipv6 ospf 100 area 2

（4）在路由器 R4 上配置 OSPFv3 路由协议

  R4(config)♯ipv6 router ospf 100

  R4(config-rtr)♯router-id 4.4.4.4

  R4(config)♯int f0/0

  R4(config-if)♯ipv6 ospf 100 area 2

当 OSPFv3 路由协议正确配置后，就可以在各个路由器上使用 show ipv6 route 命令查看学习到的路由，如图 7-37 为路由器 R1 执行该命令的结果图。从图中可以看出，本路由器学到了两条路由：2001：DA01：2：：/64 与 2001：DA01：3：：/64，标记为"OI"，表示这两条路由是路由器通过交换链路状态，再由 SPF 算法计算得来的。

```
R1#show ipv6 route
IPv6 Routing Table - 5 entries
Codes: C - Connected, L - Local, S - Static, R - RIP, B - BGP
       U - Per-user Static route, M - MIPv6
       I1 - ISIS L1, I2 - ISIS L2, IA - ISIS interarea, IS - ISIS summary
       O - OSPF intra, OI - OSPF inter, OE1 - OSPF ext 1, OE2 - OSPF ext 2
       ON1 - OSPF NSSA ext 1, ON2 - OSPF NSSA ext 2
       D - EIGRP, EX - EIGRP external
C   2001:DA01:1::/64 [0/0]
     via ::, FastEthernet0/0
L   2001:DA01:1::1/128 [0/0]
     via ::, FastEthernet0/0
OI  2001:DA01:2::/64 [110/2]
     via FE80::CE07:16FF:FE84:0, FastEthernet0/0
OI  2001:DA01:3::/64 [110/3]
     via FE80::CE07:16FF:FE84:0, FastEthernet0/0
L   FF00::/8 [0/0]
     via ::, Null0
```

图 7-37 例 7.9 中路由器 R1 的路由表

当所有路由器上启动了 OSPFv3 协议后,经过一段时间,各个路由器都学习到了到达任意网络的路由,网络处于收敛状态。整个网络是互联互通的。如图 7-38 所示为路由器R1 测试路由器 R4 的可达性的结果。从图中可以看出,两个路由器是互通的。

```
R1#ping 2001:da01:3::2

Type escape sequence to abort.
Sending 5, 100-byte ICMP Echos to 2001:DA01:3::2, timeout is 2 seconds:
!!!!!
Success rate is 100 percent (5/5), round-trip min/avg/max = 84/97/144 ms
```

图 7-38 网络连通性测试

习 题

7-1 叙述直接交付和间接交付的过程。

7-2 叙述路由器的硬件组成及其功能。

7-3 路由器 R1 的路由表如表 7-7 所示,R1 接收到如下目的 IP 地址的分组。请计算各个分组的输出接口或下一跳路由器。

(1) 179.27.63.8;(2)12.1.0.13;(3)198.24.7.135;(4)198.24.7.10;(5)198.24.7.78

表 7-7 题 7-3 表

目标网络	子网掩码	下一跳
12.10.1.0	255.255.255.0	E1
173.16.10.0	255.255.255.0	E2
198.24.7.64	255.255.255.192	R2
195.23.4.0	255.255.255.192	R4
0.0.0.0	0.0.0.0	R5

7-4 简述有类路由协议与无类路由协议的区别。

7-5 简述静态路由与动态路由的区别。

7-6 RIP 路由协议中的定时器有哪些? 各有什么功能?

7-7 叙述 RIP 路由算法的执行过程。

7-8 叙述 RIP 协议的优缺点。

7-9 路由器 R2 的路由表如表 7-7 所示,通过 RIP 协议获得路由器 R3 的路由表如表 7-8 所示,请根据路由更新算法计算出路由器 R2 的最新路由表。

表 7-7 题 7-9 表 1

目标网络	下一跳	跳数
72.0.0.0	R1	4
158.7.0.0	R3	3
204.9.16.0	R4	7
195.23.4.0	R5	6

表 7-8 题 7-9 表 2

目标网络	下一跳	跳数
170.6.0.0	R7	8
158.7.0.0	R6	7
204.9.16.0	R8	3
195.23.4.0	R4	8

7-10 如图 7-39 为使用 Wireshark 软件所捕获的 RIP 协议的报文,试分析该 RIP 报文的各字段的值及其含义。并说明该 RIP 报文的封装。

```
ff ff ff ff ff ff cc 0a  0e d0 00 01 08 00 45 c0
00 48 00 00 00 00 02 11  e3 3c c0 a8 14 01 ff ff
ff ff 02 08 02 08 00 34  59 1d 02 01 00 00 00 02
00 00 01 00 00 00 00 00  00 00 00 00 00 00 00 00
00 01 00 02 00 00 c0 a8  0a 00 00 00 00 00 00 00
00 00 00 00 00 01
```

图 7-39 题 7-10 图

7-11 RIP 协议与 RIPng 协议有什么异同?

7-12 图 7-40 为使用 Wireshark 软件所捕获的 RIPng 协议的报文,试分析该 RIPng 报文的各字段的值及其含义。并说明该 RIP 报文的封装。

```
33 33 00 00 00 09 cc 10  18 40 00 00 86 dd 6e 00
00 00 00 34 11 ff fe 80  00 00 00 00 00 00 ce 10
18 ff fe 40 00 00 ff 02  00 00 00 00 00 00 00 00
00 00 00 00 00 09 02 09  02 09 00 34 a2 88 02 01
00 00 20 01 da 01 00 02  00 00 00 00 00 00 00 00
00 00 00 00 40 01 20 01  da 01 00 03 00 00 00 00
00 00 00 00 00 00 00 00  40 01
```

图 7-40 题 7-12 图

7-13 简述 OSPF 协议的工作过程。

7-14 简述 OSPF 报文的类型及功能。

【微信扫码】
相关资源

第8章

IPv6 过渡技术

因特网从 IPv4 过渡到 IPv6 将是一个漫长的过程,在这个过程中 IPv4 网络与 IPv6 网络将长期并存,因为两种网络互不兼容,所以过渡技术必不可少。本章首先介绍 IPv6 过渡技术的发展阶段,过渡技术的基本原则。然后介绍常用的过渡技术:双栈技术、隧道技术、翻译技术的工作原理,最后通过具体实例学习上述过渡技术的配置及验证方法。

本章主要内容:

(1) 过渡技术的基本知识。

(2) 双栈技术及配置方法。

(3) 隧道技术及配置方法。

(4) 翻译技术及配置方法。

8.1 概述

随着因特网及移动互联的快速发展,导致 IPv4 地址的消耗大大加快。2011 年 1 月 31 日,IANA 宣布 IPv4 地址资源已全部分配完,即 IANA 已经没有可用的 IPv4 地址分配给各 RIR。而各 RIR 也将很快消耗完自己的 IPv4 地址资源。为了延缓 IPv4 地址的消耗,人们采用了诸如子网划分、VLSM、NAT、CIDR 等多种技术。但这些技术也仅仅起到了一定的缓解作用,而不能从根本上解决 IPv4 地址的耗尽的问题。最终的解决方案还是要在因特网中采用 IPv6 地址,因为 IPv6 协议中采用 128 位的 IPv6 地址,地址空间十分巨大,在可以预见的未来,IPv6 地址空间都能够满足因特网对 IP 地址的需求。

由于 IPv4 协议的成功,极大地推动了因特网的发展。目前 IPv4 协议仍然在因特网上广泛使用,但由于 IPv4 协议存在的一些局限性,特别是地址空间的不足,到现阶段已限制了因特网的进一步发展。而 IPv6 协议作为一个新技术,虽然还在不断地完善、发展中,但其展现出的优越性,是 IPv4 协议无法比拟的,未来一定是 IPv6 协议一统 Internet 的天下。但是 IPv6 与 IPv4 两种协议并不兼容,即 IPv6 网络中的主机与 IPv4 网络中的主机不能直接相互通信。而当前因特网的规模十分庞大,同时涉及有关厂商及电信公司的利益,从纯 IPv4 网络过渡到纯 IPv6 网络的过程必将十分漫长。在相当长的时间内 IPv4 网络会与 IPv6 网络共存。这个过渡过程分两个阶段:

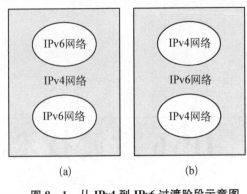

图 8-1 从 IPv4 到 IPv6 过渡阶段示意图

第一阶段,这是过渡阶段的初始时期,IPv4 设备和网络在 Internet 上占统治地位,而 IPv6 设备和网络分散在 Internet 的各处,各个 IPv6 网络之间没有直接连接,就像在 IPv4 网络的汪洋大海中分散着很多 IPv6 网络的小岛。此阶段如图 8-1(a) 所示。

第二阶段,随着各个 IPv6 网络规模的不断扩大,IPv6 网络最终将会互相连接在一起,而 IPv4 网络会随之缩小,各个 IPv4 网络互不相连,就像在 IPv6 网络的海洋中有许多 IPv4 网络的小岛。此阶段如图 8-1(b) 所示。

在 IPv4 到 IPv6 的过渡时期,由于两种异构网络并存,需要解决两个问题,一是孤立的 IPv6 网络之间的通信问题,二是 IPv4 网络和 IPv6 网络之间的通信问题。这也是过渡时期的主要任务。针对这两个任务已经做了很多研究,提出了很多方案。有些已形成 RFC 技术文档,并得到推广使用。

8.1.1　IPv6 过渡技术的原则

在过渡阶段因特网上存在多种网络结点,主要有以下几种:

(1) 纯 IPv4 结点,此类型结点仅仅支持 IPv4 协议,也仅仅配置 IPv4 地址。此类结点可以通过纯 IPv4 网络进行通信。

(2) 纯 IPv6 结点,此类型结点仅仅支持 IPv6 协议,也仅仅配置 IPv6 地址。此类结点可以通过纯 IPv6 网络进行通信。

(3) IPv4/IPv6 结点,此类型结点既支持 IPv4 协议,又支持 IPv6 协议,是一种双协议栈结点,其配置的 IP 地址既有 IPv4 地址又有 IPv6 地址。此类结点可以通过 IPv4 网络与 IPv4 结点通信,也可以通过 IPv6 网络与 IPv6 结点通信。

随着 IPv4 地址的耗尽,因特网如何顺利过渡到 IPv6,是保证其进一步发展的基础。目前 IPv6 技术还在不断地发展、完善,过渡技术也是层出不穷,为了保障过渡期的顺利,过渡技术应该遵循以下原则。

(1) 保证过渡过程的平稳。从 IPv4 到 IPv6 的过渡是一个漫长的过程,要求这个过程是逐步和渐进的。

(2) 提供 IPv4 和 IPv6 服务。在过渡期内,IPv6 网络在提供 IPv6 服务的同时,还要提供 IPv4 的服务,即支持双协议栈。在这一时期内,现有的 IPv4 设备应该能正常使用,并且能与 IPv6 网络通信。

(3) 过渡技术应尽可能简单。这样能够让网络管理人员更快地理解、掌握过渡技术,更利于过渡技术的应用与推广。过渡技术还需要有较强的健壮性,减轻配置、维护等的工作量。

(4) 端到端通信。端到端通信是 TCP/IP 网络的应用原则。在通信过程中,通信双方通过运输层协议实现端到端的连接。但在 IPv4 环境中,由于 IPv4 地址的短缺,大量使用 NAT 技术,破坏了端到端的通信。在 IPv6 环境中,由于 IPv6 地址空间的巨大性,可以在过渡技术中充分考虑端到端的通信,促进更多的 IPv6 的应用采用端到端的通信。

8.1.2　IPv6 过渡期的主要技术

IETF 下设置了下一代网络演进工作组 NGtrans,该工作组主要负责与 IPv6 演进有关的标准的制订工作。其主要任务就是研究 IPv6 的过渡技术,并已提出了多种过渡技术方案。现阶段采用的过渡技术主要有双栈技术、隧道技术、翻译技术。

（1）双栈技术

双栈技术就是让网络中的结点同时运行 IPv4 和 IPv6 协议栈。这两种协议栈之间互不兼容,不能相互通信。这种结点通过 IPv4 网络与其他的 IPv4 结点通信,也可以通过 IPv6 网络与其他的 IPv6 结点通信。网络中路由器、三层交换机等网络层设备也需要同时支持两种协议栈。

（2）隧道技术

隧道技术采用 IP 的封装机制,把 IPv6 数据报封装在 IPv4 数据报中,实现 IPv6 数据报通过 IPv4 网络进行传送。这种技术能够实现 IPv6 主机与其他网络中的 IPv6 主机之间的通信。

（3）翻译技术

翻译技术就是通过把 IPv4 和 IPv6 的首部进行转换,还要实现 IPv4 和 IPv6 地址的转换,来实现 IPv4 结点和 IPv6 结点的通信。

8.2　双栈技术

8.2.1　双栈技术概述

双栈结点同时运行 IPv4 和 IPv6 协议,其协议栈结构如图 8-2 所示。在图中可以看出物理层、数据链路层、运输层与 IPv4 环境下的完全一致,是统一的,不需要根据不同的网络层协议进行区分。但在网络层运行两种协议:IPv4 协议及 IPv6 协议,同时应用层协议分为 IPv4 的应用与 IPv6 的应用。

双栈结点同时具有两种 IP 地址。该结点与其他 IPv4 结点通信时使用 IPv4 地址,与 IPv6 结点通信时使用 IPv6 地址。

双栈技术的优点是技术简单、易于理解、配置方便、操作性强。对现有的 IPv4 网络进行升级,使主机结点、网络结点都能够支持 IPv6,就可以在继续提供 IPv4 网络服务的情况下,支持 IPv6 的应用,从而实现从 IPv4 到 IPv6 的过渡。

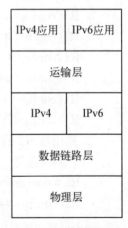

图 8-2　双栈结构图

双栈技术的缺点是每个结点都需要 IPv6 地址和 IPv4 地址,由于 IPv6 地址空间和 IPv4 地址空间的巨大差异,无法解决 IPv4 地址短缺的问题。所以这种过渡技术应用于 IPv4 向 IPv6 过渡的初期,这时 IPv4 地址尚有一定的剩余。当 IPv6 应用达到一定规模时,由于 IPv4 地址的缺乏,双栈技术也就不再适用了。

8.2.2　双栈技术应用举例

【例 8.1】　在图 8-3 所示网络中进行双栈配置,要求在所有路由器分别配置 IPv4 地址和 IPv6 地址,并在 IPv4 环境下配置 RIP 协议,在 IPv6 环境下配置单区域的 OSPFv3 协议,实现各路由器的互联互通。其各网段网络号如下:

网段 1:IPv4:192.168.10.0/24   IPv6:2001:DA01:1::/64

网段 2:IPv4:172.16.0.0/24   IPv6:2001:DA01:2::/64

网段 3:IPv4:192.168.20.0/24   IPv6:2001:DA01:3::/64

图 8-3 例 8.1 网络拓扑图

解:

1. 路由器 R1 的配置

(1) IPv4 配置

   R1#configure terminal

   R1(config)#interface fastEthernet 0/0

   R1(config-if)#ip address 192.168.10.1   255.255.255.0

   R1(config-if)#no shut

   R1(config-if)#exit

   R1(config)#router rip

   R1(config-router)#network 192.168.10.0

(2) IPv6 配置

   R1(config)#ipv6 unicast-routing

   R1(config)#ipv6 router rip router_R1

   R1(config-rtr)#exit

   R1(config)#interface fastEthernet 0/0

   R1(config-if)#ipv6 address 2001:da01:1::1/64

   R1(config-if)#ipv6 rip router_R1 enable

2. 路由器 R2 的配置

(1) IPv4 配置

   R1#configure terminal

   R2(config)#interface fastEthernet 0/0

   R2(config-if)#ip address 192.168.10.2 255.255.255.0

   R2(config-if)#no shut

   R2(config-if)# interface Serial 1/0

   R2(config-if)#ip address 172.16.0.1 255.255.255.0

   R2(config-if)#clock rate 64000

   R2(config-if)#no shut

   R2(config-if)#exit

   R2(config)#router rip

R2(config-router)♯network 192.168.10.0

R2(config-router)♯network 172.16.0.0

（2）IPv6 配置

R2(config)♯ipv6 unicast-routing

R2(config)♯ipv6 router rip router_R2

R2(config-rtr)♯exit

R2(config)♯interface fastEthernet 0/0

R2(config-if)♯ipv6 address 2001:da01:1::2/64

R2(config-if)♯ipv6 rip router_R2 enable

R2(config)♯interface Serial 1/0

R2(config-if)♯ipv6 address 2001:da01:2::1/64

R2(config-if)♯clock rate 64000

R2(config-if)♯ipv6 rip router_R2 enable

3. 路由器 R3 的配置

（1）IPv4 配置

R1♯configure terminal

R3(config)♯interface fastEthernet 0/0

R3(config-if)♯ip address 192.168.20.1 255.255.255.0

R3(config-if)♯no shut

R3(config-if)♯ interface Serial 1/0

R3(config-if)♯ip address 172.16.0.2 255.255.255.0

R3(config-if)♯no shut

R3(config-if)♯exit

R3(config)♯router rip

R3(config-router)♯network 192.168.20.0

R3(config-router)♯network 172.16.0.0

（2）IPv6 配置

R3(config)♯ipv6 unicast-routing

R3(config)♯ipv6 router rip router_R3

R3(config-rtr)♯exit

R3(config)♯interface fastEthernet 0/0

R3(config-if)♯ipv6 address 2001:da01:3::1/64

R3(config-if)♯ipv6 rip router_R3 enable

R3(config)♯interface Serial 1/0

R3(config-if)♯ipv6 address 2001:da01:2::2/64

R3(config-if)♯ipv6 rip router_R3 enable

4. 路由器 R4 的配置

（1）IPv4 配置

R4♯configure terminal

R4(config)♯interface fastEthernet 0/0

R4(config-if)♯ip address 192.168.20.2 255.255.255.0

R4(config-if)♯no shut

R4(config-if)♯exit

R4(config)♯router rip

R4(config-router)♯network 192.168.20.0

（2）IPv6 配置

R4(config)♯ipv6 unicast-routing

R4(config)♯ipv6 router rip router_R4

R4(config-rtr)♯exit

R4(config)♯interface fastEthernet 0/0

R4(config-if)♯ipv6 address 2001:da01:3:;2/64

R4(config-if)♯ipv6 rip router_R4 enable

当上述配置完成时，在每个路由器上都既有 IPv4 路由表又有 IPv6 路由表，以路由器 R3 为例，它的 IPv4 路由表和 IPv6 路由表分别如图 8-4 和图 8-5 所示。

```
R3#sh ip route
Codes: C - connected, S - static, R - RIP, M - mobile, B - BGP
       D - EIGRP, EX - EIGRP external, O - OSPF, IA - OSPF inter area
       N1 - OSPF NSSA external type 1, N2 - OSPF NSSA external type 2
       E1 - OSPF external type 1, E2 - OSPF external type 2
       i - IS-IS, su - IS-IS summary, L1 - IS-IS level-1, L2 - IS-IS level-2
       ia - IS-IS inter area, * - candidate default, U - per-user static route
       o - ODR, P - periodic downloaded static route

Gateway of last resort is not set

R    192.168.10.0/24 [120/1] via 172.16.10.1, 00:00:09, Serial1/0
     172.16.0.0/24 is subnetted, 1 subnets
C       172.16.10.0 is directly connected, Serial1/0
C    192.168.20.0/24 is directly connected, FastEthernet0/0
```

图 8-4　路由器 R3 的 IPv4 路由表

```
R3#sh ipv6 route
IPv6 Routing Table - 6 entries
Codes: C - Connected, L - Local, S - Static, R - RIP, B - BGP
       U - Per-user Static route, M - MIPv6
       I1 - ISIS L1, I2 - ISIS L2, IA - ISIS interarea, IS - ISIS summary
       O - OSPF intra, OI - OSPF inter, OE1 - OSPF ext 1, OE2 - OSPF ext 2
       ON1 - OSPF NSSA ext 1, ON2 - OSPF NSSA ext 2
       D - EIGRP, EX - EIGRP external
R    2001:DA01:1::/64 [120/2]
     via FE80::CE02:14FF:FE7C:0, Serial1/0
C    2001:DA01:2::/64 [0/0]
     via ::, Serial1/0
L    2001:DA01:2::2/128 [0/0]
     via ::, Serial1/0
C    2001:DA01:3::/64 [0/0]
     via ::, FastEthernet0/0
L    2001:DA01:3::1/128 [0/0]
     via ::, FastEthernet0/0
L    FF00::/8 [0/0]
     via ::, Null0
```

图 8-5　路由器 R3 的 IPv6 路由表

　　在本例中,当在 IPv4 环境下通信时,使用各路由器上的 IPv4 协议栈,如在路由器 R1 上使用 ping 命令访问路由器 R4 时,ping 命令的执行结果如图 8-6 所示。

　　在路由 R3 上使用 Wireshark 捕包工具进行捕包,捕获到的 ICMP 回应请求与应答的请求报文如图 8-7 所示,在图中可以看出该 ICMP 报文是被封装在 IPv4 数据报中,可以证明该报文的传输也是通过各路由器的 IPv4 协议栈。

```
R1#ping 192.168.20.2

Type escape sequence to abort.
Sending 5, 100-byte ICMP Echos to 192.168.20.2, timeout is 2 seconds:
!!!!!
Success rate is 100 percent (5/5), round-trip min/avg/max = 56/61/72 ms
```

图 8-6　在 IPv4 环境下执行 ping 命令结果图

```
⊟ Internet Protocol Version 4, Src: 192.168.10.1 (192.168.10.1), Dst: 192.168.20.2 (192.168.20.2)
    Version: 4
    Header length: 20 bytes
  ⊞ Differentiated Services Field: 0x00 (DSCP 0x00: Default; ECN: 0x00: Not-ECT (Not ECN-Capable Transport))
    Total Length: 100
    Identification: 0x000c (12)
  ⊞ Flags: 0x00
    Fragment offset: 0
    Time to live: 254
    Protocol: ICMP (1)
  ⊞ Header checksum: 0x1d39 [correct]
    Source: 192.168.10.1 (192.168.10.1)
    Destination: 192.168.20.2 (192.168.20.2)
    [Source GeoIP: Unknown]
    [Destination GeoIP: Unknown]
⊟ Internet Control Message Protocol
    Type: 8 (Echo (ping) request)
    Code: 0
    Checksum: 0x7da9 [correct]
    Identifier (BE): 2 (0x0002)
    Identifier (LE): 512 (0x0200)
    Sequence number (BE): 2 (0x0002)
    Sequence number (LE): 512 (0x0200)
    [Response frame: 33]
  ⊞ Data (72 bytes)
```

图 8-7　Wireshark 捕获到的 ICMP 回应请求与应答报文

　　在本例中,当在 IPv6 环境下通信时,使用各路由器上的 IPv6 协议栈,同样地在路由器 R1 上使用 ping 命令访问路由器 R4 时,ping 命令的执行结果如图 8-8 所示。

```
R1#ping 2001:da01:3::2

Type escape sequence to abort.
Sending 5, 100-byte ICMP Echos to 2001:DA01:3::2, timeout is 2 seconds:
!!!!!
Success rate is 100 percent (5/5), round-trip min/avg/max = 56/79/172 ms
```

图 8-8　在 IPv6 环境下执行 ping 命令结果图

　　在路由 R3 上使用 Wireshark 捕包工具进行捕包,捕获到的 ICMPv6 回应请求与应答的请求报文如图 8-9 所示。在图中可以看出该 ICMPv6 报文是被封装 IPv6 数据报中,可以证明该报文的传输也是通过各路由器的 IPv6 协议栈。

```
⊟ Internet Protocol Version 6, Src: 2001:da01:1::1 (2001:da01:1::1), Dst: 2001:da01:3::2 (2001:da01:3::2)
  ⊞ 0110 .... = Version: 6
  ⊞ .... 0000 0000 .... .... .... .... .... = Traffic class: 0x00000000
    .... .... .... 0000 0000 0000 0000 0000 = Flowlabel: 0x00000000
    Payload length: 60
    Next header: ICMPv6 (58)
    Hop limit: 63
    Source: 2001:da01:1::1 (2001:da01:1::1)
    Destination: 2001:da01:3::2 (2001:da01:3::2)
    [Source GeoIP: Unknown]
    [Destination GeoIP: Unknown]
⊟ Internet Control Message Protocol v6
    Type: Echo (ping) request (128)
    Code: 0
    Checksum: 0xb3e0 [correct]
    Identifier: 0x16bf
    Sequence: 2
    [Response In: 24]
  ⊞ Data (52 bytes)
```

图 8‑9   Wireshark 捕获到的 ICMPv6 回应请求与应答报文

8.3 隧道技术

在 IPv6 过渡时期,最理想的情况是每个结点都是双栈结构,所有网络既提供 IPv4 服务,又提供 IPv6 服务。但这需要投入巨额资金,同时由于 IPv4 地址的短缺,决定了双栈技术在过渡时期不能长期使用。在过渡阶段的一定时期内,一部分网络采用了 IPv6 技术,但骨干网络还是 IPv4 网络。这时在 IPv6 网络之间通信就需要使用隧道技术。

8.3.1 隧道技术原理

隧道技术就是通过对数据报的封装/解封装,使同构网络之间的数据报能够通过异构网络进行通信。比如两个港口隔海相望,要把货物从一个港口运往另一个港口,就需要在前一个港口把货物装船(相当于网络中的封装)。船只在海上航行(相当于数据报在异构网络中的传输,即通过隧道传输),到后一个港口把货物从船上卸下(相当于网络中的解封装)。这样就实现了两个港口之间货物的互通。

隧道技术在 IPv6 过渡时期的应用如图 8‑10 所示,在图中网络 1 和网络 2 是 IPv6 网络,但两者之间没有直接连接,而是通过 IPv4 网络相互连接。因为 IPv4 协议和 IPv6 协议互不兼容,网络 1 和网络 2 之间无法直接通信。如果在这两个网络之间需要通信,就必须采用隧道技术。在图中两个路由器 R1 和 R2 支持双栈,并需要设置某个 IPv4 接口作为隧道的入口和出口。如当网络 1 中主机 H1(IPv6 地址设为 H1_IPv6_addr1)需要与网络 2 中主机 H2(IPv6 地址设为 H2_IPv6_addr2)通信时,在网络 1 中完成 IPv6 封装,其封装格式如图中①所示。当该数据报传送到路由器 R1 时,需要进一步封装才能通过 IPv4 网络,即把 IPv6 数据报封装在 IPv4 数据报中,封装格式如图中②所示。通过这种把 IPv6 数据报封装在 IPv4 数据报的方式,穿越 IPv4 网络,IPv6 数据报在此过程中没有任何变化。当数据报传送到 R2 时,实现 IPv4 首部的解封装,把 IPv6 数据报还原,其格式如图中③所示,就可继续在网络 2 中传输,最终到达主机 H2。当 IPv6 网络 2 中的主机与 IPv6 网络 1 中的主机通信时,隧道的入口地址就变为 IPv4_addr2,隧道的出口地址变为 IPv4_addr1。

在 IPv6 过渡技术中,按照隧道的存在状态,隧道技术又分为手工隧道及自动隧道两类。

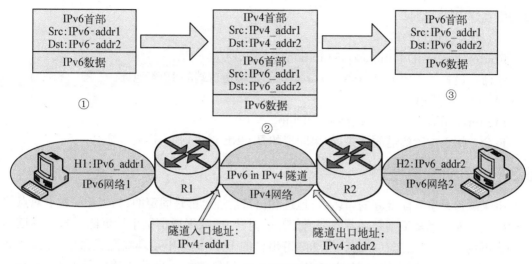

图 8 - 10　IPv6 隧道技术原理图

8.3.2　手工隧道技术

1. 手工隧道概述

手工隧道就是隧道由网络管理员手工配置好,其入口地址及出口地址都是通过配置命令用手工来实现配置的。该隧道将一直存在,而不是随着数据的发送而产生,数据传输结束而撤销,它适用于经常通信的 IPv6 结点之间。在 IPv6 过渡的初期,IPv6 网络较少,并且 IPv6 上的通信量不大,可以采用手工配置隧道。当 IPv6 网络越来越多时,且通信量也变大时,这种隧道技术就不再适用。

手工隧道工作原理如图 8 - 10 所示,在图中主机 H1 和主机 H2 分别位于两个不同的 IPv6 网络中,两个网络不直接相连,两者之间的通信要通过 IPv4 网络。如果路由器 R1 和 R2 之间采用手工隧道,在数据发送前,隧道就是已经配置好了。在 R1 上配置隧道时,需要知道隧道的出口地址,即路由器 R2 上的某端口的 IPv4 地址。反之,在路由器 R2 上配置手工隧道上,也需要知道 R1 路由器上的出口地址。在通信过程中,数据报在隧道中传输时,是用 IPv4 首部封装 IPv6 数据报。

GRE 隧道也是一种手工隧道,它是在 IPv4 的 GRE 隧道上承载 IPv6 数据报。在隧道的入口,首先用 GRE 封装 IPv6 数据报,然后再封装在 IPv4 数据报中。这种封装方式除了支持 IPv6 的通信,还可以支持 IPX、APPLETALK 等其他网络协议的数据报。

2. 手工隧道的配置命令

（1）配置隧道接口及其 IPv6 地址

Router(config)＃interface tunnel *tunnel_number*

Router(config-if)＃ipv6 addrress *ipv6_address*/*prefix_length*

其中 *tunnel_number* 为隧道号,其取值范围为 0～2147483647。

（2）配置隧道源接口

Router(config-if)＃tunnel source {*interface*|*ip_address*}

该命令用于设置隧道的源接口,建议使用 loopback 接口。在命令中使用的接口,必须事先配置好 IPv4 地址。

（3）配置隧道目的接口

Router(config-if)♯tunnel destination *ip_address*

该命令设置隧道的出口,其中 *ip_address* 是隧道对端的 IPv4 地址。

（4）配置隧道模式

Router(config-if)♯tunnel mode ipv6ip

该命令用于配置隧道的模式,如果配置的是 GRE 隧道,则不需要该命令。

8.3.3　自动隧道技术

手工隧道是事先配置好的,其入口地址和出口地址也都是固定的,相当于一种点对点的通信模式。而自动隧道则是随着数据通信开始时建立,数据通信结束后拆除。自动隧道不是一成不变的,而是动态存在的。自动隧道出口的 IPv4 地址不出现在配置命令中,而是嵌入到 IPv6 地址中,实现 IPv4 地址和 IPv6 地址之间的映射。自动隧道的类型有 6over4、6to4、ISATAP 等,不同类型的隧道技术中,IPv4 地址和 IPv6 地址之间的映射方式也不相同。

1. 6over4 隧道

6over4 协议是一种 IPv6-over-IPv4 的过渡协议,由 RFC2529 定义。6over4 隧道用于实现孤立的 IPv6 结点之间的通信,这些结点位于 IPv4 网络中,与 IPv6 路由器没有直接相连,这些结点也称为 6over4 主机。如果这些 IPv6 结点需要与其他的 IPv6 网络通信,需要链路上的路由器支持 IPv6/IPv4 双栈,该路由器也称为 6over4 路由器,6over4 路由器通过 6over4 隧道为 6over4 主机提供 IPv6 互联网的接入服务。

6over4 隧道是利用 IPv4 的多播机制来实现的,它将 IPv6 链路本地地址映射到 IPv4 的多播域上,并将 IPv6 数据报封装在 IPv4 的多播报文中。这些 IPv6 结点使用 IPv4 的多播域作为它们通信的虚拟链路,实现通信功能,6over4 隧道的应用场景如图 8 - 11 所示。

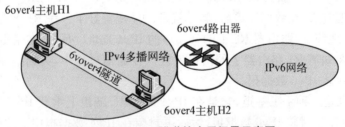

图 8 - 11　6over4 隧道的应用场景示意图

6over4 主机的地址由 64 位前缀和 32 位的 IPv4 地址组成。嵌入的 IPv4 地址放在 IPv6 地址的低 32 位,使用十六进制表示,即 w.x.y.z 表示成 wwxx:yyzz。64 位的地址前缀为链路本地地址的 64 位前缀,当 6over4 路由器具有因特网上的 IPv6 地址前缀时,通过邻居发现协议,该前缀也会发送至 6over4 主机,该主机还同时拥有一个因特网上的 6over4 地址。其余的 32 位全为"0"。6over4 地址格式如图 8 - 12 所示。

127	64	32	0
IPv6地址前缀	000…000	IPv4地址	

图 8 - 12　6over4 结点的 IPv6 地址格式

在图 8-11 中,如果主机 H1 和 H2 具有的 IPv4 地址分别为 210.26.33.5 和 210.26.33.20,
6over4 路由器具有的因特网上的 IPv6 地址前缀为 2001:27A8::/64,则 H1、H2 具有的地
址如表 8-1 所示。

由于 6over4 协议需要 IPv4 网络支持多播。而因特网中并没有广泛应用多播网络。所
以,这种过渡机制没有得到广泛使用。

表 8-1　图 8-11 主机所具有的 IP 地址

地址类型	H1	H2
IPv4 地址	210.26.33.5	210.26.33.20
链路本地地址	FE80::D21A:2105	FE80::D21A:2114
全球因特网的 IPv6 地址	2001:27A8::D21A:2105	2001:27A8::D21A:2114

2. 6to4 隧道

(1) 6to4 隧道工作原理

6to4 隧道用来实现孤立的 IPv6 网络之间的通信,6to4 协议是由 RFC3056 定义。6to4
隧道的应用场景如图 8-10 所示。在图中各个 IPv6 网络之间无直接连接,而是通过 IPv4
网络才相互连接。当 IPv6 网络 1 中的主机 H1 与 IPv6 网络 2 中的主机 H2 通信时,通过
6to4 路由器之间建立 6to4 隧道,就可以实现 H1 与 H2 之间的通信。

6to4 路由器位于 IPv6 网络和 IPv4 网络的交界处,该路由器支持 IPv4/IPv6 双栈,能够
对来自 IPv6 网络的数据报进行 6to4 封装,实现 6to4 的隧道功能,使不同 IPv6 网络之间能
够相互通信。

6to4 主机是指具有 6to4 地址的主机,它位于 IPv6 网络中。6to4 主机发出的 IPv6 数据
报到达 6to4 路由器时,该路由器把这些 IPv6 数据报封装到 IPv4 数据报中,就能通过 IPv4
网络进行传输,当数据报到达目标网络的 6to4 路由器时,实现 IPv4 首部的解封装,把 IPv6
数据报还原出来。通过上述过程,实现了 6to4 隧道的功能。

6to4 地址的格式如图 8-13 所示,其前 16 位前缀固定为 2002::/16,接下来的 32 位为
6to4 主机 IPv4 地址,两者共同构成 48 位的地址前缀,其他两部分分别为 18 位的 SLAID 及
64 位接口标识符。

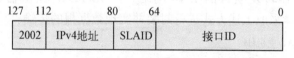

图 8-13　6to4 地址格式

在图 8-10 中,若路由器 R1 中隧道的入口地址的 IPv4 地址为 210.26.33.5,路由器 R2
中隧道的出口地址的 IPv4 地址为 210.26.32.10,则它们对应的 6to4 地址分别为 2002:
D21A:2105::/48 及 2002:D21A:200A::/48。当 H1 向 H2 发送 IPv6 数据报时,首先实现
IPv6 封装,该数据报的 IPv6 首部的源地址为主机 H1 的 IPv6 地址,目的地址为主机 H2 的
IPv6 地址。当该数据报到达 6to4 路由器时,经过路由器 R1 的路由表判断其目的地址在
IPv6 网络 2,该数据报需要通过 6to4 隧道进行传输。就把上述 IPv6 数据报进行 IPv4 封
装,源地址为本地路由器的隧道入口的 IPv4 地址,从路由表中的 IPv6 目的地址中获得的

IPv4 地址为隧道的出口地址,用这两个 IPv4 地址封装数据报,就能够使该 IPv6 数据报通过 IPv4 网络。当该数据报到达出口地址所在的 6to4 路由器时,实现 IPv4 首部的解封装,再把还原的 IPv6 数据报转发至目标 IPv6 网络(即图 8‑10 中的 IPv6 网络 2),最终到达主机 H2,完成本次通信。

(2) 6to4 隧道的配置命令

① 配置隧道接口及其 IPv6 地址

Router(config) # interface tunnel *tunnel_number*

该命令中隧道号可在 0~2147483647 范围中取值。

Router(config-if) # ipv6 addrress *ipv6_address*/*prefix_length*

该 IPv6 地址是前缀为 2002::/16 的 6to4 地址,嵌入的 IPv4 地址为隧道入口接口的 IPv4 地址。

② 配置隧道源接口

Router(config-if) # tunnel source {*interface*|*ip_address*}

该命令用于设置隧道的源接口,建议使用 loopback 接口,在命令中使用的接口,必须事先配置好 IPv4 地址。

③ 配置隧道模式

Router(config-if) # tunnel mode ipv6ip 6to4

该命令用于配置隧道的模式为 6to4 模式。

3. ISATAP 隧道

(1) ISATAP 隧道工作原理

ISATAP 隧道(Intra-Site Automatic Tunnel Addressing Protocol)与 6to4 隧道类似,也是一种自动隧道,其协议由 RFC5214 定义。它主要用在 IPv4 网络中的 IPv6 结点之间的通信,以及这些 IPv6 结点与 IPv6 网络之间通信,其应用场景如图 8‑14 所示。在图中,当两个 ISATAP 主机之进行 IPv6 通信时,在两者之间要构建 ISATAP 隧道。在源结点把 IPv6 数据报封装在 IPv4 报文中,并在 IPv4 网络中进行单播传送。到达目的结点时,再对 IPv4 首部进行解封装,还原出 IPv6 数据报,完成 ISATAP 隧道的传送。如果 ISATAP 主机要和 IPv6 因特网上的 IPv6 主机通信时,通过上述方式,把 IPv6 数据报传送至 ISATAP 路由器,再由该路由器转发至目的 IPv6 网络。当 ISATAP 路由器转发 IPv6 数据报给 ISATAP 主机时,同样采取上述方式进行封装并实现数据报的传输。

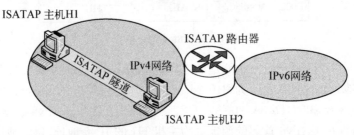

图 8‑14 ISATAP 隧道应用场景示意图

在图 8‑14 中,ISATAP 主机为启动了 ISATAP 协议的主机,位于 IPv4 网络中,并具有 ISATAP 地址。ISATAP 路由器为启动了 ISATAP 协议的路由器,它是双栈路由器,同时连接 IPv4 和 IPv6 网络。它能够为 ISATAP 主机提供 ISATAP 地址的 64 位前缀。在进行通信时,它作为 ISATAP 主机的网关。

ISATAP 地址把主机的 IPv4 地址嵌入到 ISATAP 地址的低 32 位。64 位的前缀可以是链路本地地址或者因特网上的 IPv6 地址的前缀。链路本地地址用来实现本网内的 ISATAP 隧道,因特网上的 IPv6 地址前缀用于和因特网上的 IPv6 主机通信。ISATAP 主机通过邻居发现协议获得 ISATAP 路由器提供的因特网上的 IPv6 前缀。其地址的格式如图 8-15 所示,当 u=1 时表示 IPv4 地址为因特网上的 IPv4 地址,否则 u=0。g 位是 IEEE 的群体/个体标志位。例如,当 ISATAP 主机的 IPv4 地址为 172.16.0.3 时,根据图 8-15 得知,该主机的本地链路 ISATAP 地址为 FE80::0:5EFE:AC10:0003。如果该主机获得的 IPv6 前缀为 2001:A302::/64 时,前述主机的因特网上的 ISATAP 地址为 2001:A302::0:5EFE:AC10:0003。本地链路 ISATAP 地址和因特网的 ISATAP 地址可以同时存在。

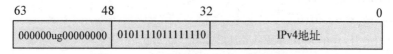

63	48	32	0
000000ug00000000	0101111011111110	IPv4地址	

图 8-15　ISATAP 主机地址接口 ID 格式

(2) ISATAP 配置命令

① 配置隧道接口及其 IPv6 地址

Router(config)#interface tunnel *tunnel_number*

Router(config-if)#ipv6 address *ipv6_address/prefix_length* eui-64

IPv6 地址的必须使用 eui-64 方式指定。

② 在该接口上禁止发送路由器公告报文

Router(config-if)#no ipv6 nd suppress-ra

③ 配置隧道源接口

Router(config-if)#tunnel source {*interface*|*ip_address*}

④ 配置隧道模式

Router(config-if)#tunnel mode ipv6ip isatap

8.3.4　隧道技术配置实例

【例 8.2】　网络拓扑如图 8-16 所示,其中网段 1、网段 4 为 IPv6 网络,网段 2、网段 3 为 IPv4 网络,在网络中配置手工隧道,实现网段 1、网络 4 的互通。各网段的网络地址如下:

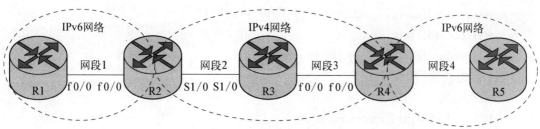

图 8-16　例 8.2 网络拓扑图

网段 1：2001：DA01：1：：/64

网段 2：192.168.1.0/24

网段 3：192.168.2.0/24

网段 4：2001：DA01：2：：/64

解：1. 在路由器 R2、R3、R4 上配置 IPv4 地址及 IPv4 路由协议

（1）路由器 R2 的配置

  R2(config)#interface f0/1

  R2(config-if)#ip address 192.168.1.1 255.255.255.0

  R2(config-if)#no shut

  R2(config)#router rip

  R2(config-router)#network 192.168.1.0

（2）路由器 R3 的配置

  R3(config)#int f0/0

  R3(config-if)#ip addr 192.168.1.2 255.255.255.0

  R3(config-if)#no shut

  R3(config-if)#int f0/1

  R3(config-if)#ip addr 192.168.2.1 255.255.255.0

  R3(config-if)#no shut

  R3(config)#router rip

  R3(config-router)#network 192.168.1.0

  R3(config-router)#network 192.168.2.0

（3）路由器 R4 的配置

  R4(config)#interface f0/0

  R4(config-if)#ip address 192.168.2.2 255.255.255.0

  R4(config-if)#no shut

  R4(config)#router rip

  R4(config-router)#network 192.168.2.0

2. 在路由器 R1、R2、R4、R5 上配置 IPv6 地址及 IPv6 路由协议

（1）路由器 R1 的配置

  R1(config)#ipv6 unicast-routing

  R1(config)#ipv6 router rip jsjxy

  R1(config)#interface f0/0

  R1(config-if)#ipv6 addrress 2001：DA01：1：：1/64

  R1(config-if)#no shut

  R1(config-if)#ipv6 rip jsjxy enable

（2）路由器 R2 的配置

  R2(config)#ipv6 unicast-routing

  R2(config)#ipv6 router rip jsjxy

  R2(config)#interface f0/0

R2(config-if)♯ipv6 addrress 2001:DA01:1::2/64

R2(config-if)♯no shut

R2(config-if)♯ipv6 rip jsjxy enable

（3）路由器 R4 的配置

R4(config)♯ipv6 unicast-routing

R4(config)♯ipv6 router rip jsjxy

R4(config)♯interface f0/1

R4(config-if)♯ipv6 addrress 2001:DA01:2::1/64

R4(config-if)♯no shut

R4(config-if)♯ipv6 rip jsjxy enable

（4）路由器 R5 的配置

R5(config)♯ipv6 unicast-routing

R5(config)♯ipv6 router rip jsjxy

R5(config)♯interface f0/0

R5(config-if)♯ipv6 addrress 2001:DA01:2::2/64

R5(config-if)♯no shut

R5(config-if)♯ipv6 rip jsjxy enable

3. 在 R2、R4 上配置手工隧道

（1）在路由器 R2 上配置手工隧道

R2(config)♯interface loopback 0

R2(config-if)♯ip address 1.1.1.1 255.255.255.0

R2(config)♯router rip

R2(config-router)♯network 1.0.0.0

R2(config)♯interface tunnel 0

R2(config-if)♯ipv6 address 2001:DA01:3::1/64

R2(config-if)♯tunnel source loopback 0

R2(config-if)♯tunnel destination 2.2.2.2

R2(config-if)♯tunnel mode ipv6ip

R2(config-if)♯ipv6 rip jsjxy enable

（2）在路由器 R4 上配置手工隧道

R4(config)♯interface loopback 0

R4(config-if)♯ip address 2.2.2.2 255.255.255.0

R4(config)♯router rip

R4(config-router)♯network 2.0.0.0

R4(config)♯interface tunnel 0

R4(config-if)♯ipv6 address 2001:DA01:4::1/64

R4(config-if)♯tunnel source loopback 0

R4(config-if)♯tunnel destination 1.1.1.1

R4(config-if)♯tunnel mode ipv6ip

R4(config-if)♯ipv6 rip jsjxy enable

当完成上述配置后,在两个互不相连的 IPv6 网络之间就可以通过隧道相互通信。如果在路由器 R1 用 ping 命令访问路由器 R5,命令执行结果如图 8-17 所示,证明两个网络是相通的。

```
R1#ping 2001:da01:2::2

Type escape sequence to abort.
Sending 5, 100-byte ICMP Echos to 2001:DA01:2::2, timeout is 2 seconds:
!!!!!
Success rate is 100 percent (5/5), round-trip min/avg/max = 44/72/116 ms
```

图 8-17 例 8.2 ping 命令执行结果

在路由 R3 上启动 Wireshark 捕包工具进行捕包,捕获到的 ICMPv6 回应请求与应用的请求包如图 8-18 所示,图中可以看出该 ICMPv6 被封装在 IPv6 数据报中,该 IPv6 数据报又被封装在 IPv4 数据报中,IPv4 数据报的源 IP 地址是隧道的入口地址 1.1.1.1,目的地址是隧道的出口地址 2.2.2.2。表明 IPv6 数据报在通过 IPv4 网络时是被封装在 IPv4 数据报中,实现了隧道功能。

```
⊞ Frame 16: 134 bytes on wire (1072 bits), 134 bytes captured (1072 bits) on interface 0
⊞ Ethernet II, Src: cc:03:15:68:00:01 (cc:03:15:68:00:01), Dst: cc:00:15:68:00:00 (cc:00:15:68:00:00)
⊟ Internet Protocol Version 4, Src: 1.1.1.1 (1.1.1.1), Dst: 2.2.2.2 (2.2.2.2)
    Version: 4
    Header length: 20 bytes
  ⊞ Differentiated Services Field: 0x00 (DSCP 0x00: Default; ECN: 0x00: Not-ECT (Not ECN-Capable Transport))
    Total Length: 120
    Identification: 0x00a7 (167)
  ⊞ Flags: 0x00
    Fragment offset: 0
    Time to live: 254
    Protocol: IPv6 (41)
  ⊞ Header checksum: 0xb5b0 [correct]
    Source: 1.1.1.1 (1.1.1.1)
    Destination: 2.2.2.2 (2.2.2.2)
    [Source GeoIP: Unknown]
    [Destination GeoIP: Unknown]
⊟ Internet Protocol Version 6, Src: 2001:da01:1::1 (2001:da01:1::1), Dst: 2001:da01:2::2 (2001:da01:2::2)
  ⊞ 0110 .... = Version: 6
  ⊞ .... 0000 0000 .... .... .... .... = Traffic class: 0x00000000
    .... .... .... 0000 0000 0000 0000 0000 = Flowlabel: 0x00000000
    Payload length: 60
    Next header: ICMPv6 (58)
    Hop limit: 63
    Source: 2001:da01:1::1 (2001:da01:1::1)
    Destination: 2001:da01:2::2 (2001:da01:2::2)
    [Source GeoIP: Unknown]
    [Destination GeoIP: Unknown]
⊞ Internet Control Message Protocol v6
```

图 8-18 例 8.2 手工隧道数据报封装图

【例 8.3】 在如图 8-16 所示网络中配置 6to4 隧道,实现网段 1、网络 2 的互通。

解:1. 在 R2、R3、R4 上配置 IPv4 地址及 IPv4 路由协议

配置与上例相同,具体配置过程见上例,不再赘述。

2. 在 R1、R2、R4、R5 上配置 IPv6 地址

配置与上例基本相同,在本例中不需要配置 RIPng 路由协议,其他配置命令请参考上例。

3. 在 R2、R4 上配置 6to4 隧道

（1）在路由器 R2 上配置 6to4 隧道

R2(config)#interface loopback 0

R2(config-if)#ip address 1.1.1.1 255.255.255.0

R2(config)#router rip

R2(config-router)#network 1.0.0.0

R2(config)#ipv6 unicast-routing

R2(config)#interface tunnel 0

R2(config-if)#ipv6 address 2002:0101:0101::/128

R2(config-if)#tunnel source loopback 0

R2(config-if)#tunnel mode ipv6ip 6to4

R2(config)#ipv6 route 2002::/16 tunnel 0

R2(config)#ipv6 route 2001:DA01:2::/64 2002:0202:0202::

（2）在路由器 R4 上配置 6to4 隧道

R4(config)#interface loopback 0

R4(config-if)#ip address 2.2.2.2 255.255.255.0

R4(config)#router rip

R4(config-router)#network 2.0.0.0

R4(config)#ipv6 unicast-routing

R4(config)#interface tunnel 0

R4(config-if)#ipv6 address 2002:0202:0202::/128

R4(config-if)#tunnel source loopback 0

R4(config-if)#tunnel mode ipv6ip 6to4

R4(config)#ipv6 route 2002::/16 tunnel 0

R4(config)#ipv6 route 2001:DA01:2::/64 2002:0101:0101::

4. 在 R1、R5 上配置静态路由

（1）在路由器 R1 上配置静态路由

R1(config)#ipv6 route ::/0 2001:DA01:1::2

（2）在路由器 R5 上配置静态路由

R5(config)#ipv6 route ::/0 2001:DA01:2::1

当上述配置完成后，可以用 ping 命令验证两个 IPv6 网络是否是相通的，命令结果如图 8-17所示。同时在路由 R3 上启动 Wireshark 捕包工具进行捕包，捕获到的 ICMPv6 回应请求与应用的请求包如图 8-19 所示。结果也和手工配置隧道一样，ICMPv6 数据报被封装在 IPv6 数据报中，该 IPv6 数据报又被封装在 IPv4 数据报中，IPv4 数据报的源 IP 地址是隧道的入口地址 1.1.1.1，目的地址是隧道的出口地址 2.2.2.2。同样可以表明 IPv6 数据报在通过 IPv4 网络时是被封装在 IPv4 数据报中，实现了 6to4 隧道的功能。

```
⊞ Frame 16: 134 bytes on wire (1072 bits), 134 bytes captured (1072 bits) on interface 0
⊟ Ethernet II, Src: cc:02:13:c0:00:01 (cc:02:13:c0:00:01), Dst: cc:03:13:c0:00:00 (cc:03:13:c0:00:00)
  ⊞ Destination: cc:03:13:c0:00:00 (cc:03:13:c0:00:00)
  ⊞ Source: cc:02:13:c0:00:01 (cc:02:13:c0:00:01)
    Type: IP (0x0800)
⊟ Internet Protocol Version 4, Src: 1.1.1.1 (1.1.1.1), Dst: 2.2.2.2 (2.2.2.2)
    Version: 4
    Header length: 20 bytes
  ⊞ Differentiated Services Field: 0x00 (DSCP 0x00: Default; ECN: 0x00: Not-ECT (Not ECN-Capable Transport))
    Total Length: 120
    Identification: 0x0008 (8)
  ⊞ Flags: 0x00
    Fragment offset: 0
    Time to live: 255
    Protocol: IPv6 (41)
  ⊞ Header checksum: 0xb54f [correct]
    Source: 1.1.1.1 (1.1.1.1)
    Destination: 2.2.2.2 (2.2.2.2)
    [Source GeoIP: Unknown]
    [Destination GeoIP: Unknown]
⊟ Internet Protocol Version 6, Src: 2001:da01:1::1 (2001:da01:1::1), Dst: 2001:da01:2::2 (2001:da01:2::2)
  ⊞ 0110 .... = Version: 6
  ⊞ .... 0000 0000 .... .... .... .... = Traffic class: 0x00000000
    .... .... .... 0000 0000 0000 0000 0000 = Flowlabel: 0x00000000
    Payload length: 60
    Next header: ICMPv6 (58)
    Hop limit: 63
    Source: 2001:da01:1::1 (2001:da01:1::1)
    Destination: 2001:da01:2::2 (2001:da01:2::2)
    [Source GeoIP: Unknown]
    [Destination GeoIP: Unknown]
⊞ Internet Control Message Protocol v6
```

图 8 - 19   例 8.3 自动隧道数据报封装图

8.4 ▶ 翻译技术

前面所述双栈技术和隧道技术能够实现 IPv4 结点和 IPv4 结点、IPv6 结点和 IPv6 结点之间的通信,但不能实现 IPv6 结点和 IPv4 结点之间的通信。如果要实现 IPv6 结点和 IPv4 结点之间的通信,就需要使用翻译技术。翻译技术能够实现 IPv4 地址和 IPv6 地址、IPv4 首部和 IPv6 首部之间的转换,实现两者之间的互访。

8.4.1 翻译技术的工作原理

翻译技术也称为转换技术,分为网络层翻译技术、运输层翻译技术、应用层翻译技术等。本节主要讨论网络层翻译技术。网络层翻译技术实现的主要功能如下:

① 网络地址翻译。实现 IPv4 地址和 IPv6 地址之间的转换。

② 网络协议翻译。实现 IPv4 首部和 IPv6 首部之间的转换。

翻译技术按照管理方式的不同可以分为无状态翻译技术和有状态翻译技术两种。

无状态翻译技术在结点实现 IPv4 地址和 IPv6 地址的映射,这种映射是预设的、静态的、一一对应的。无状态翻译技术地址之间的映射关系就是把 IPv4 地址嵌入到 IPv6 地址之中,其工作原理如图 8 - 20 所示。在图中当 IPv6 主机访问 IPv4 主机时,在 IPv6 网络中完成 IPv6 数据报的封装,同时把 IPv4 地址嵌入 IPv6 地址中。当该数据报到达边界路由器时,从 IPv6 地址中取出嵌入的 IPv4 地址作为 IPv4 数据报的源地址及目的地址,并按一定的规则实现 IPv6 首部的字段向 IPv4 首部字段的转换,完成 IPv6 首部向 IPv4 首部的转换。翻译过程结束后,IPv6 数据报就变成了 IPv4 数据报,继续在 IPv4 网络中传输,最终到达目标 IPv4 主机。

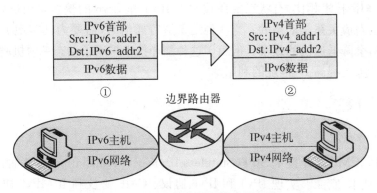

图 8-20　无状态翻译技术原理图

在无状态翻译技术中,IPv4 和 IPv6 地址的映射在数据通信前已配置好,并保存在各个结点。在通信时,无需再进行两者之间的映射,也不需要查找相应的映射表,传输效率较高。但是需要 IPv4 和 IPv6 地址的一一对应,由于 IPv4 地址资源的不足,必然会降低 IPv6 地址的使用效率。无状态翻译技术主要有 SIIT、IVI 等。

有状态翻译技术是把 IPv4 地址和 IPv6 地址之间的映射关系由网络集中管理,映射关系是动态的。当数据报到达翻译网关时,网关为该数据报分配目标网络的 IP 地址和端口,并在该网关保存该映射,完成该次通信及后续通信,其翻译过程示意图如图 8-21 所示。在图中,IPv6 主机 H1 的 IPv6 地址是 IPv6_addr1,IPv4 主机的 IPv4 地址为 IPv4_addr1。H1 在 IPv4 网络中的映射地址为 IPv4_addr2,H2 在 IPv6 网络中的映射地址为 IPv6_addr2,该映射关系被保存在边界路由器中。当 H1 与 H2 通信时,其数据被封装在 IPv6 数据报中,源地址为 H1 的 IPv6 地址 IPv6_addr1,目的地址为 H2 的 IPv4 地址的映射地址 IPv6_addr2。当数据报到达边界路由器时,从映射表中获取 IPv6_addr1 的映射地址 IPv4_addr2 作为 IPv4 数据报的源地址,目的地址为 IPv4_addr1,同时在该路由器完成 IPv6 首部向 IPv4 首部的转换,并把转换后的数据报转发到 IPv4 网络中继续传输,最终到达目标主机 H2。

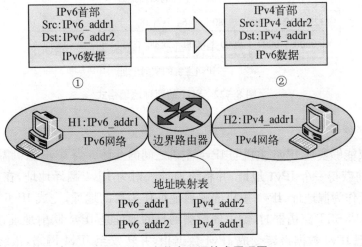

图 8-21　有状态翻译技术原理图

与无状态翻译技术相比,有状态翻译技术中 IPv4 和 IPv6 的映射是由翻译网关统一管理,两者之间的对应关系是动态的。当两种结点进行通信时,需要为其实现 IP 地址的映射和端口的分配,会降低通信的效率。但由于这种翻译技术采用了动态映射机制,与无状态翻译技术相比,会大大提高 IP 地址的利用率。

8.4.2 SIIT 技术

1. SIIT 工作原理

无状态 IP/ICMP 翻译技术 SIIT(Stateless IP/ICMP Translation)是一种出现得比较早的无状态翻译技术,它能够实现 IPv4 和 IPv6 协议、ICMP 协议和 ICMPv6 协议的转换,实现 IPv4 结点和 IPv6 结点之间的互访,SIIT 技术在 RFC2765 中进行了定义。

SIIT 的工作原理如图 8-20 所示,在图中 IPv6 结点具有 IPv4 地址,为了访问 IPv4 结点,该地址被转换为 IPv4 翻译地址。图中的 IPv4 结点访问 IPv6 结点时,其 IPv4 地址在网关处将被映射成 IPv4 映射地址。IP、ICMP 数据报的转换将由 SIIT 路由器完成,该路由器处于 IPv6 网络和 IPv4 网络的边界处。

2. SIIT 地址格式

SIIT 中定义了两种地址:IPv4 翻译地址和 IPv4 映射地址。SIIT 地址格式如图 8-22 所示。IPv6 主机具有的 SIIT 地址被称为 IPv4 翻译地址,是在该主机的 IPv4 地址前面加上特定格式的前缀得到。该前缀为::FFFF:0/96,再在后面加上 32 位的本主机的 IPv4 地址,就得到该 IPv6 地址的 128 位的 IPv4 翻译地址。IPv4 网络中的 IPv4 主机的 IPv4 地址,在 IPv6 网络中作为目的地址时会映射成 SIIT 的映射地址,该映射地址也是在该 IPv4 地址前面加上特定格式的前缀得到。该前缀格式为::FFFF/96,再加上 32 位的 IPv4 地址,就得到该 IPv4 主机的 128 位的 IPv4 映射地址。

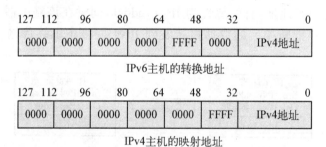

图 8-22 SIIT 的两种地址格式

3. IP 首部翻译

SIIT 协议能够实现 IPv6 主机与 IPv4 主机之间的互访。当 IPv6 主机需要访问 IPv4 主机时,该主机将获得一个 IPv4 地址,并将该地址映射为 IPv4 翻译地址,在数据报封装时,IPv4 翻译地址作为源地址,IPv4 主机的映射地址作为目的地址,完成 IPv6 数据报的封装。当该数据报到达 SIIT 路由器时,路由器检测到目的地址是 IPv4 映射地址,就会实现 IP 报文的翻译,即把 IPv6 数据报转变成 IPv4 数据报,并转发至 IPv4 网络,最终到达目的主机(该主机是 IPv4 主机)。首部转换的规则如表 8-2 所示。

表 8-2　**SIIT 中 IPv6 首部转换成 IPv4 首部的规则**

IPv4 首部字段	字段值	IPv6 首部字段	字段值
版本号	4	版本号	6
首部长度	5		
服务类型	复制 IPv6 的通信类型	通信类型	
总长度	IPv6 负载长度＋IPv4 首部长度	负载长度	
标识	0		
标志	DF＝1,MF＝0		
分段偏移	0		
TTL	Hop Limit 值减 1	Hop Limit	
协议	复制 IPv6 下一个首部字段	下一个首部	
首部校验和	由 SIIT 路由器自动计算		
源地址	a.b.c.d	源地址	::FFFF:0.a.b.c.d
目的地址	w.x.y.z	目的地址	::FFFF:w.x.y.z

当 SIIT 路由器收到一个从 IPv4 结点发往 IPv6 结点的数据报时,也要进行 IPv4 首部向 IPv6 首部的转换,其转换规则如表 8-3 所示。

表 8-3　**SIIT 中 IPv4 首部转换成 IPv6 首部的规则**

IPv6 首部字段	字段值	IPv4 首部字段	字段值
版本号	6	版本号	4
通信类型	复制于 IPv4 的服务类型字段	服务类型	
流标签	0		
下一个首部	复制于 IPv4 的协议字段	协议	
路由器跳数限制	复制于 IPv4 的 TTL 字段,并减 1	TTL	
源地址	::FFFF:w.x.y.z	源地址	w.x.y.z
目的地址	::FFFF:0.a.b.c.d	目的地址	a.b.c.d

4. ICMP 报文的翻译

当 IPv4 结点向 IPv6 结点发起 ICMP 通信时,除了需要完成 IPv4 首部向 IPv6 首部的翻译外,还要完成 ICMPv4 首部向 ICMPv6 首部的翻译。该翻译的类型字段及代码字段翻译规则如表 8-4 所示。

表 8-4　**ICMPv4 向 ICMPv6 实现 SIIT 翻译中的类型及代码转换规则**

ICMPv4 首部		ICMPv6 首部	
类型	代码	类型	代码
8	0	128	0

续　表

ICMPv4 首部		ICMPv6 首部	
类型	代码	类型	代码
0	0	129	0
9、10、13、14		丢弃	
15、16、17、18		丢弃	
3	0/1/5/6/7/8/11/12	3	0
3	2	4	1
3	3	1	4
3	4	2	0
3	9/10	1	1
11	0/1	3	代码同 ICMPv4
12	0/1	4	代码同 ICMPv4
4		丢弃	
5		丢弃	
未知类型		丢弃	

　　同理,当 IPv6 结点向 IPv4 结点发起 ICMPv6 通信时,SIIT 路由器除了需要完成 IPv6 首部向 IPv4 首部的翻译外,还要完成 ICMPv6 首部向 ICMPv4 首部的翻译。类型字段及代码字段翻译如表 8-5 所示。

表 8-5　ICMPv6 向 ICMPv4 实现 SIIT 翻译中的类型及代码转换规则

ICMPv6 首部		ICMPv4 首部	
类型	代码	类型	代码
128	0	8	0
129	0	0	0
130、131、132、133		丢弃	
134、135、136、137		丢弃	
1	0//2/3	3	1
1	1	3	10
1	4	3	3
2	0	3	4
3	0/1	11	代码同 ICMPv6
4	1	3	2
4	！1	12	0
未知类型		丢弃	

在 ICMPv4 及 ICMPv6 首部中都有检验和首部,但两者计算机制不相同,ICMPv6 检验和的计算需要用到一个伪首部,即把 IPv6 的源地址、目的地址、协议类型、ICMPv6 长度参与到 ICMPv6 检验和的计算。而 ICMPv4 校验和的计算仅仅使用 ICMPv4 的首部,所以两者之间不存在翻译,而是分别计算。

8.4.3　NAT－PT 技术

1. NAT－PT 原理

NAT 是在 IPv4 网络中应用的一种缓解 IPv4 地址短缺的技术。其应用场景是网络中有大量的主机,而因特网的 IPv4 地址只有少数的情况下。这时给每个主机分配一个因特网上的 IPv4 地址是不现实的。为了保证所有主机都能访问因特网,在网络内部使用本地 IPv4 地址,把申请到的因特网上的 IPv4 地址通过 NAT 技术配置在路由器上,构成一个地址池。当内部网络的主机需要访问 Internet 时,通过映射临时从地址池获得一个因特网上的 IPv4 地址,实现 Internet 的访问。当访问结束后,把映射获得的 IPv4 地址再交还给地址池,供其他主机访问 Internet 时使用,这种映射方式被称为 NAT 的动态映射。其他映射方式还有静态映射、端口映射。使用端口映射,极端情况下可以只有一个因特网的 IPv4 地址就可以实现内部网络的所有主机访问 Internet 的需要。

NAT－PT 翻译是一种有状态翻译技术,采用 NAT 技术来分配 IPv4 地址,把 NAT 技术的内部网络和因特网换成了 IPv4 网络和 IPv6 网络,实现 IPv4/IPv6 地址的转换及 IPv4/IPv6 协议首部的转换,进而实现 IPv4 主机和 IPv6 主机的互访。这种翻译技术不需要对结点进行任何修改,其地址资源在 NAT－PT 路由器集中管理。

NAT－PT 工作原理如图 8－23 所示,当 IPv6 主机与 IPv4 主机通信时,数据报的源地址是该 IPv6 主机的 IPv6 地址,目的地址为 96 位的前缀加上 IPv4 主机的 IPv4 地址,该前缀事先由 NAT－PT 路由器通告。该 IPv6 数据报发送至 NAT－PT 路由器时,路由器从 IPv4 地址池里取出一个 IPv4 地址与源 IPv6 地址映射,该映射关系被保存在路由器的缓存中,并被维持到本次通信结束。

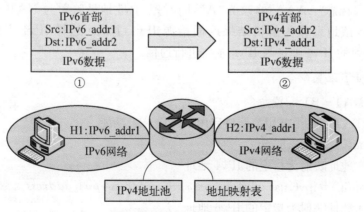

图 8－23　NAT－PT 原理图

当 NAT－PT 路由器实现 IPv6 数据报向 IPv4 数据报转换时,源地址使用源 IPv6 地址的映射的 IPv4 地址,目的地址使用嵌入到目的 IPv6 地址中的 IPv4 地址,其他字段按照

SIIT 的机制进行转换。经过转换后的数据报被 NAT－PT 路由器转发到 IPv4 网络中,最终到达目的主机。

当该连接的 IPv4 主机向 IPv6 主机发送一个返回数据报时,该数据报到达 NAT－PT 路由器后,目的 IPv4 地址转换成保存在缓存中的与该地址映射的 IPv6 地址,源 IPv4 地址加上前述的 96 位的前缀,其他字段按照 SIIT 规则进行转换。转换过的数据报被 NAT－PT 路由器转发至 IPv6 网络中,最终到达目标主机。

上述 NAT－PT 过程中 IPv6 主机与 IPv4 地址之间的映射关系是动态的。在动态 NAT－PT 方式中,IPv6 结点与 IPv4 地址之间的映射不是一一对应的,本次访问结束后把 IPv4 地址返还给地址池,该地址就可以分配给其他的 IPv6 结点使用。这种映射能够节约 IPv4 地址资源,适用于不经常访问 IPv4 网络的 IPv6 结点。如果有些 IPv6 结点需要经常访问 IPv4 网络,就可以给这些 IPv6 结点设置静态 NAT－PT,静态 NAT－PT 方式就是把一个 IPv4 地址固定分配给一个 IPv6 结点,该地址不能被其他 IPv6 结点所使用。

NAT－PT 技术只能实现 IPv6 结点访问 IPv4 结点,如果需要 IPv4 结点访问 IPv6 结点,还需要 NAT－PT 与 DNS－ALG 相结合。

2. NAT－PT 与 DNS－ALG 的结合

DNS 是 Internet 的核心服务之一,通过 DNS 人们能够使用域名来访问某主机。但在 IPv4 网络与 IPv6 网络共存的情况下,两者的 DNS 是相互隔离的。IPv4 地址在 DNS 中被标注为 A 记录,IPv6 地址在 DNS 中被标记为 AAAA 记录。当某主机通过域名解析 IP 地址时,如果需要跨域访问(即 IPv6 主机访问 IPv4 主机或 IPv4 主机访问 IPv6 主机),由于 A 与 AAAA 记录的相互隔离导致解析失败,继而访问也不会成功。当将应用层网关 DNS－ALG 与 NAT－PT 结合时,就可以实现 IPv4 网络与 IPv6 网络之间的域名解析。

当 IPv4 主机对 IPv6 主机发起域名解析请求时,由于事先并不能确定目标主机是 IPv6 主机,所以查询请求报文中使用 A 记录,当报文到达 DNS－ALG 时,DNS－ALG 会把"A"改为"AAAA",并将该报文转到 IPv6 网络中的 DNS 服务器。

当 IPv6 网络中 DNS 服务器将其应答报文发送到 DNS－ALG 时,DNS－ALG 会将该应答报文的记录标志"AAAA"修改为"A",同时把 IPv6 地址映射为 NAT－PT 地址池中 IPv4 地址,并将该地址作为解析结果返回给源 IPv4 主机。这样 IPv4 主机就可以通过 DNS－ALG映射的 IPv4 地址与 IPv6 主机进行通信。

3. NAT－PT 配置命令

(1) 静态 NAT－PT 配置命令

① 在 NAT－PT 路由器相关接口启用 NAT－PT 功能

Router(config-if)＃ipv6 nat

② 将 IPv6 地址映射为指定的 IPv4 地址

Router(config)＃ipv6 nat v6v4 source *ipv6_address ipv4_address*

③ 将 IPv4 地址映射为指定的 IPv6 地址

Router(config)＃ipv6 nat v4v6 source *ipv4_address ipv6_address*

④ 定义映射的 IPv6 地址前缀,长度必须是 96 位

Router(config)＃ipv6 nat prefix *ipv6_address*：：/96

在该命令中,*ipv6_address*::/96 与步骤②中的 *ipv6_address* 前缀必须不一致。

(2) 动态 NAT‐PT 配置命令

① 在 NAT‐PT 路由器相关接口设置启用 NAT‐PT 功能

Router(config-if)♯ipv6 nat

② 配置 IPv4 地址池,用于将 IPv6 地址映射为 IPv4 地址。

Router(config)♯ipv6 access_list *acl_name*

Router(config-ipv6-acl)♯permit *ipv6_address/prefix_length* any

Router(config)♯ipv6 nat v6v4 pool *pool_name ipv4_address_start*

Ipv4_address_end prefix_length *prefix_length*

Router(config)♯ipv6 nat v6v4 source list *acl_name* pool *pool_name*

在配置 IPv4 地址池的过程中,需要用到 IPv6 的访问列表。在上述命令中,各参数的含义写下如下:

● *acl_name*,访问列表的名字。

● *pool_name*,IPv4 地址池的名字。

● *ipv4_address_start*,IPv4 地址池中第一个 IPv4 地址。

● *ipv4_address_end*,IPv4 地址池中最后一个 IPv4 地址。

● *prefix_length*,IPv4 地址网络前缀的长度。

③ 配置 IPv6 地址前缀,用于将 IPv4 地址转换为 IPv6 地址。

Router(config)♯ipv6 access-list *ipv4-map-name*

Router(config-ipv6-acl)♯permit *ipv6_address/prefix_length* any

Router(config)♯ipv6 nat prefix *ipv6_address*/96 v4-mapped *ipv4-map-name*

在配置 IPv6 地址前缀的过程中,同样要用到 IPv6 的访问列表。在上述命令中,各参数定义如下:

● *ipv4-map-name*,访问列表名字。

● *ipv6_address*/96,IPv6 地址前缀及网络前缀长度,在此网络前缀长度必须为 96,并且该网络前缀与该路由器接口的 IPv6 地址的前缀不能相同。

8.4.4　翻译技术配置实例

【例 8.4】　网络拓扑如图 8‐24 所示,在路由器 R1 上配置静态 NAT‐PT,实现 IPv6 主机 PC1 与 IPv4 主机 PC2 之间的互访。其中:

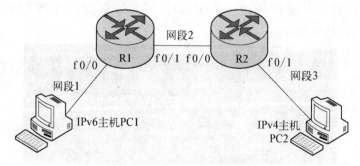

图 8‐24　例 8.4 网络拓扑图

网段 1:2000::/16;

网段 2:202.106.0.0/24;

网段 3:202.106.1.0/24;

IPv4 地址对应的映射地址网段:2001::/16。

解:1. 路由器 R1 的配置

    R1(config)#ipv6 unicast-routing

    R1(config)#int f0/0

    R1(config-if)#ipv6 addr 2000::1/16

    R1(config-if)#no shut

    R1(config-if)#ipv6 nat

    R1(config-if)#int f0/1

    R1(config-if)#ip addr 202.106.0.1 255.255.255.0

    R1(config-if)#no shut

    R1(config-if)#ipv6 nat

    R1(config)#ipv6 nat v6v4 source 2000::2 202.106.0.3

    R1(config)#ipv6 nat v4v6 source 202.106.1.2 2001::1

    R1(config)#ipv6 nat prefix 2001::/96

    R1(config)#router rip

    R1(config-router)#network 202.106.0.0

  2. 路由器 R2 的配置

    R2(config)#int f0/0

    R2(config-if)#ip addr 202.106.0.2 255.255.255.0

    R2(config-if)#no shut

    R2(config-if)#int f0/1

    R2(config-if)#ip addr 202.106.1.1 255.255.255.0

    R2(config-if)#no shut

    R2(config)#router rip

    R2(config-router)#network 202.106.0.0

    R2(config-router)#network 202.106.1.0

当上述配置完成后,IPv6 主机 PC1 的 IPv6 地址被映射成 IPv4 地址 202.106.0.3,IPv4 主机的 IPv4 地址被映射成 IPv6 地址 2001::1。当 PC1 需要访问 PC2 时,目的地址使用 2001::1,命令执行结果如图 8-25 所示。

```
VPCS[1]> ping 2001::1

2001::1 icmp6_seq=1 ttl=62 time=80.004 ms
2001::1 icmp6_seq=2 ttl=62 time=49.003 ms
2001::1 icmp6_seq=3 ttl=62 time=38.002 ms
2001::1 icmp6_seq=4 ttl=62 time=38.003 ms
2001::1 icmp6_seq=5 ttl=62 time=38.002 ms
```

图 8-25　PC1 访问 PC2 结果图

　　在 ping 命令执行过程中,在路由器 R1 的 f0/0 接口上使用 Wireshark 软件捕获 ICMPv6 数据报,结果如图 8‑26 所示。在路由器 R2 的 f0/0 接口上使用 Wireshark 捕获 ICMP 数据报,结果如图 8‑27 所示。

```
⊞ Ethernet II, Src: cc:07:be:a8:00:01 (cc:07:be:a8:00:01), Dst: Private_66:68:01 (00:50:79:66:68:01)
⊟ Internet Protocol Version 4, Src: 202.106.0.3 (202.106.0.3), Dst: 202.106.1.2 (202.106.1.2)
    Version: 4
    Header length: 20 bytes
  ⊞ Differentiated Services Field: 0x00 (DSCP 0x00: Default; ECN: 0x00: Not-ECT (Not ECN-Capable Transport))
    Total Length: 92
    Identification: 0x0000 (0)
  ⊞ Flags: 0x02 (Don't Fragment)
    Fragment offset: 0
    Time to live: 62
    Protocol: ICMP (1)
  ⊞ Header checksum: 0xa6c7 [correct]
    Source: 202.106.0.3 (202.106.0.3)
    Destination: 202.106.1.2 (202.106.1.2)
    [Source GeoIP: Unknown]
    [Destination GeoIP: Unknown]
⊟ Internet Control Message Protocol
    Type: 8 (Echo (ping) request)
    Code: 0
    Checksum: 0xbd4d [correct]
    Identifier (BE): 22186 (0x56aa)
    Identifier (LE): 43606 (0xaa56)
    Sequence number (BE): 4 (0x0004)
    Sequence number (LE): 1024 (0x0400)
    [Response frame: 164]
  ⊞ Data (64 bytes)
```

图 8‑26　路由器 R1 捕获 ICMPv6 结果图

```
⊞ Ethernet II, Src: Private_66:68:00 (00:50:79:66:68:00), Dst: cc:06:be:a8:00:00 (cc:06:be:a8:00:00)
⊟ Internet Protocol Version 6, Src: 2000::2 (2000::2), Dst: 2001::1 (2001::1)
  ⊞ 0110 .... = Version: 6
  ⊞ .... 0000 0000 .... .... .... .... .... = Traffic class: 0x00000000
    .... .... .... 0000 0000 0000 0000 0000 = Flowlabel: 0x00000000
    Payload length: 72
    Next header: ICMPv6 (58)
    Hop limit: 64
    Source: 2000::2 (2000::2)
    Destination: 2001::1 (2001::1)
    [Destination Teredo Server IPv4: 0.0.0.0 (0.0.0.0)]
    [Destination Teredo Port: 65535]
    [Destination Teredo Client IPv4: 255.255.255.254 (255.255.255.254)]
    [Source GeoIP: Unknown]
    [Destination GeoIP: Unknown]
⊟ Internet Control Message Protocol v6
    Type: Echo (ping) request (128)
    Code: 0
    Checksum: 0x1ac1 [correct]
    Identifier: 0x40af
    Sequence: 5
    [Response In: 14]
  ⊞ Data (64 bytes)
```

图 8‑27　路由器 R2 捕获 ICMP 结果图

　　从上两图可以看出,当 PC1 访问 PC2 时,在路由器 R1 的 f0/0 接口处,数据报为 IPv6 协议格式,其源地址为 2000∶2,目的地址为 2001∶1,封装的数据为 ICMPv6 协议的数据报, ICMPv6 的类型为 128,表明其为 ICMPv6 的回应请求与应答报文中的请求包。当该数据报经过 R1 到达路由器 R2 时,已经实现了 NAT‑PT 的转换,IPv6 首部转换为 IPv4 首部, ICMPv6 数据报转换为 ICMP 数据报。在 IPv4 数据报中,源地址为主机 PC1 的 IPv6 地址对应的映射地址 202.106.0.3,目的地址为主机 PC2 的 IPv4 地址 202.106.1.2。在 ICMP 数据报中,类型字段也由 ICMPv6 中的 128 转换为 ICMP 中 8,即该数据报还是回应请求与应答报文中的请求数据报。

反之，从 PC2 访问 PC1，数据报的目的地址使用 202.106.0.3，结果与上述内容类似，不再赘述。

在 PC1 上执行上述 ping 时，在路由器 R1 上执行 debug ipv6 nat 命令。结果如图 8-28 所示，该图展示了 NAT-PT 中有关地址的转换过程。

```
R1#
*Mar  1 00:43:24.055: IPv6 NAT: icmp src (2000::2) -> (202.106.0.3), dst (2001::1) -> (202.106.1.2)
*Mar  1 00:43:24.107: IPv6 NAT: icmp src (202.106.1.2) -> (2001::1), dst (202.106.0.3) -> (2000::2)
*Mar  1 00:43:24.151: IPv6 NAT: icmp src (2000::2) -> (202.106.0.3), dst (2001::1) -> (202.106.1.2)
*Mar  1 00:43:24.163: IPv6 NAT: icmp src (202.106.1.2) -> (2001::1), dst (202.106.0.3) -> (2000::2)
*Mar  1 00:43:24.203: IPv6 NAT: icmp src (2000::2) -> (202.106.0.3), dst (2001::1) -> (202.106.1.2)
*Mar  1 00:43:24.211: IPv6 NAT: icmp src (202.106.1.2) -> (2001::1), dst (202.106.0.3) -> (2000::2)
R1#
*Mar  1 00:43:24.239: IPv6 NAT: icmp src (2000::2) -> (202.106.0.3), dst (2001::1) -> (202.106.1.2)
*Mar  1 00:43:24.251: IPv6 NAT: icmp src (202.106.1.2) -> (2001::1), dst (202.106.0.3) -> (2000::2)
*Mar  1 00:43:24.279: IPv6 NAT: icmp src (2000::2) -> (202.106.0.3), dst (2001::1) -> (202.106.1.2)
*Mar  1 00:43:24.291: IPv6 NAT: icmp src (202.106.1.2) -> (2001::1), dst (202.106.0.3) -> (2000::2)
```

图 8-28 NAT-PT 地址转换过程图

【例 8.5】 网络拓扑如图 8-24 所示，在路由器 R1 上配置动态 NAT-PT，实现 IPv6 主机 PC1 与 IPv4 主机 PC2 之间的互访。其中：

网段 1：2001：DA01：1：:/64；

网段 2：172.16.10.0/24；

网段 3：172.16.20.0/24；

IPv4 地址对应的映射地址网段：2001：DA01：2：:/64。

解：1. 路由器 R1 上的配置

R1(config)#ipv6 unicast-routing

R1(config)#ipv6 router rip jsjxy

R1(config)#interface FastEthernet0/0

R1(config-if)#ipv6 address 2001：DA01：1：:1/64

R1(config-if)#ipv6 nat

R1(config-if)#ipv6 rip jsjxy enable

R1(config-if)#interface FastEthernet0/1

R1(config-if)#ip address 172.16.10.1 255.255.255.0

R1(config-if)#ipv6 nat

R1(config-if)#ipv6 rip jsjxy enable

R1(config)#ipv6 nat v6v4 source list v6list pool v4pool

R1(config)#ipv6 nat v6v4 pool v4pool 172.16.10.3 172.16.10.1.10 prefix-length 24

R1(config)#ipv6 nat prefix 2001：DA01：2：:/96 v4-mapped v4map

R1(config)#ipv6 access-list v6list

R1(config-ipv6-acl)#permit ipv6 2001：DA01：2：:/64 any

R1(config)#ipv6 access-list v4map

R1(config-ipv6-acl)#permit ipv6 2001：DA01：2：:/64 any

2. 路由器 R2 上的配置

R2(config)#int f0/0

R2(config-if)♯ip addr 172.16.10.2 255.255.255.0

R2(config-if)♯no shut

R2(config-if)♯int f0/1

R2(config-if)♯ip addr 2172.16.20.1 255.255.255.0

R2(config-if)♯no shut

R2(config)♯router rip

R2(config-router)♯network 172.16.0.0

当上述配置完成后,并不存在 IPv6 地址与 IPv4 地址之间的映射,只有当 IPv6 主机 PC1 访问 IPv4 主机 PC2 时才从 IPv4 地址池中取出一个 IPv4 地址映射给该 IPv6 地址。可以从主机 PC1 使用 ping 命令访问主机 PC2,主机 PC2 的 IPv6 地址为 2001:DA01:2:: AC10:1402,命令执行过程如图 8－29 所示。上述 ping 命令执行过后,通过在路由器 R1 上执行 show ipv6 nat translation 命令可以获得 IPv6 地址与 IPv4 地址之间的映射关系,该命令执行结果如图 8－30 所示。从图中可以看出,IPv6 主机的 IPv6 地址被映射成 IPv4 地址 172.16.10.3。

```
VPCS[1]> ping 2001:da01:2::ac10:1402

2001:da01:2::ac10:1402 icmp6_seq=1 ttl=62 time=57.038 ms
2001:da01:2::ac10:1402 icmp6_seq=2 ttl=62 time=50.033 ms
2001:da01:2::ac10:1402 icmp6_seq=3 ttl=62 time=39.027 ms
2001:da01:2::ac10:1402 icmp6_seq=4 ttl=62 time=41.033 ms
2001:da01:2::ac10:1402 icmp6_seq=5 ttl=62 time=52.042 ms
```

图 8－29　IPv6 主机访问 IPv4 主机

```
R1#show ipv6 nat translations
Prot  IPv4 source          IPv6 source
      IPv4 destination      IPv6 destination
---   172.16.10.3          2001:DA01:1::2
      ---
```

图 8－30　IPv6 地址与 IPv4 地址的动态映射关系

使用 ping 命令测试 IPv4 主机 PC2 和 IPv6 主机 PC1 之间的连通性,目的地址使用 PC1 的映射地址 172.16.10.3,访问结果如图 8－31 所示,结果表明能够实现 IPv4 主机 PC2 访问 IPv6 主机 PC1。

```
VPCS[2]> ping 172.16.10.3
172.16.10.3 icmp_seq=1 ttl=60 time=51.033 ms
172.16.10.3 icmp_seq=2 ttl=60 time=67.671 ms
172.16.10.3 icmp_seq=3 ttl=60 time=79.960 ms
172.16.10.3 icmp_seq=4 ttl=60 time=54.628 ms
172.16.10.3 icmp_seq=5 ttl=60 time=72.051 ms
```

图 8－31　IPv4 主机访问 IPv6 主机结果图

在主机 PC1 访问主机 PC2 的过程中,使用 Wireshark 工具分别在路由器 R1 的 f0/0 端口及 f0/1 端口捕获 ICMPv6 及 ICMP 请求与应答报文中的请求报文,报文分别如图 8-32 及图 8-33 所示。从此图中可以看出,当报文到达 f0/0 端口时,报文类型值为 128,即 ICMPv6 的请求与应答报文中的请求报文。该 ICMPv6 报文被封装在 IPv6 数据报中,其源地址为 2001:DA01:1::2,目的地址为 PC2 的 IPv4 地址映射的 IPv6 地址 2001:DA01:2::AC10:1402。即 PC1 的 IPv4 地址前加上前缀 2001:DA01:2::。当该报文从 f0/1 端口输出时,被改变为 ICMP 报文,类型为 8,即 ICMPv4 的请求与应答报文中的请求报文,该 ICMP 报文封装在 IPv4 数据报中,IPv4 的源地址为 PC1 的 IPv6 地址映射的 IPv4 地址 172.16.10.3,目的地址为 PC2 的 IPv4 地址 172.16.20.2。即在路由器 R1 处实现了 IPv6 首部向 IPv4 首部的转换,同时又实现了 ICMPv6 数据报向 ICMP 数据报的转换。

```
⊞ Frame 12: 126 bytes on wire (1008 bits), 126 bytes captured (1008 bits) on interface 0
⊞ Ethernet II, Src: Private_66:68:00 (00:50:79:66:68:00), Dst: cc:05:3c:d8:00:00 (cc:05:3c:d8:00:00)
⊟ Internet Protocol Version 6, Src: 2001:da01:1::2 (2001:da01:1::2), Dst: 2001:da01:2::ac10:1402 (2001:da01:2::ac10:1402)
    ⊞ 0110 .... = Version: 6
    ⊞ .... 0000 0000 .... .... .... .... = Traffic class: 0x00000000
      .... .... .... 0000 0000 0000 0000 = Flowlabel: 0x00000000
      Payload length: 72
      Next header: ICMPv6 (58)
      Hop limit: 64
      Source: 2001:da01:1::2 (2001:da01:1::2)
      Destination: 2001:da01:2::ac10:1402 (2001:da01:2::ac10:1402)
      [Source GeoIP: Unknown]
      [Destination GeoIP: Unknown]
⊟ Internet Control Message Protocol v6
      Type: Echo (ping) request (128)
      Code: 0
      Checksum: 0x0847 [correct]
      Identifier: 0xdf12
      Sequence: 2
      [Response In: 13]
⊞ Data (64 bytes)
```

图 8-32　在路由器 R1 捕获的 ICMPv6 报文

```
⊞ Frame 8: 106 bytes on wire (848 bits), 106 bytes captured (848 bits) on interface 0
⊞ Ethernet II, Src: cc:05:3c:d8:00:01 (cc:05:3c:d8:00:01), Dst: cc:06:3c:d8:00:00 (cc:06:3c:d8:00:00)
⊟ Internet Protocol Version 4, Src: 172.16.10.3 (172.16.10.3), Dst: 172.16.20.2 (172.16.20.2)
      Version: 4
      Header length: 20 bytes
    ⊞ Differentiated Services Field: 0x00 (DSCP 0x00: Default; ECN: 0x00: Not-ECT (Not ECN-Capable Transport))
      Total Length: 92
      Identification: 0x0000 (0)
    ⊞ Flags: 0x02 (Don't Fragment)
      Fragment offset: 0
      Time to live: 63
      Protocol: ICMP (1)
    ⊞ Header checksum: 0xc57b [correct]
      Source: 172.16.10.3 (172.16.10.3)
      Destination: 172.16.20.2 (172.16.20.2)
      [Source GeoIP: Unknown]
      [Destination GeoIP: Unknown]
⊟ Internet Control Message Protocol
      Type: 8 (Echo (ping) request)
      Code: 0
      Checksum: 0x90e7 [correct]
      Identifier (BE): 33555 (0x8313)
      Identifier (LE): 4995 (0x1383)
      Sequence number (BE): 1 (0x0001)
      Sequence number (LE): 256 (0x0100)
      [Response frame: 9]
⊞ Data (64 bytes)
```

图 8-33　在路由器 R1 捕获的 ICMP 报文

习　题

8-1　从 IPv4 到 IPv6 过渡时期分为几个阶段? 并叙述每个阶段的特征。

8-2　IPv6 过渡技术应该遵循的原则有哪些?

8-3　叙述手工隧道和自动隧道的特点。

8-4　分别叙述 6over4 隧道、6to4 隧道、ISATAP 隧道的工作场景。

8-5　叙述 6over4 隧道的工作原理。

8-6　叙述 6to4 隧道的工作原理。

8-7　叙述 ISATAP 隧道的工作原理。

8-8　IPv6 翻译技术分为哪些种类? 各有什么特点?

8-9　SIIT 技术的特点是什么?

8-10　NAT-PT 技术的特点是什么?

【微信扫码】
相关资源

第9章

TCP/IP 协议安全机制

在因特网中,信息的安全十分重要。本章首先介绍安全协议的基本概念,然后分别介绍网络层的安全协议 IPSec,IPv6 安全机制,运输层安全协议 SSL、SSH、SOCKS,最后简要分析应用层安全机制。

本章主要内容包括:

(1) 安全协议的分类。

(2) IPSec 协议及其工作方式、配置方法。

(3) IPv6 认证首部及封装安全有效载荷。

(4) 加密算法。

(5) 运输层安全协议 SSL、SSH、SOCKS。

9.1 协议安全概述

9.1.1 安全协议的基本概念

信息安全保障是一个没有尽头的任务,信息社会存在一天,信息安全的需求就会存在一天。攻防共生共存,魔高一尺,道高一丈,反之亦然。完美的理论并不一定能够解决信息安全的实际问题,理论到实践是一个系统工程,而安全协议的模型与设计是这个工程的核心,是承载信息安全体系的基础,是应用选择理论的载体。设计安全协议不仅要考虑技术本身,还要考虑应用成本、代价和用户体验。

协议(Protocol)是两个或两个以上的参与者为完成某项特定任务而采取的一系列步骤。安全协议(Security Protocol)则是建立在某种体系(密码体制、量子禀性)基础上且提供安全服务的一种交互通信协议,它运行在计算机通信网络或分布式系统中,借助特定算法来达到密钥分配、身份认证等目的。安全协议的密码基础是由三类基石构造的,如图 9-1 所示。安全协议的通信系统基本安全模型如图 9-2 所示。

安全协议的参与者可能是可以信任的实体,也可能是攻击者和完全不信任的实体。安全协议的目标不仅仅是实现信息的加密传输,参与协议的各方还可能希望通过分享部分秘密来计算某个值、生成某个随机序列、向对方表明自己的身份或签订某个合同等。解决这些安全问题就需要在协议中采用密码技术作为关键技术措施,检测或防止非法用户对网络进行窃听和欺骗攻击。对于采用这些技术的安全协议来说,如果非法用户不可能从协议中获得比协议自身所体现的更多的有用的信息,那么协议是安全的。安全协议中采用了多种不同的密码体制,其层次结构如表 9-1 所示。

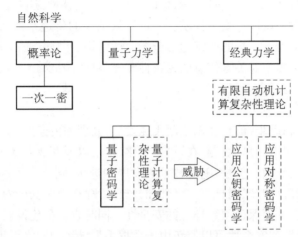

图 9-1　三类密码学的理论基础

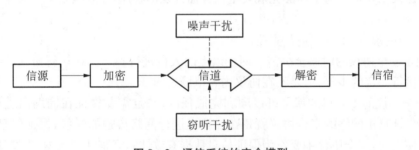

图 9-2　通信系统的安全模型

表 9-1　安全协议的层次结构

层次	计算密码	量子密码
高级协议	身份认证、不可否认、群签名	量子密钥分发、子密钥协商
基本协议	数字签名、零知识、秘密共享	量子签名
基本算法	对称加密、非对称加密、Hash 函数	量子 Hash 函数
基础	核心断言、数论、抽象代数、数学难题	不可克隆、真随机

从表 9-1 可看出,安全协议构建在数学或量子信息科学基础和基本算法之上,并且往往涉及秘密共享、加密、签名、承诺、零知识证明等许多基础协议。因此,安全协议的设计往往庞大而复杂,设计满足各种安全性质的安全协议成为一项具有挑战性的研究工作。

安全协议使用数据加密技术和访问控制技术解决网络安全中的信息交换问题,其分类有如下两种:

① 按功能分类,可分为认证协议(消息认证+源认证+身份认证)、密钥管理协议(密钥分配+密钥交换+密钥保存+密钥更新+密钥共享)、防否认协议(数字签名+数字证书+

数字指纹)和信息安全交换协议(如 IPsec、S-MIME 和 sHTTP)。

② 按层次分类,可分为链路层安全协议(如 PPTP,L2TP 和 DiffServ 等)、网络层安全协议(如 IPsec、IKE 等)、运输层安全协议(如 SSL、TLS 等)和应用层安全协议(如 S-MIME、sHTTP、PGP、SET 等)。

安全协议的主要目的是保证通信中数据的机密性和完整性,还要保证通信主体身份的识别与认证,以及不可否认性等安全性质。通过协议消息的传递来达成通信主体身份的识别与认证,在此基础上为下一步的秘密通信分配会话密钥。因此,通信主体双方的身份认证是基础和前提,认证过程中对关键信息的秘密性和完整性有要求。

9.1.2 安全协议的重要性

随着社会的发展和进步,信息技术不断飞速发展,处理和传递信息的方式已经逐渐打破空间和时间的限制。网络信息化已经在军事、文化、金融以及商业领域等很多领域得到广泛应用,并且起到很大的作用。但是,随着技术的发展和进步,网络安全问题已经成为限制网络信息技术的主要障碍。互联网具有共享性和开放性,存在很多安全隐患。因此,需要建立一定的网络安全协议,从而保证网络环境的安全性。同时它也是建设安全网络的主要部分,保证安全协议的正确性和安全性可以避免由于数据丢失导致的网络隐患等问题。

安全协议主要是指为了能够完成安全任务而开发的程序,主要具备以下几个方面:

● 安全协议仅仅是一个过程,并且具有一定的程序性。协议的设计者合理地调节程序,遵守相应的规定,不可以进行更改。

● 制定安全协议的时候至少需要两个以上的人员进行参与。在执行协议的时候,每一个参与者执行一定的步骤,但是不在协议内容范围之内。

● 安全协议的主要目的就是可以顺利完成任务,并且需要保证在周期内进行,保证预期的效果。计算机网络的安全协议就是在计算机进行网络传输的时候,保证信息安全性的程序。在使用时,安全协议主要作为保证信息数据有效性和完整性的依据,主要功能有身份认证和密钥分配。

一般情况下,在分析网络安全的时候,会利用安全协议的防护手段进行一定的测试,这些测试主要包括攻击协议本身、攻击协议和算法的加密技术、攻击协议中出现的加密算法。在设计网络安全协议的时候,一般会对网络协议的交织攻击性和复杂的抵御能力进行设计和分析,保证安全协议的经济性和简单性,前者主要的目的就是在一定程度上保证协议的自身安全,后者主要就是不断增加网络安全协议的使用范围。需要合理的设置一定的边界条件,从而保证网络安全协议具有一定的经济性、复杂性、安全性以及简单性,这些都是网络安全的主要的规范和标准。

9.2 IPSec 协议

9.2.1 IPSec 协议概述

Internet 安全协议(Internet Protocol Security,IPSec)是一个工业标准网络安全协议,为 IP 网络通信提供透明的安全服务,保护 TCP/IP 通信免遭窃听和篡改,可以有效抵御网络攻击。IPSec 有两个基本目标:保护 IP 数据报安全和为抵御网络攻击提供防护措施。

IPSec 是 IPv6 的一个组成部分,也是 IPv4 的一个可选扩展协议。IPSec 弥补了 IPv4 在协议设计时缺乏安全性的考虑。IPSec 提供 3 种不同的形式来保护通过公有或私有 IP 网络传送的私有数据:

① 认证。通过认证可以确定所接收的数据与所发送的数据是否一致,同时可以确定申请发送者在实际上是真实的,还是伪装的发送者。

② 数据完整性。通过验证,保证数据在从信源到信宿的传送过程中没有发生任何无法检测的丢失与改变。

③ 保密。使相应的接收者能获取发送的真正内容,而无关的接收者无法获知数据真正的内容。

IPSec 有 3 个基本要素来提供保护:验证首部(Authentication Header,AH)、封装安全载荷(Encapsulating Security Protocol,ESP)和互联网密钥管理协议(Internet Key Management Protocol,IKMP)。AH 用来提供数据源认证和无连接的数据完整性服务。也就是说,IP 数据报从信源发出后,信宿可以验证数据报是否从信源发出的,并能确认数据报在传输过程中其数据是否被篡改。ESP 除了能提供 AH 提供的服务外,还可以用来提供无连接的数据保密服务,确保只有合法的接收者才能真正看到 IP 数据报中的数据。ESP 的服务更全面,因为它可以同时提供数据源认证和无连接的数据保密服务。

因为这是一套协议中两个不同的机制,它们可以单独使用,也可以组合起来使用,以满足不同的安全要求。

不管是 AH 还是 ESP 都可以工作在如下两种模式:传输模式和隧道模式。在 IPSec 中,无论使用传输模式还是隧道模式,无论使用 AH 机制还是 ESP 机制,发送方都需要在发送数据报之前,对数据报进行计算(包括计算验证数据或进行加密)。接收方在接收数据报之前也需要对数据报进行计算(包括数据验证和解密)。因为 IPSec 是工作在 IP 层之下的,所以不必修改现有系统中 IP 层的实现,只要把 IPSec 协议当作驱动层,在系统中增加 IPSec 组件就可以实现。

9.2.2　IPSec 协议工作方式

IPSec 的工作模式可分为传输模式(Transport Mode)和隧道模式(Tunnel Mode)。

(1) 传输模式

IPSec 传输模式如图 9-3 所示,主要对 IP 数据报的数据部分信息提供安全保护,即对 IP 数据报的上层协议数据提供安全保护,比如 TCP 报文、UDP 报文、ICMP 消息等。当采用 AH 传输模式时,主要为 IP 数据报(IP 首部中的选项部分除外)提供认证保护;而采用 ESP 传输模式时,主要对 IP 数据报的上层信息提供加密和认证双重保护。这是一种端到端的安全,IPSec 在信源执行加密,认证,处理,在安全通道上传输,因此主机必须配置 IPSec。

(2) 隧道模式

IPSec 隧道模式如图 9-4 所示,主要对整个 IP 数据报提供保护。其基本原理是构造新的 IP 数据报,将原来的 IP 数据报作为新数据报的数据部分,并为新的 IP 数据报提供安全保护。当采用 AH 隧道模式时,主要为整个 IP 数据报提供认证保护(选项部分除外);当采用 ESP 隧道模式时,主要为整个 IP 数据报提供加密和认证双重保护。此时,对 IPSec 的处理实际在安全网关执行的,信源和信宿端的主机不必知道 IPSec 协议的存在。

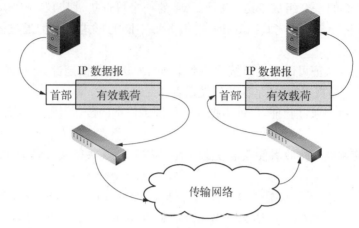

图 9 - 3 IPSec 传输模式

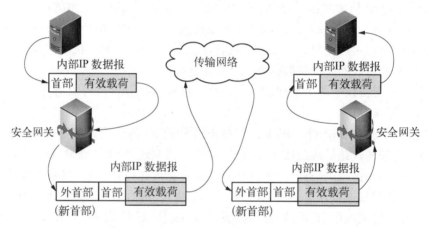

图 9 - 4 IPSec 隧道模式

9.2.3 IPSec 协议的实施

IPSec 采用访问控制列表(Access Control List,ACL)方式建立 IPSec 隧道。采用 ACL 建立 IPSec 隧道包括通过手工方式和 IKE 动态协商方式。在对等体间镜像配置 ACL,筛选出需要进入 IPSec 隧道的报文,ACL 规则允许(Permit)的报文将被保护,ACL 规则拒绝(Deny)的报文将不被保护。这种方式可以利用 ACL 配置的灵活性,根据 IP 地址、端口、协议类型等对报文进行过滤进而灵活制定安全策略。

在采用 ACL 方式建立 IPSec 隧道之前,需完成以下任务:

① 实现源接口和目的接口之间路由可达。

② 确定需要 IPSec 保护的数据流。

③ 确定数据流被保护的强度,即确定使用的 IPSec 安全协议的参数。

④ 确定 IPSec 隧道是基于手工方式还是 IKE 动态协商方式建立。

采用 ACL 方式建立 IPSec 隧道配置流程如图 9 - 5 所示(使用 IKE 协议时以 IKEv1 为例)。

1. 配置准备工作

一、定义需要保护的数据流

1、高级ACL

高级ACL规则
rule permit ip

二、确定IPSec的保护方法

**2、IPSec 安全提议
IPSec proposal**

安全协议
transform

认证算法
authentication-algorithm

加密算法
encryption-algorithm

报文封装模式
encapsulation-mode

三、确定IKE的保护方法

**3、IKE 安全提议
IKE-proposal**

认证协议
authentication-method

认证算法
authentication-algorithm

加密算法
encryption-algorithm

DH密钥组
DH

IKE SA 存活时间
SA duration

(可选)扩展参数

四、IKE 协商时对等体间的属性

**4、IKE 对等体
IKE-peer**

引用IKE 安全提议
IKE-proposal

认证算法对应的认证密钥

对端IP 地址
remote-address

阶段1协商模式
exchange-mode

(可选)扩展参数

2. 配置安全策略

对指定的数据流采用指定的保护方法

·手工方式安全策略

安全策略
IPSec policy manual

引用ACL
security ACL

引用IPSec 安全提议
proposal

IPSec 隧道的起点终点
tunnel local
tunel remote

SA出/入方向的SPI 值
sa spi outbound
sa spi inbound

SA 出/入方向安全协议的
认证密钥和加密密钥

(可选)扩展参数

·通过ISAKMP 创建IKE 动态协商方式安全策略

安全策略
IPSec policy isakmp

引用ACL
security ACL

引用IPSec 安全提议
proposal

引用IKE 对等体
IKE-peer

(可选)扩展参数

·通过策略模板创建IKE 动态协商方式安全策略

安全策略
IPSec policy-template

引用IPSec安全提议
proposal

引用IKE 对等体
IKE-peer

(可选)扩展参数

安全策略中引用策略模板
ipsec policy policy-name
seq-number isakmp template

3. 接口上应用安全策略组

两端对等体 IPSec 参数匹配,IPSec 隧道建立。

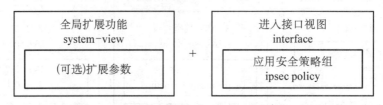

图 9 - 5 采用 ACL 方式建立 IPSec 隧道配置流程

IPSec 能够对一个或多个数据流进行安全保护,ACL 方式建立 IPSec 隧道是采用 ACL 来指定需要 IPSec 保护的数据流。实际应用中,首先需要通过配置 ACL 的规则定义数据流范围,再在安全策略中引用该 ACL,从而起到保护该数据流的作用。

如图 9 - 6 所示,当分支子网 A(主机 a_1, a_2, …, a_M)要与总部子网 B(主机 b_1, b_2, …, b_N)建立 IPSec 隧道时,ACL 的规则按表 9 - 2 中情况配置,SA 能够协商成功。其中 M、N 为整数。

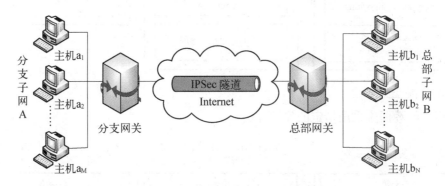

图 9 - 6 分支与总部建立 IPSec 隧道组网图

表 9 - 2 配置 ACL 规则与协商发起方关系

分支网关保护的数据流	总部网关保护的数据流	协商发起方
A→B	B→A	任意一方都可
a_1→b_1	b_1→a_1	任意一方都可
a_1→b_1	B→A	必须为分支网关
A→B	b_1→a_1	必须为总部网关

可看出,当对等体间 ACL 规则镜像配置时,任意一方发起协商都能保证 SA 成功建立。当对等体间 ACL 规则非镜像配置时,只有发起方的 ACL 规则定义的范围是响应方的子集时,SA 才能成功建立。

为保证 SA 的成功建立,建议将 IPSec 对等体上 ACL 规则镜像配置,即保证两端要保护的数据流范围是镜像的,一端 ACL 指定的源地址需要和对端 ACL 指定的目的地址一致,一端 ACL 指定的目的地址需要和对端 ACL 指定的源地址一致。

操作步骤如下:

执行命令 system-view,进入系统视图。

执行命令 acl [number] acl-number [match-order {config | auto}],创建一个高级 ACL(acl-number 为 3000~3999)并进入其视图。

执行命令 rule [rule-id] {deny | permit} ip [destination {destination-address destination-wildcard | any} | source {source-address source-wildcard | any} | vpn-instance vpn-instance-name | dscp dscp]*,在 ACL 视图下,配置 ACL 规则。

IPSec 也支持引用协议类型为 TCP 或 UDP 的高级 ACL 规则。如果应用安全策略的接口同时配置了 NAT,由于设备先执行 NAT,会导致 IPSec 不生效,有以下两种解决方法:NAT 引用的 ACL 规则拒绝目的 IP 地址是 IPSec 引用的 ACL 规则中的目的 IP 地址,避免对 IPSec 保护的数据流进行 NAT 转换,或者 IPSec 引用的 ACL 规则需要匹配经过 NAT 转换后的 IP 地址。一个安全策略中只能引用一个 ACL,对于有不同安全要求的数据流,需要创建不同的 ACL 和相应的安全策略。

9.3 IPv6 安全机制

9.3.1 IPv6 的认证

为了向 IPv6 用户提供安全的、可靠的信息传输,IPSec 协议通过在 AH 扩展首部中加入认证信息来实现。这些认证信息是通过利用某种认证算法计算 IP 数据报而得到的。

虽然,采用认证机制可以提高系统的安全性,但系统必须为此而付出额外的时间来进行 IP 数据报的认证计算。所以在 IPv6 协议中,虽然要求采用该协议的每个支撑系统都必须支持 IPSec 协议,但在实际的应用中,并不一定要求所有的支撑系统都必须使用这些安全机制,用户可以根据自身系统的使用场合和性质,以及系统对安全和效率的不同侧重自行选择。

如果采用了 IPSec 协议集中的 AH 协议,AH 将被置于 IPv6 首部之后。如果还采用了 ESP 协议,那么在 AH 扩展首部之后便是 ESP 字段,最后是其他高层协议首部(如 TCP 或 UDP),如图 9-7 所示。

IPv6 首部	AH	ESP	内部 IP 数据报的上层传输层的数据

图 9-7 带 AH 头的 IPv6 数据报格式

在隧道模式下,AH 首部既保护外部 IP 数据首部,也保护内部 IP 数据首部。如果分组中有 ESP 字段,那么,此时 AH 首部也保护该字段。另外,AH 头也保护高层协议。但 AH 只涉及身份认证,并没有考虑到 AH 自身的保密性。

在隧道模式下,ESP 首部中的身份认证字段只对隧道内部的 IP 数据报进行"散列"计算,对外部 IP 数据首部并没有保护作用。

AH 认证首部的格式如图 9-8 所示。

下一首部(1 字节)	有效数据长度(1 字节)	保留字段(2 字节)
安全参数索引(4 字节)		
序列号(4 字节)		
身份认证数据(长度可变)		

图 9-8　AH 认证首部的格式

从图 9-8 中可以看出,AH 认证首部包括如下一些字段:

(1) 下一首部(Next Header)字段。长度为 8 位,用于指明在 AH 扩展首部之后的扩展首部或高层协议。如果使用了 ESP 协议,则应该指明在 AH 扩展首部之后是 ESP 字段。

(2) 有效数据长度(Payload Length)字段。长度为 8 位,主要用于表示认证首部(AH)有效数据部分的长度。以 32 bit 为单位,其值为整个认证首部(AH)中含有 32 bit 的倍数值减 2。

(3) 保留(Reserved)字段。长度为 16 位,目前该字段的用途并没有具体定义,该字段的取值要求全为"0"。

(4) 安全参数索引(Security Parameters Index)字段。长度为 32 位,主要用于指明该连接中所使用的一组安全连接(SA)参数。例如:认证算法参数、密钥参数及该密钥的有效期等。

(5) 序列号(Sequence Number)字段。长度为 4 字节,主要是为使用指定的安全参数索引(SPI)的 IP 数据报进行编号,在这些数据报被发送时,每发送一个数据报序号自动加 1。

(6) 身份认证数据(Authentication Data)字段。长度可变,它的功能与数字签名的功能类似,所以又被称为整体性检查值(Integrity Check Value,ICV)。

另外,在身份认证字段内可能需要增加些相应的填充位,其主要目的是为了保证整个 AH 扩展首部的长度为 4 字节(对 IP4)或 8 字节的整数倍(对 IPv6)。

9.3.2　IPv6 身份认证的实现

在 IPv6 身份认证中,认证首部(AH)中的认证数据是通过在数据的传输过程上,对 IP 数据报用某种安全性很高的单向函数计算而得到的。而这些单向函数是认证算法的核心部分,它们必须具有很高的安全性才能使得信息传输的安全性得到保障。

这样,在采用了认证机制的数据传输过程中,即使所传输的 IP 数据报的内容和其相应的认证数据被攻击者窃听到,攻击者也不能从这些信息中逆向推出所窃听到的信息的认证密钥。因此,基于以上的考虑,传统的数据校验和不能用来做计算认证数据的算法。

一般情况下,当发送方在发送一个 IP 数据报之前,他首先会定位该数据报所对应的安全连接(SA)。其中,SA 一般有两种选取方式。

① 面向进程的选取方式。其中,在面向进程的选取方式中,SA 的选取是根据所传输的 IP 数据报的目的地址和发送该 IP 数据报进程的进程号来进行的。因此,同一个进程号发送到同一个目的地址的 IP 数据报都使用相同 SA。

② 面向主机的选取方式。面向主机的选取方式中,SA 的选取则是根据所传输的 IP 数据报的目的地址和发送该 IP 数据报的主机地址来进行的。因此,同一台主机上发送到同一个目的地址的 IP 数据报都使用相同一个 SA。

所有的 SA 都是单向运行的,也就是说,从主机 A 发往主机 B 的 IP 数据报所使用的 SA,并不等于从主机 B 发往主机 A 的 IP 数据报所使用的 SA。

计算认证数据所采用的认证算法除了完成对 IP 数据报发送者的认证以外,还可以防止数据在传输的过程上被他人修改。

在正常的 IP 数据报传输过程中,需要将一些字段作必要的修改。例如,对 IP 数据报中的"跳数限制"字段,IPSec 在用相应的认证算法计算时则把它们当作 0 字节处理。对 IPv6 中的扩展首部来说,每一个扩展首部都有一个标志位,用于指明 IPSec 是否在计算认证数据时将该扩展首部的相应标志位参与到计算中。

如图 9-9 所示,给出了 IP 数据报的身份认证过程。当接收方接收到发送方发送过来的 IP 数据报后,接收方根据 AH 中的安全参数索引(SPI)值找出与之相对应的安全连接(SA),再将接收到的数据报与安全连接(SA)的认证数据进行比较,如果两者比较后所得结果相等,则认为该 IP 数据报满足了认证和完整性的要求。否则,认为该 IP 数据报可能是假冒的数据报,或者是在传输过程中该数据报已被他人修改。

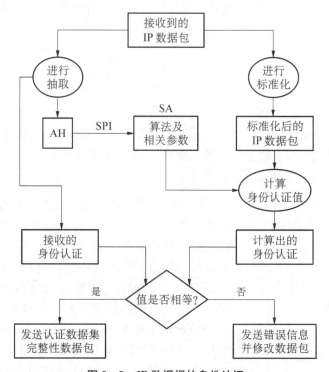

图 9-9　IP 数据报的身份认证

9.3.3　认证算法

IPSec 默认的认证算法是 MD5 认证算法,当用户有某些特殊认证要求时,用户也可选用其他合适的认证算法来计算相应的认证数据。但无论怎样,每一个支持 IPSec 的系统都必须实现 MD5 认证算法,下面简单介绍几种常见的认证算法。

① MD5 认证算法。MD5 认证算法是由麻省理工学院 Ronald L. Rivest 教授根据原来 MD4 Hash 函数算法改进而得到的。该算法的主要原理是对明文数据进行填充和分块。其

中,分块的大小是以 512 bit 为单位,其分块的具体过程如下:

第一步:对第一块明文数据用事先定义好的逻辑函教、常数和初始寄存数进行 4 轮,每轮 16 回的杂凑运算(杂凑运算又称 Hash 函数,就是把任意长的输入消息串变化成固定长的输出串的一种函数),并将每轮杂凑运算输出的 128 bit 数据作为下一轮杂凑运算处理。第二步:对其他明文数据块引用上一轮的寄存数依次进行类似的杂凑运算处理。第三步:将最后一轮输出的长度为 128 bit 的摘要信息用于数据认证。

MD5 认证算法中所采用的 Hash 函数,并不依赖于任何其他数学难题或者密码体制。采用这种机制的 MD5 认证算法对穷举攻击法、中间攻击法和生日攻击法等都具有较强的抗破译能力。由于 MD5 认证算法中所采用的 Hash 函数并不基于任何数学难题或者密码体制,即该认证算法的计算就没有严格的理论推导与证明,所以,该认证算法的安全性要达到理想中的程度,还需要进一步研究。另外,MD5 认证算法的压缩函数还存在一个碰撞,如果想设计一个无碰撞的压缩函数,这也是相当困难的事,因为它违背了 MD5 认证算法基本设计准则。所以,MD5 认证算法的安全性要想得到人们的信任,还得由时间来考验和证明。

在目前的所有认证算法中,还没有一种比较有效的破译方案,而只是对单轮的 MD5 认证算法有攻击结果。

9.3.4 IPv6 的加密

IPSec 协议通过将加密数据放置在 ESP 字段中来实现对 IP 数据报的加密传输。IPSec 的加密机制是根据用户的具体要求来进行加密的,既可以只对 IP 数据报中的高层协议部分(如 TCP/UDP)进行加密,也可以对整个 IP 数据报进行加密。IPSec 协议通过使用 ESP 首部对 IP 数据报进行加密,可以为用户提供保密的、完整的数据传输。

1. 封装安全有效净荷(ESP)首部的格式

封装安全有效净荷(ESP)首部利用严格的加密手段向用户提供安全的服务。该首部通过将各 IP 数据报中的数据和某些敏感的 IP 地址搅混(Scrambling)在一起,使得网络攻击者窃听不到任何对其有用的信息,以达到数据传输的安全和保密。在 IPSec 协议中,采用 ESP 协议对 IP 层的加密问题进行处理,该协议支持几乎所有的对称加密算法,为了保证各系统之间基本互操作性,ESP 协议所采用的缺省加密算法为 56 位的 DES(Data Encryption Standard)加密算法。

ESP 协议也可以实现部分身份认证的功能,这些功能与认证首部(AH)的功能有一部分重叠。ESP 首部紧跟在 IP 数据首部或 AH 之后,其后再跟内部 IP 数据报的上层运输层的有效数据及其首部,如图 9 - 10 所示。

ESP 字段共分为 6 个固定字段和 1 个可选项字段:

① 安全参数索引字段。长度为 4 字节,主要用于指明接收方和发送方之间通信时,所使用的一组安全连接(SA)参数,例如:加密算法参数、密钥参数及

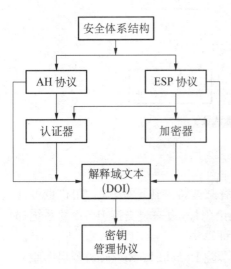

图 9 - 10 基于 ESP 协议的 IPv6 加密

该密钥的有效期等。

② 序列号字段。长度为 4 字节,主要是为使用指定的安全参数索引(SPI)的 IP 数据报进行编号,在这些数据报被发送时,每发送一个数据报序号自动加 1。

③ 有效数据字段。长度可变,主要是加密后进行传输的有效数据部分。

④ 填充位字段。长度为 0~255 字节,主要是用于满足某些加密算法要求为一定字节的整数倍需要,而在有效数据字段后面增加些数字位作为有效数据的填充。

⑤ 填充长度字段。该字段主要是用于指明填充位字段的字节数。

⑥ 下一首部字段。该字段与 IPv6 数据报中的下一首部字段类似,主要用于指明传输的有效数据的数据类型和其所使用的协议。

⑦ 身份认证数据字段。该字段是一个可选项字段,其长度是可变的,它的功能与认证首部(AH)中的身份认证字段功能类似。

在以上 ESP 各字段中,当有效数据字段被加密,而安全索引参数和序列号两个字段没有被加密,但它们仍受身份认证数据的保护。另外,应当说明的一点是 IPSec 协议是一种向后兼容的协议,即对以前不支持 IPSec 协议的路由器,也可以传输具有 IPsec 协议字段的数据报。这样,即使原来的 TCP 首部部分已经被 ESP 字段所占用,但并不影响不支持 IPSec 协议的路由器对 IP 数据报首部的处理。ESP 协议能支持任何形式的加密协议,但具体采用何种协议是由通信双方的用户通过协商而确定的。

2. 数据加密的实现

ESP(Encapsulating Security Payloads,封装安全载荷协议)是 IPsec 所支持的两类协议中的一种。该协议包含隧道模式和传输模式,能够在数据的传输过程中对数据进行完整性度量、来源认证以及加密,也可防止回放攻击。

(1) 隧道模式

该模式是把整个 IP 数据报都封装在 ESP 的加密数据域中,如图 9 - 11 所示。

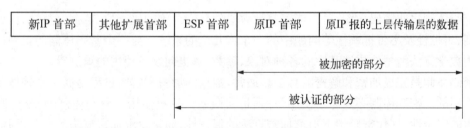

图 9 - 11　隧道模式下的 ESP

在该模式下的数据加密的具体过程如下:

对发送方,首先选取合适的安全连接(SA)。其中,安全连接(SA)的选取分两种情况:

① 面向用户的系统:对面向用户的系统,安全连接(SA)可以根据目的 IP 地址和用户标识来进行选取。

② 面向主机的系统:对面向主机的系统,安全连接(SA)可以根据目的 IP 地址和主机标识来进行选取。

在发送方选取了安全连接(SA)之后,发送者就可以决定用哪种加密算法和密钥对数据进行加密运算。

待计算完成后,系统就用一个没有加密的 IP 数据报将加密后的 ESP 数据封装起来了,并将封装后的整个 IP 数据报发送到网上进行传输。

对接收方来说,当接收方收到经过加密的 IP 数据报时,首先将包在 ESP 外的标准首部及其他扩展首部去掉。然后,接收方再根据 ESP 首部中的安全参数索引(SPI)和目的 IP 地址值得到当前所使用的密钥。利用该密钥,接收方就可以对 ESP 进行解密,解密后便能够得到原始的 IP 数据报。如果接收方根据 ESP 首部中的安全参数索引(SPD)和目的 IP 地址值不能得到当前所使用的密钥,接收方则认为该 IP 数据报出错,应将其丢弃,并在系统日志中记录相应的出错信息。

(2) 传输模式

与隧道模式不同,当 IPsec 工作在传输模式时,新的 IP 首部并不会被生成,而是采用原来的 IP 首部,保护的也仅仅是真正传输的数据,而不是整个 IP 报文。在处理方法上,原来的 IP 报文会先被解封装,再在数据前面加上新的 ESP 或 AH 首部,最后再封装回原来的 IP 首部,即原来的 IP 数据报被修改过再传输。该模式只对 IP 数据报中的上层协议的数据进行封装加密。例如,对 IP 数据报中的 TCP 或 UDP 报文部分进行加密,如图 9-12 所示。

图 9-12 传输模式下的 ESP

传输模式下的 ESP 数据加密过程中与隧道模式下的 ESP 加密过程大致相同。另外,无论在哪种模式下,IPSec 协议都必须在发送 IP 数据报之前,事先计算好 ESP 的各个字段,并在收到相应的 IP 数据报后,必须能够恢复原来的 IP 数据报的内容。

3. 加密算法

密码体制也叫密码系统,是指能完整地解决信息安全中的机密性、数据完整性、认证、身份识别、可控性及不可抵赖性等问题中的一个或几个的系统。对一个密码体制的正确描述,需要用数学方法清楚地描述其中的各种对象、参数、解决问题所使用的算法等。

密码体制是完成加密和解密的算法。通常,数据的加密和解密过程是通过密码体制、密钥来控制的。密码体制必须易于使用,特别是在微型计算机使用。密码体制的安全性依赖于密钥的安全性,现代密码学不追求加密算法的保密性,而是追求加密算法的完备,即:使攻击者在不知道密钥的情况下,没有办法从算法找到突破口。密码体制分为私用密钥加密技术(对称加密)和公开密钥加密技术(非对称加密)。

(1) 对称密码体制

对称密码体制是一种传统密码体制,也称为私钥密码体制。在对称加密系统中,加密和解密采用相同的密钥。因为加解密密钥相同,需要通信的双方必须选择和保存他们共同的密钥,各方必须信任对方不会将密钥泄密出去,这样就可以实现数据的机密性和完整性。对于具有 n 个用户的网络,需要 n(n−1)/2 个密钥,在用户群不是很大的情况下,对称加密系统是有效的。但是对于大型网络,当用户群很大,分布很广时,密钥的分配和保存就成了问题。比较典型的算法有 DES(Data Encryption Standard,数据加密标准)算法及其变形

Triple DES(三重 DES)、GDES(广义 DES)、欧洲的 IDEA、日本的 FEALN、RC5 等。对称密码算法的优点是计算开销小,加密速度快,是目前用于信息加密的主要算法。它的局限性在于它存在着通信的双方之间确保密钥安全交换的问题。另外,由于对称加密系统仅能用于对数据进行加解密处理,提供数据的机密性,不能用于数字签名。

(2) 非对称密码体制

非对称密码体制也叫公钥加密技术,该技术就是针对私钥密码体制的缺陷被提出来的。在公钥加密系统中,加密和解密是相对独立的,加密和解密使用两把不同的密钥,加密密钥(公开密钥)向公众公开,谁都可以使用,解密密钥(秘密密钥)只有解密人自己知道,非法使用者根据公开的加密密钥无法推算出解密密钥,故其可称为公钥密码体制。如果一个人选择并公布了他的公钥,任何人都可以用这一公钥来加密传送给他消息。私钥是秘密保存的,只有私钥的所有者才能利用私钥对密文进行解密。公钥密码体制的算法中最著名的代表是 RSA 系统,此外还有:背包密码、McEliece 密码、Diffe_Hellman、Rabin、零知识证明、椭圆曲线、EIGamal 算法等。公钥密钥的密钥管理比较简单,并且可以方便地实现数字签名和验证。但算法复杂,加密数据的速率较低。公钥加密系统除了用于数据加密外,还可用于数字签名。公钥加密系统可提供以下功能:

① 机密性(Confidentiality)。保证非授权人员不能非法获取信息,用数据加密来实现。

② 确认(Authentication)。保证对方属于所声称的实体,通过数字签名来实现。

③ 数据完整性(Data integrity)。保证信息内容不被篡改,入侵者不可能用假消息代替合法消息,通过数字签名来实现。

④ 不可抵赖性(Nonrepudiation)。发送者不可能事后否认他发送过消息,消息的接受者可以向中立的第三方证实所指的发送者确实发出了消息,通过数字签名来实现。

可见公钥加密系统满足信息安全的所有主要目标。公钥加密系统不存在对称加密系统中密钥的分配和保存问题,对于具有 n 个用户的网络,仅需要 2n 个密钥。

9.4　运输层安全协议

运输层安全协议的目的是为了保护运输层的安全,并在运输层上提供实现保密、认证和完整性的方法。

9.4.1　SSL 安全套接字层协议

SSL(Secure Socket Layer)是由 Netscape 设计的一种开放协议,它指定了一种在应用程序协议(例如 HTTP、Telnet、NNTP、FTP)和 TCP/IP 之间提供数据安全性分层的机制。它为 TCP/IP 连接提供数据加密、服务器认证、消息完整性以及可选的客户机认证。

SSL 的主要目的是在两个通信应用程序之间提供私密性和可靠性。这个过程通过 3 个元素来完成:

① 握手协议。这个协议负责协商被用于客户机和服务器之间会话的加密参数。当一个 SSL 客户机和服务器第一次开始通信时,它们在一个协议版本上达成一致,选择加密算法,选择相互认证,并使用公钥技术来生成共享密钥。

② 记录协议。这个协议用于交换应用层数据。应用程序消息被分割成可管理的数据

块,还可以压缩,并应用一个 MAC(消息认证代码);然后结果被加密并传输。接收方接收数据并对它解密,校验 MAC,解压缩并重新组合它,并把结果提交给应用程序协议。

③ 警告协议。这个协议用于指示在什么时候发生了错误或两个主机之间的会话在什么时候终止。

以一个使用 Web 客户机和服务器的为例:Web 客户机通过连接到一个支持 SSL 的服务器,启动一次 SSL 会话。支持 SSL 的典型 Web 服务器在一个与标准 HTTP 请求(默认为端口 80)不同的端口(默认为 443)上接受 SSL 连接请求。当客户机连接到这个端口上时,它将启动一次建立 SSL 会话的握手。当握手完成之后,通信内容被加密,并且执行消息完整性检查,直到 SSL 会话过期。

SSL 握手过程步骤如下:

① SSL 客户机连接到 SSL 服务器,并要求服务器验证它自身的身份。

② 服务器通过发送它的数字证书证明其身份。这个交换还可以包括整个证书链,直到某个根证书权威机构(CA)。通过检查有效日期并确认证书包含有可信任 CA 的数字签名,来验证证书。

③ 然后,服务器发出一个请求,对客户端的证书进行验证。但是,因为缺乏公钥体系结构,当今的大多数服务器不进行客户端认证。

④ 协商用于加密的消息加密算法和用于完整性检查的哈希函数。通常由客户机提供它支持的所有算法列表,然后由服务器选择最强健的加密算法。

⑤ 客户机和服务器通过下列步骤生成会话密钥:

● 客户机生成一个随机数,并使用服务器的公钥(从服务器的证书中获得)对它加密,发送到服务器上。

● 服务器用更加随机的数据(客户机的密钥可用时则使用客户机密钥,否则以明文方式发送数据)响应。

● 使用哈希函数,从随机数据生成密钥。

SSL 协议的优点是它提供了连接安全,具有 3 个基本属性:

① 连接是私有的。在初始握手定义了一个密钥之后,将使用加密算法。对于数据加密使用了对称加密(例如 DES 和 RC4)。

② 可以使用非对称加密或公钥加密(例如 RSA 和 DSS)来验证对等实体的身份。

③ 连接是可靠的。消息传输使用一个密钥的 MAC,包括了消息完整性检查。其中使用了安全哈希函数(例如 SHA 和 MD5)来进行 MAC 计算。

SSL 的应用范围仅仅局限于 HTTP 内。它可以使用在其他协议中,但还没有被广泛应用。

注意:IETF 定义一种新的协议,叫作"运输层安全"(Transport Layer Security,TLS)。它建立在 Netscape 所提出的 SSL3.0 协议规范基础上。对于用于运输层安全性的标准协议,整个行业好像都正在朝着 TLS 的方向发展。但是,在 TLS 和 SSL3.0 之间存在着显著的差别(主要是它们所支持的加密算法不同)。这样,TLS1.0 和 SSL3.0 不能互操作。

9.4.2　SSH 安全外壳协议

SSH 是一种在不安全网络上用于安全远程登录和其他安全网络服务的协议。它提供了对安全远程登录、安全文件传输等的支持。它可以自动加密、认证并压缩所传输的数据。SSH 协议可以提供强健的安全性,防止密码分析和协议攻击,可以在没有全球密钥管理或证书基础设施的情况下正常工作,并且在可用时使用已有的证书基础设施(例如 DNSSEC 和 X.509)。

SSH 协议由 3 个主要组件组成:

① 运输层协议。它提供服务器认证、保密性和完整性,并具有极佳的转发保密性。有时,它还可能提供压缩功能。

② 用户认证协议。它负责服务器对客户机的身份认证。

③ 连接协议。它把加密通道多路复用组成几个逻辑通道。

SSH 运输层是一种安全的低层传输协议。它提供了强健的加密、加密主机认证和完整性保护。SSH 中的认证是基于主机的,这种协议不执行用户认证。可以在 SSH 的上层为用户认证设计一种高级协议。

这种协议的设计相当简单而灵活,允许参数协商并最小化往来传输的次数。密钥交互方法、公钥算法、对称加密算法、消息认证算法以及哈希算法等都需要协商。

数据完整性是通过在每个报文中包括一个消息认证代码(MAC)来保护的,这个 MAC 是根据一个共享密钥、包序列号和包的内容计算得到的。

在 UNIX、Windows 和 Macintosh 系统上都可以找到 SSH 的实现。它是一种广为接受的协议,有着良好的加密、完整性和公钥算法。

9.4.3　SOCKS 协议

套接字安全性(Socket Security,SOCKS)是一种基于运输层的网络代理协议。它设计用于在 TCP 和 UDP 领域为客户机/服务器应用程序提供一个框架,以方便而安全地使用网络防火墙的服务。

SOCKS 最初是由 David 和 Michelle Koblas 开发的,其代码在 Internet 上可以免费得到。SOCKS 版本 4 为基于 TCP 的客户机/服务器应用程序(包括 Telnet、FTP 以及流行的信息发现协议如 HTTP、WAIS 和 Gopher)提供了不安全的防火墙传输。SOCKS 版本 5 在 RFC1928 中定义,它扩展了 SOCKS 版本 4,增加了 UDP 的支持和对通用健壮的认证方案的提供,并扩展了寻址方案,包括了域名和 IPv6 地址。

当前存在一种提议,就是创建一种机制,通过防火墙来管理 IP 多点传送的入口和出口。这是通过对已有的 SOCKS 版本 5 协议定义扩展来完成的,它为单点传送 TCP 和 UDP 流量的用户级认证防火墙传输提供了一个框架。但是,因为 SOCKS 版本 5 中当前的 UDP 支持存在着可升级性问题以及其他缺陷(必须解决之后才能实现多点传送),这些扩展分两部分定义:基本级别 UDP 扩展和多点传送 UDP 扩展。

SOCKS 是通过在应用程序中用特殊版本替代标准网络系统调用来工作的(这是为什么 SOCKS 有时候也叫作应用程序级代理的原因)。这些新的系统调用在已知端口上(通常为 1080/TCP)打开到一个 SOCKS 代理服务器(由用户在应用程序中配置,或在系统配置文件中指定)的连接。如果连接请求成功,则客户机进入一个使用认证方法的协商,用选定的方法认证,然后发送一个中继请求。

SOCKS 服务器评价该请求,并建立适当的连接或拒绝它。当建立了与 SOCKS 服务器的连接之后,客户机应用程序把用户想要连接的机器名和端口号发送给服务器。由 SOCKS 服务器实际连接远程主机,然后透明地在客户机和远程主机之间来回移动数据。用户甚至都不知道 SOCKS 服务器位于该循环中。

使用 SOCKS 的困难在于,必须用 SOCKS 版本替代网络系统调用。幸运的是,大多数常用的网络应用程序(例如 Telnet、FTP、Finger 和 Whois)都已经 SOCKS 化,并且许多厂商现把 SOCKS 支持包括在商业应用程序中。

9.5 应用层安全协议

应用层的安全是建立在下面各层安全的基础之上的,下层的安全缺陷会导致应用层的安全崩溃。此外,各应用层协议自身也存在许多安全问题,如 Telnet、FTP、SMTP 等应用协议缺乏认证和保密措施。主要有以下几方面的问题:

① Finger。可被用来获得一个指定主机上的所有用户的详细信息(如用户注册名、电话号码、最后注册时间等),给入侵者进行破译口令和网络刺探提供了极有用的信息和工具。此外,还有 Finger 炸弹拒绝服务攻击。

② FTP。FTP 存在着致命的身份安全缺陷,FTP 使用标准的用户名和口令作为身份鉴定,缺乏对用户身份的安全认证机制和有效的访问权限控制机制;匿名 FTP(anonymous FTP)可使任何用户连接到一远程主机并从其上下载所有类型的信息而不需要口令。FTP 连接的用户名和口令以及数据信息是明文传输的;FTP 服务器中可能含有特洛伊木马病毒。

③ Telnet。用户可通过 Telnet 服务来与一个远程主机相连。它允许虚拟终端服务,允许客户和服务器以多种形式会话。入侵者可通过 Telnet 来隐藏其踪迹,窃取 Telnet 服务器上的机密信息,而且同 FTP 一样,Telnet 应用中信息包括口令都是明文传输的。Telnet 缺乏用户到主机的认证;Telnet 不提供会话完整性检查;Telnet 会话未被加密,其中用户 ID 和口令能被窃听、Telnet 会话能被劫取等。

④ HTTP。HTTP 未提供任何加密机制,第三方可窥视客户和服务器之间的通信。HTTP 是无状态协议,它在用户方不存储信息,它无法验证用户的身份;HTTP 协议不提供对会话的认证。

⑤ E-mail。主要问题有:伪造 E-mail;利用有效 E-mail 地址进行冒名顶替;E-mail 中含有病毒;利用 E-mail 对网络系统进行攻击,如 E-mail 炸弹;Sendmail 存在很多安全问题;绝大多数 E-mail 邮件都不具有认证或保密功能,使得正在网上传输的 E-mail 很容易被截获阅读、被伪造。

⑥ DNS。域名系统(Domain Name System)提供主机名到 IP 地址的映射和与远程系统的互联功能。此外,DNS 中还包含有关站点的宝贵信息如,机器名和地址,组织的结构等。除验证问题,攻击 DNS 还可导致拒绝服务和口令收集等攻击。DNS 对黑客是脆弱的,黑客可以利用 DNS 中的安全弱点获得通向 Internet 上任何系统的连接。一个攻击者如果能成功地控制或伪装一个 DNS 服务器,他就能重新路由业务流来颠覆安全保护。DNS 协议缺乏加密验证机制,易发生 DNS 欺骗、DNS 高速缓存污染(DNS Cache Poisoning)和"中间人"攻击。

⑦ SNMP。SNMPv1 不具备安全功能,它不使用验证或使用明文可重用口令来检验和认证信息。因此,对 SNMP 业务流侦听,进而实现对 SNMP 数据的非法访问是容易的。一旦攻击者访问了 SNMP 数据库,则可以实现多方面的攻击。如黑客可以通过 SNMP 查阅安全路由器的路由表,从而了解目标机构网络拓扑的内部细节。但是,SNMPv3 虽继承了先前的版本的优点,使其具有较强的安全性,但它仍具有安全弱点,如所采用的 DES - CBC 加密的安全性不强。

网络层(运输层)的安全协议允许为主机(进程)之间的数据通道增加安全属性。本质上,这意味着真正的(或许再加上机密的)数据通道还是建立在主机(或进程)之间,但却不可能区分在同通道上传输的一个具体文件的安全性要求。比如说,如果一个主机与另一个主机之间建立起一条安全的 IP 通道,那么所有在这条通道上传输的 IP 数据报就都要自动地被加密。同样,如果一个进程和另一个进程之间通过运输层安全协议建立起了一条安全的数据通道,那么两个进程间传输的所有消息就都要自动地被加密。如果确实想要区分一个具体文件的不同的安全性要求,那就必须借助于应用层的安全性。提供应用层的安全服务实际上是最灵活的处理单个文件安全性的手段。例如,一个电子邮件系统可能需要对要发出的信件的个别段落实施数据签名,较低层的协议提供的安全功能一般不会知道任何要发出的信件的段落结构,从而不可能知道该对哪部分进行签名,只有应用层是唯一能够提供这种安全服务的层次。

应用层安全协议,它包括安全增强的应用协议(已经正式存在的或安全的新协议)和认证与密钥分发系统。

习　题

9 - 1　安全协议的定义是什么? 安全协议有哪些种类?

9 - 2　论述安全协议的重要性。

9 - 3　IPSec 协议对 IP 数据的保护有哪几种不同的形式?

9 - 4　IPSec 协议的工作方式是什么?

9 - 5　在使用用 ACL 方式建立 IPSec 隧道之前,需要完成哪些任务?

9 - 6　安全连接(SA)的选取方式有哪些?

9 - 7　常用的认证算法有哪些?

9 - 8　常用的加密算法有哪些?

9 - 9　公钥加密系统提供的功能有哪些?

9 - 10　SSL 套接字协议的功能是什么? 这个过程需要通过哪些元素来完成?

9 - 11　SSL 套接字协议握手过程的步骤有哪些?

9 - 12　SSH 安全外壳协议的功能是什么? 它包括哪些组件?

9 - 13　SOCKS 协议的功能是什么?

9 - 14　论述常用的应用层协议在安全方面存在的问题。

第10章

移动 IP 技术

随着移动设备的普及,移动 IP 技术能够实现移动设备在因特网中的漫游而不用修改网络配置。本章首先介绍移动 IP 的基本概念,然后分别介绍 IPv4 环境及 IPv6 环境下的移动 IP 的实现、报文格式。

本章主要内容包括:

(1) 移动 IP 技术的基本概念。

(2) IPv4 环境下的移动 IP 的实现过程。

(3) IPv4 环境下的移动 IP 注册报文格式。

(4) IPv6 环境下的移动 IP 的新特性。

(5) 移动 IPv6 报文格式。

10.1 移动 IP 技术概述

10.1.1 移动 IP 的基本概念

移动 IP 是 IETF 提出的基于网络层的移动管理方案,IP 地址在 Internet 中有两个作用:一是用于用户在 Internet 中的身份识别;二是用来进行路由。在移动 IP 中,这两个作用分别由不同的地址来完成,家乡地址作为主机的身份标识,而转交地址用作路由,然后使用移动代理来维护这两个地址的绑定关系,并负责分组转发。运输层看到的是用户的家乡地址,所以通信过程不会中断。在传输的过程中,经过封装的数据分组使用移动主机当前的转交地址寻址,能够准确地送到移动主机当前的位置。

由于移动 IP 是基于网络层设计的,它最大的优点是:对于运输层及应用层来说,移动是透明的,可以支持各种基于 TCP 或 UDP 的不同应用的透明传输,满足移动计算和普适计算的基本要求。此外,经过多年的制定、修改,移动 IP 技术的标准化工作已趋于完善,为移动 IP 的大规模发展打下了坚实的基础。

10.1.2 移动 IP 的基本术语

① 家乡地址(Home Address)。分配给移动结点的全局单播地址。该地址是结点的永

久地址,且位于移动结点的家乡链路。常规的路由机制需要将数据报发送给移动结点的家乡地址。

② 家乡子网前缀(Home Subnet Prefix)。与移动结点家乡地址相对应的 IP 子网前缀。

③ 家乡链路(Home Link)。定义移动结点家乡子网前缀的链路。

④ 移动结点(Mobile Node)。可以将附着点从一条链路移动到另一条链路的结点,且仍然能够通过其家乡地址可达的结点。

⑤ 通信结点(Correspondent Node)。与移动结点进行通信的对等结点。通信结点可以是移动的,也可以是固定的。

⑥ 外地子网前缀(Foreign Subnet Prefix)。除移动结点家乡子网前缀之外的其他 IP 子网前缀。

⑦ 外地链路(Foreign Link)。除移动结点家乡链路之外的其他链路。

⑧ 转交地址(Care-of Address)。移动结点在外地网络(离开家乡网络)中的全局单播地址。转交地址的子网前缀是外地子网前缀。移动结点可以有多个转交地址。注册到家乡代理的转交地址被称为主转交地址。

⑨ 家乡代理(Home Agent)。移动结点家乡链路上的路由器,移动结点将当前的转交地址注册到该路由器上。当移动结点离开家乡时,家乡代理将负责拦截家乡链路上去往移动结点家乡地址的数据报,经过封装(IPv4 或 IPv6 封装)后以隧道方式将这些数据报发送给移动结点已注册的转交地址。

⑩ 绑定(Binding)。移动结点家乡地址与该移动结点转交地址之间的关联关系以及该关联的剩余生存期。

⑪ 注册(Registration)。移动结点向其家乡代理或通信结点发送更新注册移动结点绑定关系的进程。与通信结点的注册进程称为通信注册(Correspondent Registration)。

⑫ 绑定授权(Binding Authorization)。与通信结点之间的注册进程需要被授权以及允许接收者确信发送端有权指定新绑定。

⑬ 回程可路由性过程(Return Routability Procedure)。利用加密令牌交换机制授权注册进程的过程。

⑭ Keygen 令牌(Keygen Token)。通信结点在回程可路由性过程中提供的数字,可以让移动结点为绑定更新的授权计算所需的绑定管理密钥。

⑮ 随机数(Nonce)。通信结点在创建与回程可路由性过程相关的 Keygen 令牌时使用的随机数。随机数并不与移动结点相关,而是在通信结点内部保持其秘密性。

⑯ 随机数索引(Nonce Index)。表示在创建 Keygen 令牌值时使用哪个随机数,而不用透露随机数本身。

10.2 IPv4 环境下移动 IP 技术

10.2.1 移动 IP 的实现过程

综合移动 IP 的代理搜索、注册和路由等过程,图 10 - 1 给出了移动 IP 中移动主机和 Internet 上的通信结点进行分组传输的基本工作过程。

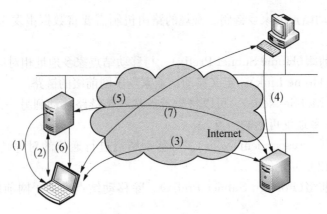

图 10-1 移动 IP 基本工作过程

① 移动代理(外地代理或家乡代理)通过代理通告消息通知移动主机代理的存在,移动主机也可以通过主动发送代理请求报文来获得代理通告消息。移动主机接收到代理通告消息后,可以确定它是在家乡网络还是在外地网络上。如果移动主机发现自己在家乡网络,则其操作与固定主机一样。如果是从其他注册的网络回到家乡网络,移动主机将通过和家乡代理交换注册请求和注册应答消息,在家乡代理上注销它在外地网络的注册信息。

② 如果移动主机发现自己已经移动到了一个外地网络上,它将获得该外地网络上的一个转交地址。

③ 移动到外地网络上的移动主机随后与家乡代理交换注册请求和注册应答消息,注册它的转交地址。

④ 家乡代理截获发往移动主机家乡地址的分组。

⑤ 家乡代理通过隧道把截获的分组发送到移动主机的转交地址。

⑥ 隧道的终点(外地代理或移动主机本身)对收到的分组进行解封装。隧道的终点如果是外地代理,则由外地代理对分组解封后将其交给移动主机。

⑦ 移动主机发出的分组通过标准的 IP 路由机制被路由到目的结点,不需要经过家乡代理。

10.2.2 位置注册

注册过程是移动 IP 中的一个重要的操作,当移动主机从一条链路切换到另一条链路上并获取转交地址后,它就要执行注册过程。此外,由于注册消息有一定的生存期,所以在没有移动位置时,移动主机也需要在注册消息生存期过期后重新进行注册。移动 IP 位置注册的功能是:

① 移动结点可以通过注册得到外地链路上的外地代理路由服务。

② 移动结点可以通知家乡代理它的转发地址。

③ 可以使一个即将过期的注册重新生效。

④ 移动结点在回到家乡链路上时要进行注销。

下面将详细讲述所有这些注册的过程。注册的另一些功能还包括:

① 同时注册多个转交地址,家乡代理将送往移动结点家乡地址的数据报通过隧道送往每个转交地址。

② 可以在注销一个转交地址的同时保留其他的转交地址。

③ 在先前不知道它的家乡代理的情况下，移动结点可以通过注册动态地得到一个可能的家乡代理的地址。

移动 IP 的注册过程在代理搜索之后，当移动结点发现它连在本地链路上时，它就向家乡代理注销，并开始以类似固定主机的方式进行通信，即不再利用移动 IP 功能。当移动结点发现它连接在一条外地链路上时，它就得到一个转交地址，并通过外地代理（如果在外地链路上有一个外地代理的话）向家乡代理注册这个地址。

移动 IP 的注册过程包括交换两种消息，即注册请求消息和注册应答消息。注册消息使用 UDP 消息的数据部分，UDP 消息则放在 IP 分组的数据部分。

(1) 注册请求消息和注册应答消息的格式

移动主机通过注册请求消息和注册应答消息的交互完成注册过程，而这两种消息都是封装在 UDP 消息中进行传输的。注册消息的内容（即 IP 定义的消息）是 UDP 消息的数据字段，该 UDP 消息同其他 UDP 消息一样，放在 IP 分组中传输。这两种注册消息都使用 434 端口，其封装格式如图 10-2 所示。

IP 首部	UDP 首部	注册消息的移动IP 字段(定长)	可选的扩展	MH-HA认证扩展	更多可选扩展

图 10-2　注册请求消息和注册应答消息的格式

移动主机使用注册请求消息完成家乡代理注册，其格式如图 10-3 所示。家乡代理根据注册消息的内容为该移动主机创建或者修改关于它的家乡地址和转交地址的关联。根据不同的转交地址生成方式，注册请求消息可能是外地代理转发来的，也可能直接来自移动主机。

0–7	8	9	10	11	12	13	14	15	16–31
类型	S	B	D	M	G	r	T	x	IP 首部
家乡地址									
家乡代理									
转交地址									
标识									
扩展									

图 10-3　移动主机使用注册请求消息

注册应答消息格式如图 10-4 所示，是移动代理对移动主机发出的注册请求消息的响应，由移动主机的家乡代理发出。当移动主机使用外地代理进行注册时，该消息被外地代理接收并转发给移动主机。注册应答消息中包含着反映移动主机请求状态的编码以及家乡代理为注册批准的生存期。这个生存期可能小于移动主机请求的生存期数值。

移动代理对生存期的使用有一定的要求。外地代理不能增加移动主机在注册请求中选择的生存期值，家乡代理也不能增加移动主机在注册的请求消息中选择的生存期值，否则可能超出外地代理所能允许的最大注册生存期。当收到的注册应答中生存期小于注册请求中的生存期值时，必须使用应答报文中的生存期。

```
0                    1                    2                    3
0 1 2 3 4 5 6 7 8 9 0 1 2 3 4 5 6 7 8 9 0 1 2 3 4 5 6 7 8 9 0 1
```

类型	编码	生存期
家乡地址		
家乡代理		
标识		
扩展		

图 10-4 注册应答消息格式

（2）注册认证扩展

从安全方面考虑，需要对注册消息进行认证，认证字段在注册消息的扩展字段中。注册认证扩展消息有 3 种认证扩展的形式，包括移动主机——家乡代理认证扩展、移动主机——外地代理认证扩展和外地代理——家乡代理认证扩展，它们的目的是保护注册消息的内容，防止伪造或篡改注册消息。这些消息扩展位于注册消息的最后，排列的顺序与上面列出的相同。

每一个认证扩展的认证值都必须包含注册消息中的以下字段：

① UDP 载荷（即注册请求或注册应答数据）。

② 所有前面扩展的全体。

③ 扩展的类型、长度和安全参数索引（Security Parameter Index，SPI）字段。

其中，类型字段的值由不同的扩展类型来确定；长度为认证值的字节数加 4（安全参数索引的长度）；SPI 为 4 字节长的安全参数索引，用来选择认证算法、模式和供认证者计算认证值的密钥（共享密钥、公共或私有密钥对）。移动 IP 默认的认证算法为 HMAC－MD5 算法（见 RFC2104）；认证符的长度是可变的，和使用的认证算法有关，默认情况为 128 位长的 MD5 认证符。在计算默认的认证值时不包含认证符字段和 UDP 首部。

下面分别讲述存在移动 IP 中的各种认证扩展。

① 移动主机——家乡代理认证扩展。在所有移动主机和家乡代理间的注册请求消息和注册应答消息中，都必须包含移动主机和家乡代理认证扩展才能够生效。移动主机——家乡代理认证扩展的格式，其中的类型字段值 32。

② 移动主机——外地代理认证扩展。如果在移动主机和外地代理间需要移动安全关联，注册请求和应答消息中可以包含该扩展。移动主机——外地代理认证扩展格式，其中的类型字段值为 33。

③ 外地代理——家乡代理认证扩展。如果在外地代理和家乡代理之间需要移动安全关联，注册请求和应答消息中可以包含该扩展。外地代理——家乡代理认证扩展中的类型字段为 34。

注册请求消息和注册应答消息中移动 IP 各字段的定义如表 10-1 所示。

表 10-1 注册请求消息和注册应答消息中移动 IP 各字段的定义

分类	字段	注册请求	注册应答
IP 字段	源地址	发出消息的移动主机接口地址	外地代理或者家乡代理的地址
	目的地址	外地代理或者家乡代理	移动主机接口地址

续 表

分类	字段	注册请求	注册应答
UDP 字段	源端口	可变	434
	目的端口	434	可变
移动 IP 字段	类型	1	3
	编码	/	移动代理对请求的响应状态
	S	同时绑定,设置则表示移动主机请求家乡代理保持它先前的移动绑定	/
	B	设置则表示移动主机请求家乡代理通过隧道转发家乡网络的广播数据	/
	D	移动主机自己进行解封装	/
	M	设置则表示移动主机请求家乡代理进行最小封装	/
	G	设置则表示移动主机请求家乡代理进行 GRE 封装	/
	R	保留	/
	T	设置则表示移动主机请求反向隧道	/
	X	保留	
	生存期	注册被认为当前所剩余的秒数,为 0 时表示移动主机请求注销,为 0xffff 时表示无穷大。对于只是拒绝的注册应答,该字段没有意义	
	家乡地址	移动主机的 IP 地址	
	家乡代理	移动代理的 IP 地址	
	转交地址	隧道终点的 IP 地址	/
	标识	标识字段是一个 64 位长的数,用以使注册请求和注册应答匹配,也是用于避免注册消息的重放攻击	
	扩展	一个或多个扩展的列表,放在固定部分后,请求消息中必须包含使能授权的扩展,不同的扩展在该列表中应该有一定的顺序	

10.2.3　隧道技术

当移动结点在外区网上时,归属代理需要使用 IP 隧道技术将原始数据报转发给已注册的外区代理,如图 10-5 所示。

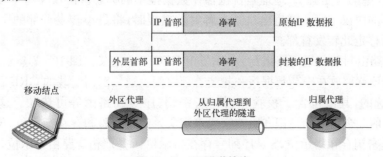

图 10-5　IP 隧道技术

IP 隧道技术有 3 种方案,分别是 IP 封装(IP Encapsulation)、最小封装(Minimal Encapsulation)和通用路由封装 GRE(Generic Routing Encapsulation)。

① IP 封装。IP 封装定义在 RFC 2003 中,需要在原始数据报的现有首部前插入一个外层 IP 首部。外层首部中的源地址和目的地址分别标识隧道的两个边界结点。内层 IP 首部(即原始 IP 首部)中的源地址和目的地址则分别标识原始数据报的发送结点和接收结点。外层首部大部分的设置可以从原始数据报复制而得。源地址和目的地址分别设置为隧道的入口和出口,即入口设为移动结点的归属代理地址,出口设为移动结点的转交地址。首部长度、总长度和校验和都要根据 IP 封装定义来进行重新计算。外层首部的协议字段设置为4,表示封装的是 IP 协议。通过处理和消息传输,在隧道的出口接收到封装的数据报后,将外层 IP 首部去除,便恢复出原始数据报。

② 最小封装。IP 最小封装在 RFC 2004 中定义,使用 RFC 2004 定义的数据报在封装之前不能被分片。因此,对移动 IP 技术来讲,最小封装技术是可选的。为了使用最小封装技术来封装数据报,移动 IP 技术需要在原始数据报经过修改的 IP 首部和未修改的净荷之间插入最小转发首部(Minimal Forwarding Header)。IP 最小封装的实现技术如图 10-6所示,在原来的 IP 净荷和 IP 首部之间加入最小转发首部,原来的 IP 首部也有相应的改动,例如协议类型字段为 55,表示新的净荷是经过最小封装的数据报。因此,最小转发首部的大小采用最小封装的隧道的开销,可能是 8 字节或 12 字节,这取决于数据报中是否包含源IP 地址。

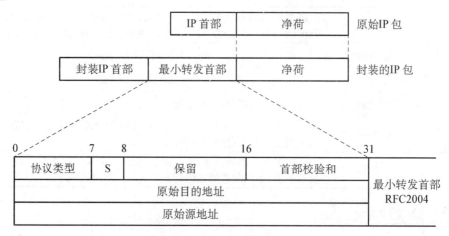

图 10-6　IP 最小封装

图 10-6 中的 S 是源 IP 地址是否包含在数据报中的标志。协议类型字段的值直接取自原 IP 首部的协议字段。隧道出口结点解封数据报时,将最小转发首部的字段保存到 IP首部中,然后移走此转发首部。

③ 通用路由封装。通用路由封装 GRE 由 RFC1701 定义。图 10-7 显示了 GRE 的封装过程。GRE 首部放在净荷数据报和封装首部之间。通用路由封装的 GRE 首部中的大部分内容是可选的,其中包含了校验和、偏移、密钥、序号和路由等可选项。这些选项通过GRE 首部的前 2 个字节的标记和版本字段来定义。C 是校验和存在指示位,R 是路由存在指示位,K 是密钥存在指示位,S 是序列号存在指示位,s 是严格源路由指示位。如果这些位设置为 1,则表示相应的可选项存在。版本号必须置为 0。其他字段的长度功能介绍如下:

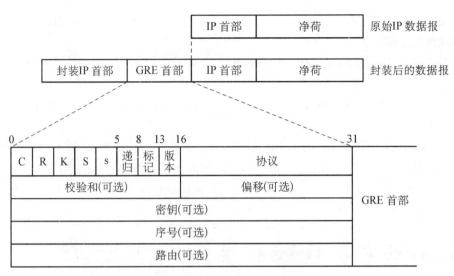

图 10-7 GRE 的封装过程

● 递归字段。长度为 3 位,是递归封装控制字段,这是通用路由封装的特别之处。

● 协议字段。长度为 16 位,指示净荷的协议类型,例如 0x800 表示 IP 数据报。

● 校验和字段。长度为 16 位,与其他协议的格式一样,对通用路由封装首部和净荷进行校验和计算。

● 密钥字段。由隧道入口加入的一个 4 字节的数字,接收方可以根据此项内容匹配发送报文。

● 序号字段。长度为 32 位,用于接收方来判断发送方发送数据报的顺序。

● 路由字段。长度可变,包含了源路由项的汇总,表示路由的过程。

● 偏移字段。相当于指针,用于指示当前源路由表项相对于第一个源路由条目的 8 比特组偏移量。当前路由存在指示位或校验和存在指示位被置位,使得偏移字段存在。而只有路由存在指示位置位时,偏移字段值才有效。也就是说校验和存在指示位置位而无源路由时,偏移字段的存在仅起填充对齐的作用。

其中,封装 GRE 的封装 IP 首部中协议字段值为 47。

以上三种隧道技术的性能比较发现:IP 封装最简单,是要求移动 IP 必须实现的隧道技术;最小封装只能应用于没有进行 IP 分片的数据报,IP 封装比最小封装所花费的开销大;通用路由封装效率最低,除了要在原始数据报前加一个 GRE 首部以外,需再加一个新的 IP 首部,但是 GRE 可以支持多种协议的封装。

10.2.4 移动 IP 的特点

① 强大的漫游功能。移动用户可在企业网的各子网之间,Internet 与企业网之间自由漫游,方便使用原有企业网中的资源,对网络环境没有特殊要求。

② 双向通信。移动用户在位置变化时,仍然可以方便地通过转交地址进行通信,其他用户也仍然可以通过该用户原来的 IP 地址与该用户通信,不受地理位置对网络通信的限制,实现真正的双向通信。

③ 网络透明性。移动用户漫游时,不用对计算机原有的网络设置作任何改动,也无须

改动所接入的外地网络和本地网络设置。移动 IP 是一项网络增值服务,对网络设备、结构等没有特殊的要求。

④ 应用透明性。移动用户在进行漫游时,无须对个人计算机和网络主机上的基于 IP 的应用进行任何改动,无须增加额外的用户管理和权限管理,实现应用系统的透明性。

⑤ 良好的安全性。采用隧道技术进行机密传输和身份认证,不增加移动用户带来的新的安全隐患。

⑥ 链路无关性。移动 IP 是经过第三层(IP 层)的数据报进行封装、转发、解封来实现移动通信的,和链路层、物理层没有任何关系,可以同时支持无线和有线网络。

⑦ 管理便易性。移动 IP 是基于 Web 管理界面实现移动 IP 的相关配置和管理,可以方面用户的远程管理等。

10.3 IPv6 移动 IP 技术

10.3.1 移动 IP 新增内容

移动 IPv6 增加的支持移动计算的 IPv6 新协议称为移动首部,该移动首部提供用于执行移动结点到对端结点的返回路由可达过程的 4 种报文(消息):家乡测试初始化、家乡测试、转交测试初始化,转交测试。这 4 种报文用来确保以下绑定更新信息的正确性:

① 绑定更新,用于移动结点通知对端结点或移动结点家乡代理其当前的绑定。

② 家乡注册,移动结点将绑定更新发送到移动结点家乡代理,以注册其主转交地址。

③ 绑定确认,绑定更新请求,要求移动结点与对端结点重新建立绑定。

④ 绑定错误,用于表示有关移动性的错误。

移动 IPv6 定义一个新的 IPv6 家乡地址目的选项。移动 IPv6 也引入了 4 种新的 ICMPv6 报文类型。用于动态家乡代理发现机制的有 2 种。家乡代理地址发现请求,家乡代理地址发现响应。用于网络重组和移动结点地址配置的有 2 种:移动前缀请求和移动前缀通告。

移动 IPv6 为移动结点定义了 3 种概念性数据结构:绑定缓存、绑定更新列表和家乡代理列表。

① 绑定缓存。用来保存其他结点的绑定信息表项,如移动结点的家乡注册、通信对端注册等,该缓存由家乡代理和对端结点维护。移动 IPv6 结点在发送分组时,先根据目的地址搜索绑定缓存,若发现了匹配的表项,则将转交地址作为分组目的地址,同时把原目的地址字段值放在增加的家乡地址表项中。

② 绑定更新列表。该列表由一个移动结点维护,移动结点具有的和正在试图与特定结点建立的绑定,在列表中均有对应的表项,移动结点在绑定更新列表中记录了每一个尚未过期的与绑定更新相关的信息,如移动结点发向通信对端、家乡代理的所有绑定更新。如果某一表项的绑定生存周期超时了,该表项将被删除。

③ 家乡代理列表。记录了作为家乡代理的路由器,可以通过路由器通告报文获得的每个家乡代理的信息,用于动态家乡代理地址发现机制。家乡代理需要知道在同一网络链路上的其他家乡代理,该列表用于动态家乡代理地址发现期间通知移动结点。家乡代理列表

与邻居发现机制中结点维护的默认路由器列表类似。

10.3.2　移动 IPv6 的新特性

IPv6 协议在制定之初就考虑到了移动性的问题,在 IPv6 协议基本理论中有许多针对移动问题的内容,这使得 IPv6 的移动解决方案具有许多新的特性,主要表现在以下方面。

① IPv6 巨大的地址空间可以充分满足移动 IPv6 结点对地址的需求。移动 IPv6 要求发送给其他通信对端结点的报文(分组)中,以转交地址作为源 IP 地址,使用转交地址解决了入口过滤问题。无状态地址自动配置机制使得移动 IPv6 中的移动结点可以方便地获得转交地址,使得移动 IPv6 的部署简单方便。

② 移动 IPv6 使用目的选项扩展首部和路由扩展首部,改善了路由性能,解决了三角路由问题,使用目的选项扩展首部通告移动结点的家乡地址,其他通信对端结点后续发送的报文以移动结点的转交地址为目的地址,路由扩展首部中包含移动结点的家乡地址,可以避免在移动过程中丢失报文。

③ 地址自动配置。IPv6 有足够多的全球地址,移动 IPv6 可以为每一个移动结点分配一个全球唯一的临时地址。IPv6 实现了一种称为无状态地址自动配置的机制,任意结点可以根据当前所在链路的前缀信息以及自己的网络接口信息自动生成一个全球地址。IPv6 的地址自动配置机制使得移动结点可以很容易地得到转交地址,不需要人为参与。

④ 邻居发现。在邻居发现中规定,路由器应该定期通告发送其前缀信息,移动结点根据这些前缀信息能够快速地判断自己是否发生了移动,并通过地址自动配置得到转交地址。邻居发现中还定义了代理通告的概念,使得家乡代理可以通过发送代理邻居通告报文,截获发送到移动结点家乡地址的数据报,并通过隧道方式把这个报文发送到移动结点的转交地址。

⑤ 内嵌的安全机制。IPv6 内置安全机制并已经标准化,安全部署在更加协调统一的层次上。IPv6 同 IP 安全机制和服务一致。除了必须提供网络层安全这一强制机制外,IPSec 还提供两种服务:认证首部用于保证数据的一致性,进行身份鉴别和认证;封装安全荷载首部用于数据的加密,也提供了鉴别和数据的一致性。同时,可以利用 IPv6 的新特性,为移动 IPv6 专门设计安全机制。

⑥ 黑洞检测。移动 IPv6 中的移动检测机制提供为移动结点和它的当前路由器之间的双向可到达确认机制,即移动结点可以随时知道当前路由器是否继续可达,路由器也可以知道结点是否继续可达。如果移动结点检测到当前路由器不可用,则它会请求另外一台路由器。而移动 IPv4 只提供了“前向”可到达的检测机制,即路由器可以随时确认移动结点是否继续可达,但是移动结点却不能检测路由器是否继续可达。

⑦ 路由首部。IPv6 中定义了路由首部,首部中指定了数据报在从源结点到目的结点的过程中应该经过的结点的地址。大多数发送到移动结点的数据报都要使用路由首部,数据报的目的地址是移动结点的转交地址,并且包含一个路由首部,路由首部的下一跳是这个移动结点的家乡地址。

⑧ 移动 IPv6 利用任播地址实现动态家乡代理发现机制,移动结点通过给家乡代理的任播地址发送绑定更新报文,从几个家乡代理选择一个合适的家乡代理。移动结点家乡链路上所有的路由器都配置为“移动 IPv6 任播地址”,移动结点把“家乡代理地址发现请求”报

文发送到"移动 IPv6 任播地址",所有的家乡代理都收到这条报文,但是有且仅有一个家乡代理对此做出响应。

⑨ 透明性的实现。IPv6 协议的移动选项可以放在扩展首部中,移动 IPv6 实现了可扩充性、灵活性。当通信对端结点接收到来自移动结点带有目的选项扩展首部的报文时,将自动把报文的源地址替换成目的选项扩展首部中的家乡地址,使得转交地址的使用对上层协议透明。

移动结点定义了移动 IPv6 扩展首部,通过其中的家乡地址选项,通信对端结点在收到移动结点的数据报时,将转交地址替换成家乡地址,从而实现通信对端对上层协议的透明性。借助第二类路由首部,移动结点在收到通信对端的 IP 数据报时,从路由首部重新提取家乡地址作为数据报的最终地址,实现了移动结点对上层协议的透明。

利用移动 IPv6 扩展首部,可以保证 IP 数据报能够正常通过防火墙等具有 IP 过滤功能的网络设备。对于通信结点来说,移动结点发送数据报时使用"家乡地址选项",可以使其不必知道移动结点的转交地址,对于移动结点上的应用程序来说,通信结点发送数据报时采用"路由首部",仍可以使应用程序不必知道移动结点的转交地址。

⑩ 移动 IPv6 中可以采用移动结点与通信对端结点绑定,通信对端结点直接与移动结点的转交地址通信,从而有效地避免了三角路由问题。

⑪ 移动 IPv6 支持路由器在路由器通告报文(RA)中 H 标志位指示该路由器是否可以作为家乡代理,允许在一个链路(网络)上存在多个家乡代理,移动结点可以向任意一个家乡代理注册。

⑫ 移动 IPv6 中的重定向机制保证了移动过程中通信的连续性,移动结点在网络之间切换、向家乡代理重新注册时,利用重定向过程可以很容易重新找到该移动结点。

⑬ 移动 IPv6 使用支持 IPSec 的 AH 和 ESP 扩展首部,可以满足家乡代理路由器更新绑定时的安全需求,如发送者认证、数据完整性等。

10.3.3 移动 IPv6 报文格式和选项格式

移动 IPv6 报文包括:家乡测试初始报文、家乡测试报文、转交测试初始报文、转交测试报文、绑定更新报文、绑定确认报文和绑定错误报文。另外,移动 IPv6 引入了一些新的 ICMPv6 报文,用于支持家乡代理地址的自动发现及移动配置机制。这些新的 ICMPv6 报文包括家乡代理地址发现请求报文、家乡代理地址发现应答报文、移动前缀请求报文和移动前缀应答报文。

移动 IPv6 首部是移动结点、通信对端结点和家乡代理在绑定创建管理过程中,所有报文都要使用的扩展首部。移动 IPv6 首部用在前一个首部中的下一个首部字段的值 135 来标识,其格式如图 10-8 所示。

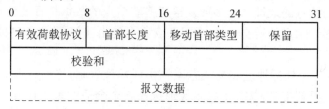

图 10-8 移动首部格式

移动首部中各字段含义如下：

① 有效荷载协议。长度为 8 位,该字段表示紧跟在移动首部之后的首部类型,与 IPv6 下一首部字段中的取值相同,用于扩展。RFC3775 规定,此值应该设置为 IPPROTO_NONE(59)。

② 首部长度。长度为 8 位,值为无符号整数,以 8 位为单位。该字段表示移动部首长度,不包括前 8 字节。注意:移动首部的长度必须是 8 位的整数倍。

③ 移动首部类型:长度为 8 位。该字段用于标识移动首部的报文类型,对于不能识别的移动首部类型会导致返回一个错误标识。

④ 保留。长度为 8 位。该字段用于将来扩充使用,发送方将该字段设置为全 0,接收方将忽略该字段。

⑤ 校验和:长度为 16 位。该字段值为无符号整数,内容为移动首部的校验和,校验范围是以伪首部为基础进行的。

⑥ 报文数据,该字段包含对应移动首部类型中类型值的移动选项。

(1) 绑定更新请求报文和家乡测试初始报文

绑定更新请求报文:该报文要求移动结点更新其移动绑定,移动首部类型字段的取值为 0,移动首部中绑定更新请求报文的格式如图 10-9 所示。

图 10-9 绑定请求更新请求报文的格式

绑定更新请求报文的报文数据部分有两个字段,含义如下:

① 保留。长度为 16 位,发送方将该字段值设置为全 0,接受方将忽略该字段。

② 移动选项。该字段包含 0 个或多个 TLV 编码的移动选项,接收方将忽略和跳过其无法解析的选项。该字段的长度必须是 8 字节的整数倍。若该报文中不存在实际选项,则不需要填充比特,此时首部长度字段的值将设置为 0。移动选项允许对已定义的绑定更新请求报文格式做进一步的扩展。

家乡测试初始报文:该报文用于返回路径可达过程,并请求来自对端结点的家乡密钥生成令牌。移动首部类型字段的取值为 1,移动首部中家乡测试初始报文的格式如图 10-10 所示。

图 10-10 家乡测试初始报文的格式

家乡测试初始报文的报文数据部分有 3 个字段,含义如下:

① 保留。长度为 16 位,对于该字段的值,发送方设置为全 0,接收方则忽略该字段。

② 家乡初始 Cookie。长度为 64 位,该字段的值由移动结点生成的一个随机值。

③ 移动选项。该字段包含 0 个或多个 TLV 编码的移动选项,接收方将忽略和跳过其无法解析的选项。该字段的长度必须是 8 个字节的整数倍。RFC3775 未定义任何对于家乡测试初始报文有效的选项。若该报文中不存在实际选项,则不需要填充比特,此时首部长度字段的值将设置为 1。

移动结点离开家乡时,该报文使用隧道通过家乡代理传输,这种隧道模式使用 IPSec 及 ESP。

(2) 转交测试初始报文、家乡测试报文和转交测试报文

转交测试初始报文:移动结点使用该报文初始化返回路由可达过程,并请求来自对端结点的转交密钥生成令牌。移动首部类型字段的取值为 2,移动首部中转交测试初始报文的格式如图 10-11 所示。

图 10-11 转交测试初始报文的格式

转交测试初始报文的报文数据部分有 3 个字段,含义如下:

① 保留。长度为 16 位,对于该字段的值,发送方设置为全 0,接收方则忽略该字段。

② 转交初始 Cookie。长度为占 64 位。该字段的值由移动结点生成的一个随机值。

③ 移动选项。该字段包含 0 个或多个 TLV 编码的移动选项,接收方将忽略和跳过其无法解析的选项。该字段的长度必须是 8 字节的整数倍。RFC3775 未定义任何对于家乡测试请求报文有效的选项。若该报文中不存在实际选项,则不需要填充比特,此时首部长度字段的值将设置为 1。

家乡测试报文:家乡测试报文对从端结点发送至移动结点,是对家乡测试初始报文的相应。移动首部类型字段的取值为 3,移动首部中家乡测试报文的格式如图 10-12 所示。

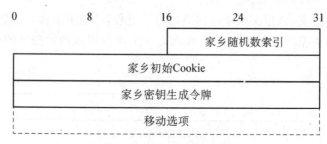

图 10-12 家乡测试报文的格式

家乡测试报文的数据部分有 4 个字段,含义如下:

① 家乡随机数索引。由通信对端生成,发送给移动结点。在后续的绑定过程中,移动结点将该字段返回给对端结点。

② 家乡初始 Cookie。长度为 64 位,内容为家乡初始 Cookie,它是由移动结点生成的一

个随机值。

③ 家乡密钥生成令牌。长度为 64 位,由通信对端生成发送给移动结点。

④ 移动选项。该字段包含 0 个或多个 TLV 编码的移动选项,接收方将忽略和跳过其无法解析的选项。该字段的长度必须是 8 字节的整数倍。RFC3775 未定义任何对于家乡测试请求报文有效的选项。若该报文中不存在实际选项,则不需要填充比特,此时首部长度字段的值将设置为 2。

转交测试报文:该报文是对转交测试初始报文的响应,该报文从对端结点发送至移动结点。移动首部类型字段的取值为 4,移动首部中转交测试报文的格式如图 10 - 13 所示。

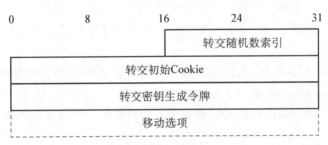

图 10 - 13　转交测试报文的格式

转交测试报文数据部分有 4 个字段,含义如下:

① 转交随机数索引。由通信对端生成,发送给移动结点。在后续的绑定过程中,移动结点将该字段返回给对端结点。

② 转交初始 Cookie。长度为 64 位,内容为转交初始 Cookie,它是由移动结点生成的一个随机值。

③ 转交密钥生成令牌。长度为 64 位,由通信对端生成发送给移动结点。

④ 移动选项。该字段包含 0 个或多个 TLV 编码的移动选项,接收方将忽略和跳过其无法解析的选项。该字段的长度必须是 8 字节的整数倍。RFC3775 未定义任何对于家乡测试请求报文有效的选项。若该报文中不存在实际选项,则不需要填充比特,此时首部长度字段的值将设置为 2。

(3) 绑定更新报文、绑定确定报文和绑定错误报文

绑定更新报文:移动结点使用绑定更新报文通知其他结点自己新的转交地址。移动首部类型字段的取值为 5,移动首部中绑定更新报文的格式如图 10 - 14 所示。

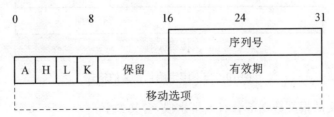

图 10 - 14　绑定更新报文的格式

绑定更新报文的报文数据部分有 8 个字段,含义如下:

① 确认比特位(A)。移动结点设置此位。该字段值为 1 时,表示要求对方在收到此绑

定更新后返回一个绑定确认。

② 家乡注册比特位(H)。移动结点设置此位。该字段值为 1 时,指明请求对方作为自己的家乡代理。该报文应发向与移动结点家乡地址前缀有相同子网前缀的,有家乡代理功能的路由器。

③ 链路本地地址兼容比特位(L)。移动结点的家乡地址和移动结点的链路本地地址具有相同的网络接口标识符时,该字段比特位设置为 1。

④ 移动性密钥管理能力位(K)。若手动设置 IPSec,则必须设置该位值为 0。该位仅在发送至家乡代理的绑定更新中有效,在其他绑定更新中应清除。另外,通信对端结点应忽略该位。

⑤ 保留。发送方将该字段值设置为全 0,接收方将忽略该字段。

⑥ 序列号。长度为 16 位,无符号整数。发送方用于匹配绑定更新和绑定确认,接收方用于排序绑定更新。

⑦ 有效期。长度为 16 位,无符号整数。指明绑定的有效时间,单位是 4s。若该字段值为 0,则表明请求删除绑定记录。

⑧ 移动选项。该字段的长度必须是 8 字节的整数倍。在绑定更新报文中,该字段可以是如下 3 个选项:

● 绑定授权数据选项,在发送至对端结点的绑定更新中,此项是必需的。

● 随机数索引选项。

● 备用转交地址选项。若没有指定备用地址转交选项,则 IPv6 首部中的源地址将被认为是转交地址,对通信对端结点来说,转交地址必须是一个可路由的单播地址,否则这个绑定更新应简单丢弃。

若该报文中不存在实际选项,则需要 4 字节填充,并且首部长度字段的值设置为 1。可以通过将有效期设置为 0、将转交地址设置为家乡地址来标识绑定的删除。在删除过程中,绑定管理密钥的生成只依赖于家乡密钥生成令牌。若任何以对端结点作为主机的应用程序需要与移动结点通信,则在有效期过期之前对端结点不应删除绑定缓存记录。过早地删除绑定记录可能会导致包含家乡地址目的选项的后续数据报从移动结点丢弃。

绑定确认报文:该报文用于确认收到了绑定更新,移动首部类型字段的取值为 6,移动首部中绑定确认报文格式如图 10 - 15 所示。

图 10 - 15 绑定确认报文的格式

绑定确认报文的报文数据部分有 6 个字段,含义如下:

① 状态。长度为 8 位,无符号整数。移动结点可以通过该字段值判断绑定更新是否被接收,或判断失败的原因。该字段值小于 128 表明更新被接收,大于等于 128 表明被拒绝。状态值编码的含义如表 10 - 2 所示,其中 Nonce 是仅用一次的随机数。

表 10-2 状态值编码的含义

状态字段编码	含义	状态字段编码	含义
0	接收的绑定更新	133	无该移动结点的家乡
1	接受但需要前缀发现	134	重复地址发现失败
128	未指定原因	135	序列号溢出
129	管理层禁止	136	过期的 Home Nonce Index
130	资源不足	137	过期的 Care of Nonce Index
131	不支持家乡注册	138	过期的 Nonce
132	无家乡子网	139	未允许的注册类型或改动

② 移动性密钥管理（K）。若该位设置为 0，则用于指明在移动结点和家乡代理之间建立 IPSec 安全关联的协议没有免于移动。IPSec 安全关联本身期望免于移动。对于端结点，必须将该位设置为 0。

③ 保留。发送方将字段值设置为全 0，接收方将忽略该字段。

④ 序列号。该字段内容从绑定更新报文中复制，移动结点用该字段值匹配绑定更新请求和确认。

⑤ 有效期。指明该绑定记录的有效时间，以 4s 为单位。

⑥ 移动选项。该字段的长度必须是 8 字节的整数倍。在绑定确定报文中，该字段可以是如下 2 个选项。

● 绑定授权数据选项，在通信对端结点发送的绑定确认中，此选项是必需的。

● 绑定刷新建议选项。

若该报文中不存在实际选项，则需要 4 字节填充，并且首部长度字段的值设置为 1。

绑定错误报文：对端结点使用绑定错误报文表示与移动相关的错误。移动首部类型字段的取值为 7，移动首部中绑定错误报文的格式如图 10-16 所示。

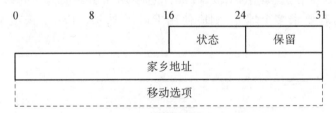

图 10-16 绑定错误报文的格式

绑定错误报文的报文数据部分有 4 个字段，含义如下：

① 状态。长度为 8 位，无符号整数，用于表示错误的原因：

1—对家乡地址目的的选项未知的绑定；

2—未知的移动首部类型值。

② 保留。发送方将该字段值设置为全 0，接收方将忽略该字段。

③ 家乡地址。在家乡地址目的选项中包含的家乡地址。移动结点有可能有多个家乡地址。移动结点可以使用该字段内容确定是哪个家乡地址的绑定出现了问题。

④ 移动选项。该字段包含 0 个或多个 TLV 编码的移动选项,接收方将忽略和跳过其无法解析的选项。该字段的长度必须是 8 字节的整数倍。

对于不需要在所有发送的绑定错误报文中出现的消息内容,可能存在与这些绑定错误报文相关的附加信息。移动选项允许对已经定义的绑定错误报文格式做进一步扩展。

若该报文中不存在实际选项,则不需要字节填充,并且首部长度字段的值应设置为 2。

10.3.4 移动 IPv6 选项

(1) 移动选项

移动选项在移动报文数据字段编码时,采用类型—长度—值(Type-Length-Value,TLV)的格式。移动选项格式如图 10-17 所示。

图 10-17 移动选项格式

移动选项格式有 3 个字段,含义如下:

① 选项类型。长度为 8 位,当处理包含移动选项的移动首部时,若选项类型无法识别,则接收方须跳过并忽略该选项,继续处理剩下的选项。

② 选项长度。长度为 8 位,无符号整数,以字节为单位,表示移动选项的长度,不包括选项类型和选项长度字段。

③ 选项数据。对应指定选项的数据。执行时必须忽略任何无法解析的移动选项。

移动选项可能会有长度排列的要求,例如,宽度为 n 个字节的字段从首部开始以 n 个字节的整数倍放置。

(2) Pad 1 和 Pad N 选项

Pad 1 和 Pad N 主要用于对齐填充。Pad 1 选项没有排列要求,Pad 1 选项的格式是一个特例,没有选项长度和选项数据字段。Pad 1 选项用在于移动首部的移动选项区域中插入 1 字节的填充,若要求多个填充,则应使用 Pad N 选项。Pad 1 选项格式如图 10-18 所示。

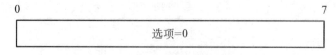

图 10-18 Pad1 选项格式

Pad N 选项也没有排列要求,用于在移动首部的移动选项区域中插入 2 字节或多个字节的填充。对于 N 个字节填充,选项字段值为 N-2,选项数据由 N-2 个 0 值字节组成,接收方必须忽略 Pad N 选项数据。Pad N 选项格式如图 10-19 所示。

图 10-19 PadN 选项格式

（3）绑定更新建议、备用转交地址和随机数索引选项

① 绑定更新建议选项。绑定更新建议选项由 2n 字节的排列要求。绑定更新建议选项格式如图 10－20 所示。绑定更新建议选项仅在绑定确认中存在，且仅存在于从家乡代理应答移动结点的家乡注册的确认中。刷新时间间隔字段表示家乡代理建议移动结点发送新的家乡注册至家乡代理的剩余时间，单位是 4s。刷新时间间隔必须是一个小于绑定确认报文中的有效期的值。

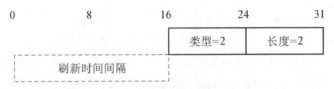

图 10－20　绑定更新建议选项格式

② 备用转交地址选项。该选项由 8n＋6 字节的排列要求，其格式如图 10－21 所示。一般来说，绑定更新以 IPv6 首部的源地址作为转交地址。但在一些情况下，如未使用安全机制保护的 IPv6 首部，则使用 IPv6 首部的源地址作为转交地址并不合适。对于这些情况，移动结点可以使用备用转交地址选项，该选项只在绑定更新中有效。注意转交地址字段中的内容为绑定的转交地址的地址，而不是 IPv6 首部的源地址作为转交地址。

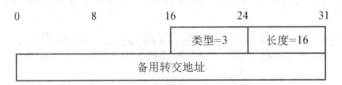

图 10－21　备用转交地址选项格式

③ 随机数索引选项。该选项有 2n 字节的排列要求，其格式如图 10－22 所示。随机数索引选项仅用于发送至对端结点的绑定更新报文中，且仅当与绑定授权数据选项一起出现时有效。对端结点授权绑定更新时，需要产生来自其存储的随机数值的家乡和转交密钥生成令牌。家乡随机数索引字段告诉对端结点产生家乡密钥生成令牌时使用哪个随机数值。在要求删除一个绑定时，应忽略转交随机数索引字段。

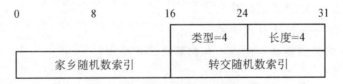

图 10－22　随机数索引选项格式

（4）绑定授权数据选项

由于该选项必须是最后一个移动选项，因此隐式地规定绑定授权数据选项有 8n＋2 个字节的排列长度，其格式如图 10－23 所示。

绑定授权数据选项存在于绑定更新报文和绑定确认报文中。该选项长度字段以字节为单位，并包含了认证者字段的长度。认证者字段用于保证报文来源的可靠性，该字段内容包含可用于确定正在讨论的报文是否来自正确的认证者的加密值，计算加密值的规则依赖于

所使用的授权程序。计算认证者的规则如下：

图 10-23 绑定授权数据选项

移动数据 = 转交地址 | 对端 | MH

数据认证者 = First(96,HMAC_SHA1(Kbm,移动数据))

其中，"|"表示串联。"转交地址"是绑定更新成功时移动结点注册的转交地址，或该选项用于取消注册时移动结点的家乡地址。需要注意的是，在使用备用转交地址移动选项或绑定有效期设置为 0 时，该地址可能与绑定更新报文的源地址不同。

"对端"是指对端结点的 IPv6 地址。需要注意的是，若报文发送的目的地址是移动结点本身，"对端"地址可能不是 IPv6 首部中目的地址字段中找到的地址，应为来自需要使用的第 2 类路由首部的家乡地址。"MH 数据"是除了认证者字段本身之外的移动首部内容。

传输的数据报中的校验和用通常方法计算"Kbm"是绑定密钥管理，可以使用对端结点提供的随机数创建。需要注意的是，潜在的家乡地址目的地选项在该公式中没有隐藏，Kbm 的计算规则将家乡地址考虑在内，以确保不同的家乡地址的介质访问控制不同。

习 题

10-1　什么是移动 IP 技术？其优点是什么？

10-2　移动 IP 结点移动在外地网络中时，其具有哪些 IP 地址？

10-3　什么是家乡代理？家乡代理的作用是什么？

10-4　叙述移动 IP 的实现过程。

10-5　什么是位置注册？请叙述位置注册的过程。

10-6　在移动 IP 中，隧道技术包括哪几种方案？

10-7　叙述移动 IP 的特点。

10-8　论述移动 IPv6 的新特性。

10-9　移动 IPv6 报文包括哪些？

10-10　什么是三角路由问题？如何解决三角路由？

【微信扫码】
相关资源

参考文献

[1] 兰少华.TCP/IP 网络与协议.北京:清华大学出版社,2010.

[2] 谢希仁.计算机网络(第 7 版).北京:电子工业出版社,2017.

[3] 王相林.IPv6 网络.北京:电子工业出版社,2015.

[4] Behrouz A.Forouzan 著,王海等译.TCP/IP 协议族[M].[第 4 版].北京:清华大学出版社,2011.